普通高等教育"十一五"国家级规划教材

孙践知 张迎新 肖媛媛 编著

Visual Basic .NET
程序设计

U0271416

21世纪计算机科学与技术实践型教程

丛书主编 陈明

清华大学出版社
北京

内 容 简 介

本书将 Visual Basic.NET 程序设计所必须掌握的知识归纳为若干案例,每个案例解决一个问题。初学者只需模仿案例,将获得直接体验,然后学习和案例直接相关的知识。通过一个单元接着一个单元的模仿、学习,逐步地构成完整的知识体系。

全书系统地介绍了.NET 的基本概念、Visual Basic.NET 的基本语法规则、条件结构、循环结构、数组和集合、函数和过程、常用的类库、面向对象的概念、数据库编程以及文件的概念及使用方法等内容。

目前最新版本是 Visual Studio 2010 Bata 版,考虑到 Bata 版软件可能存在问题,本书采用了 Visual Studio 2008 作为开发环境。

本书适合作为高等学校 Visual Basic.NET 程序设计课程教材,书中涉及了大量的最新 Visual Basic.NET 程序设计技术,也可作为程序开发人员的参考书。

图书在版编目(CIP)数据

Visual Basic.NET 程序设计/孙践知,张迎新,肖媛媛编著. —北京:清华大学出版社,2010.7(2016.1重印)

(21 世纪计算机科学与技术实践型教程)

ISBN 978-7-302-22584-3

Ⅰ. ①V… Ⅱ. ①孙… ②张… ③肖… Ⅲ. ①BASIC 语言－程序设计－高等学校－教材 Ⅳ. ①TP312

中国版本图书馆 CIP 数据核字(2010)第 075043 号

责任编辑:谢 琛 顾 冰
责任校对:李建庄
责任印制:李红英

出版发行:清华大学出版社
　　　　　网　　址:http://www.tup.com.cn,http://www.wqbook.com
　　　　　地　　址:北京清华大学学研大厦 A 座　　　　邮　编:100084
　　　　　社 总 机:010-62770175　　　　　　　　　邮　购:010-62786544
　　　　　投稿与读者服务:010-62776969,c-service@tup.tsinghua.edu.cn
　　　　　质量反馈:010-62772015,zhiliang@tup.tsinghua.edu.cn
　　　　　课件下载:http://www.tup.com.cn,010-62795954
印 装 者:北京中献拓方科技发展有限公司
经　　销:全国新华书店
开　　本:185mm×260mm　　　印　张:18.5　　　字　数:454 千字
版　　次:2010 年 7 月第 1 版　　　印　次:2016 年 1 月第 5 次印刷
印　　数:6636~6835
定　　价:35.00 元

产品编号:036220-02

《21世纪计算机科学与技术实践型教程》

序

21世纪影响世界的三大关键技术：以计算机和网络为代表的信息技术；以基因工程为代表的生命科学和生物技术；以纳米技术为代表的新型材料技术。信息技术居三大关键技术之首。国民经济的发展采取信息化带动现代化的方针，要求在所有领域中迅速推广信息技术，导致需要大量的计算机科学与技术领域的优秀人才。

计算机科学与技术的广泛应用是计算机学科发展的原动力，计算机科学是一门应用科学。因此，计算机学科的优秀人才不仅应具有坚实的科学理论基础，而且更重要的是能将理论与实践相结合，并具有解决实际问题的能力。培养计算机科学与技术的优秀人才是社会的需要、国民经济发展的需要。

制定科学的教学计划对于培养计算机科学与技术人才十分重要，而教材的选择是实施教学计划的一个重要组成部分，《21世纪计算机科学与技术实践型教程》主要考虑了下述两方面。

一方面，高等学校的计算机科学与技术专业的学生，在学习了基本的必修课和部分选修课程之后，立刻进行计算机应用系统的软件和硬件开发与应用尚存在一些困难，而《21世纪计算机科学与技术实践型教程》就是为了填补这部分空白。将理论与实际联系起来，使学生不仅学会了计算机科学理论，而且也学会应用这些理论解决实际问题。

另一方面，计算机科学与技术专业的课程内容需要经过实践练习，才能深刻理解和掌握。因此，本套教材增强了实践性、应用性和可理解性，并在体例上做了改进——使用案例说明。

实践型教学占有重要的位置，不仅体现了理论和实践紧密结合的学科特征，而且对于提高学生的综合素质，培养学生的创新精神与实践能力有特殊的作用。因此，研究和撰写实践型教材是必需的，也是十分重要的任务。优秀的教材是保证高水平教学的重要因素，选择水平高、内容新、实践性强的教材可以促进课堂教学质量的快速提升。在教学中，应用实践型教材可以增强学生的认知能力、创新能力、实践能力以及团队协作和交流表达能力。

实践型教材应由教学经验丰富、实际应用经验丰富的教师撰写。此系列教材的作者不但从事多年的计算机教学，而且参加并完成了多项计算机类的科研项目，他们把积累的经验、知识、智慧、素质融合于教材中，奉献给计算机科学与技术的教学。

我们在组织本系列教材过程中，虽然经过了详细的思考和讨论，但毕竟是初步的尝试，不完善甚至缺陷不可避免，敬请读者指正。

本系列教材主编　陈明
2005年1月于北京

前　　言

Visual Basic. NET 作为一种程序设计语言具有功能强大、界面友好、易于学习等优点，是初学者首选的程序设计语言之一。Visual Basic. NET 有功能强大的但稍显复杂的集成开发环境，有非常丰富的类库，还有对数据库、网络、安全、图形处理等应用领域广泛的支持。上述这些特点使 Visual Basic. NET 功能非常强大，但同时也给初学者学习和使用 Visual Basic. NET 带来了困难，使初学者感到知识体系繁杂，一时间难以理清思路、分清重点的问题。

如何将 Visual Basic. NET 中最重要、最常用的知识和技能从 Visual Basic. NET 庞大的体系中提取出来，用什么方式传授给学生是 Visual Basic. NET 老师首先要面对的问题。

为给初学者提供一个事半功倍的学习方法，本书在编写过程中摒弃了传统的"先系统学习理论知识，获得完整的知识体系后再完成实践操作"的学习模式，采用了"先操作、再学习，边模仿、边思考"的模式。该模式经过了 3 年的教学试点，教学实践表明，该模式大大降低了学习难度，使学生容易感受到学习的乐趣，从而大幅度地提高了教学质量。

本书对 Visual Basic. NET 的知识点进行了充分的筛选、梳理，将必须掌握的知识分解并构建为一个个小的自成体系的案例，读者仅需模仿案例，学习案例涉及的内容即可掌握最常用、最核心的知识和技能，当模仿完成所有案例后稍加总结即可以建立起完整的知识体系，而无需再考虑学什么、怎么学的问题。

本书共分 12 章，包括 Visual Basic. NET 基本语法规则、开发环境、常用控件、基本类库、面向对象的概念、过程和函数、数组和枚举类型、数据库连接、文件等内容。

本书所涉及的 Visual Basic. NET 程序设计知识体系完整，讲述的基础知识适度，适合作为高等院校 Visual Basic. NET 程序设计课程教材。本书也涉及大量的最新技术，对在程序设计领域工作的工程技术人员也有很好的参考作用。

本书是集体智慧的结晶，其中孙践知编写了第 1,6,8,12 章，张迎新编写了第 4,7,10,11 章，肖媛媛编写了第 2,3,5,9 章。除此之外，贠冰、杨东燕、张媛也参加了编写工作。

在本书的编写过程中力求准确体现 Visual Basic. NET 的核心特点、贴近实际教学需要、叙述简明清楚。但由于时间仓促，以及编者水平所限，书中的难免存在错误和不妥之处，请读者批评指正。

作　者
2010 年 5 月

目　　录

第 1 章 Visual Basic.NET 概述

学习提示

本节以 4 个任务为线索介绍了 Visual Basic.NET 所涉及的基本概念、程序结构和开发环境，涉及的问题、概念非常多。在本节中，建议读者重点掌握简单 Visual Basic.NET 程序的结构和基本开发方法，其他细节问题可留待后面的章节解决。

Visual Basic.NET 是 Microsoft 推出的新一代软件开发平台.NET 提供的 4 种默认的程序设计语言之一，它集中体现了 Microsoft 软件产品一贯的功能强大、用户界面友好、学习方便、相关资源丰富等特点。

1.1 Visual Basic.NET 历史

Visual Basic.NET 是由 BASIC 发展而来，很好地继承了 BASIC 易于学习、方便使用的思想精髓。

BASIC(Beginners' All-purpose Symbolic Instruction Code，初学者指令代码)是 Kemeny 和 Thomos E. Kurtz 于 1964 年在 FORTRAN 语言的基础上创建的语言。

初期的 BASIC 仅有几十条语句，但由于 BASIC 非常容易学习，很快成为初学者学习计算机程序设计的首选语言。

随着计算机技术的发展，许多公司开发了自己版本的 BASIC。1975 年，比尔·盖茨创立了 Microsoft 公司，Microsoft 公司最初的业务就是开发、销售 Microsoft 版本的 BASIC。1982 年，IBM 选定 Microsoft DOS 作为 PC 的操作系统时，同时也选定了 Microsoft 的 BASIC 作为其计算机的 ROM-BASIC。其后，BASIC 语言随 Microsoft 的发展而不断发展，Microsoft 推出了一系列 BASIC 版本，使 BASIC 成为程序设计语言中最为重要的一种。Microsoft 推出的重要的 BASIC 版本如下：

1987 年推出的 Quick BASIC。

1991 年，推出了 Visual Basic 1.0 版。Visual Basic 的出现是软件开发史上的一个具有划时代意义的事件，它是第一个"可视化"的编程软件。

1998 年，Visual Basic 6.0 作为 Visual Studio 6.0 的一员被发布，Visual Basic 6.0 是 Basic 发展史上最为成功的版本之一，至今许多高等学校还在讲授 Visual Basic 6.0。

2001 年，发布了.NET 框架，Visual Basic.NET 是.NET 框架下 4 种语言之一，这是

Visual Basic 发展史上的又一次革命性的变化。

2003 年，Visual Basic. NET 2003 和. NET Framework 1.1 发布。

2005 年底，Visual Basic. NET 2005 和. NET Framework 2.0 正式发布。

2008 年发布了 Visual Basic. NET 2008。

2009 年底发布了 Visual Basic. NET 2010 Beta 版。

1.2　Visual Basic.NET 特点

Visual Basic. NET 很好地继承了 Visual Basic 的易学易用的特点，同时也有. NET 强大的功能，如具有丰富的数据类型和功能强大的类库，具有强大的数据库访问功能等。下面介绍 Visual Basic. NET 最重要的特点。

1. 面向对象

Visual Basic. NET 采用了面向对象程序设计思想，它将复杂设计问题分解为一个个能够完成独立功能的相对简单的对象集合。在程序设计领域，对象可视为是一个可操作实体，每个对象具有属性、方法，也可以响应特定的事件。在 Visual Basic. NET 中，窗体、命令按钮、标签、文本框等都可以视为对象。

Visual Basic. NET 具有面向对象程序设计语言的基本特征，可很好地支持抽象、封装、继承、重载、多态等特性。

2. 可视化集成开发环境

Visual Basic. NET 采用了可视化编程方式，用户界面良好。程序设计者可以像搭积木一样，根据界面设计要求，通过直接拖放控件来设计界面，所见即所得，非常方便、高效。

Visual Basic. NET 为程序设计者提供了集成开发环境，在这个环境中程序设计者可以完成程序设计的所有工作，如设计界面、编写代码、调试、编译成为可在 Windows 中运行的可执行文件、生成安装程序等。

3. 事件驱动

Visual Basic. NET 采用了事件驱动方式，即程序是由对象构成，每个对象都可响应若干特定的事件，每个事件都能驱动一段特定的代码，这种代码也称为事件过程代码。事件过程代码决定了对象功能，通常称这种机制为事件驱动。

在 Visual Basic. NET 中，事件可由用户操作触发，也可以由系统或应用触发。例如，单击某个命令按钮就触发了该命令按钮的"单击事件"，该事件对应的事件过程代码就会被执行。

4. 功能强大的类库

. NET 类库内容非常丰富，提供了包罗万象的处理功能，通过引用. NET 类库可以方便、高效地完成各种程序设计工作，对. NET 类库的学习是 Visual Basic. NET 的重点内容之一。

1.3　.NET 架构

　　.NET 是当前程序设计的主流体系之一，代表了程序设计技术发展的方向。按照 Microsoft 总裁兼首席执行官 Steve Ballmer 的说法，.NET 是一个集合，一个环境，一个可以作为平台支持下一代 Internet 的可编程结构。.NET 架构如图 1-1 所示，Microsoft 还为.NET 提供了一个强有力的开发工具，即 Visual Studio.NET。

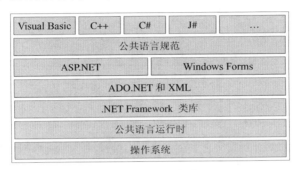

图 1-1　.NET 架构

- .NET 语言(.NET Language)：符合公共语言规范要求，能被编译成 MSIL 的程序设计语言。.NET 提供了 4 种程序设计语言，即 Visual Basic.NET、Visual C++.NET、Visual C♯.NET 和 Visual J♯.NET。此外还有大量的符合公共语言规范的第三方程序设计语言可供选择。
- 公共语言规范(Common Language Specification, CLS)：描述了.NET 框架下各种程序设计语言必须遵守的共同的特征。
- ASP.NET 和 Windows Forms：是.NET 主要的界面技术，ASP.NET 是面向 Web 服务的，主要有 Web 应用程序和 Web 服务，Windows Forms 是面向传统 Windows 应用程序的。
- ADO.NET 和 XML：为.NET 提供了统一的数据访问技术。
- .NET Framework 类库(.NET Framework Class Libraries)：包含大量常用功能的代码库，用户可以通过继承来使用代码库中已有的代码。
- 公共语言运行时(Common Language Runtime, CLR)：提供所有核心服务，如内存管理、调试支持、执行 MSIL 代码，以及与 Windows 和 IIS 交换时所涉及的所有核心任务。

　　说明：微软中间语言(Microsoft Intermediate Language, MSIL)是.NET 的通用语言，用户编写的所有程序在执行前都会被优化并编译为 MSIL 代码。MSIL 与机器无关，可以在任何装有 CLR 的计算机上运行。

　　当 MSIL 被执行时，CLR 通过 JIT(Just-In-Time)编译器将 MSIL 代码进行最后的、与机器匹配的优化，然后将其编译为真正的机器语言。

1.4　任务 1：安装 Visual Basic.NET

1.4.1　要求和目的

1. 要求

在 Windows 平台上安装 Visual Basic. NET 以及相关的软件。

2. 目的

(1) 掌握 Visual Basic. NET 的安装方法。

(2) 了解 Visual Basic. NET 的开发工具。

1.4.2　操作步骤

本节介绍安装 Visual Studio 2008 的操作步骤。

如图 1-2 所示，Visual Studio 2008 有两个重要部分，一个是 Visual Studio 2008；另一个是 msdn，msdn 是一个选装项，建议读者安装 msdn。

图 1-2　Visual Studio 2008 安装窗口

msdn 是厂商提供的帮助文档，包含大量的帮助信息及许多使用案例，无论对熟练 .NET 的程序员还是初学者都有很大的帮助。

选择"安装 Visual Studio 2008"后即可进入如图 1-3 所示的安装向导窗口。

单击"下一步"按钮后即可进入如图 1-4 所示的窗口，在该窗口中用户需要输入软件的序列号、用户名等信息。

Visual Studio 2008 是一个庞大的集成开发环境，用户可以根据需要选择安装部分组件，在图 1-5 所示的窗口中，可选默认值安装、完全安装和自定义安装。

在自定义安装方式下，可以按照用户需要选择相应的组件。

图 1-3 Visual Studio 2008 安装向导

图 1-4 Visual Studio 2008 安装窗口

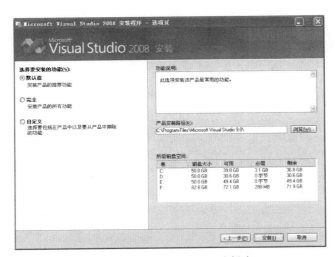

图 1-5 Visual Studio 2008 选择窗口

1.4.3　相关知识

1. Visual Basic.NET 开发工具

Visual Basic.NET 程序设计者通常采用集成开发环境来设计 Visual Basic.NET 程序。集成开发环境通常是所见即所得的开发工具,通常功能强大,具有文本编辑、程序调试、资源管理等功能。

使用集成开发环境可通过拖放控件等方式自动生成一些代码,使开发者从大量的形式工作中解放出来,更关注程序逻辑结构的开发,大大提高程序的开发效率,Visual Studio 就是典型的集成开发环境。

Visual Studio 功能非常强大,几乎可以满足开发者所有的需求,但它价格昂贵,体积庞大,对硬件要求也很高,界面也比较复杂,目前的可用版本是 Visual Studio 2008。除 Visual Studio 外,还有其他的开发工具可供选择,如 SharpDevelop。

SharpDevelop 是一个轻量级的开发工具,它是使用 C♯ 开发的,并公开了全部源代码。

SharpDevelop 支持多种程序语言,包括 C♯、Java 以及 Visual Basic.NET,同时还支持多种语言界面,其界面风格类似于 Office XP 以及 Visual Studio。

本书采用 Visual Studio 2008 作为开发环境,后面的所有例子都是在 Visual Studio 2008 环境下实现的。

2. Visual Studio 2008 简介

Visual Studio 2008 是面向 Windows Vista、Office 2007、Web 2.0 的下一代开发工具,代号 Orcas,是对 Visual Studio 2005 一次及时、全面的升级。Visual Studio 2008 引入了 250 多个新特性,整合了对象、关系型数据、XML 的访问方式,语言更加简洁。

使用 Visual Studio 2008 可以高效开发 Windows 应用。在设计器中可以实时反映变更,在 XAML 中智能感知功能可以提高开发效率。同时 Visual Studio 2008 支持项目模板、调试器和部署程序。

Visual Studio 2008 还可以高效开发 Web 应用、Office 应用和 Mobile 应用,集成了 ASP.NET AJAX 1.0,包含 ASP.NET AJAX 项目模板。

1.5　任务 2:建立最简单的 Visual Basic.NET 程序

1.5.1　要求和目的

1. 要求

使用 Visual Studio 2008 开发环境建立最简单的 Visual Basic.NET 程序,执行 Visual Basic.NET 程序时在屏幕上输出 Hello World,如图 1-9 所示。

2. 目的

(1) 了解 Visual Studio 2008 开发环境。

（2）了解 Visual Basic.NET 程序的一般构成。

（3）了解编辑、运行一个 Visual Basic.NET 程序的过程。

1.5.2　操作步骤

在 Visual Studio 2008 环境下完成该任务非常简单，主要有 3 个步骤：进入 Visual Studio 2008 环境、设计界面和调试执行。

1. 进入 Visual Studio 2008 环境

在桌面上选择"开始"→"程序"→Microsoft Visual Studio 2008→Microsoft Visual Studio 2008 命令，首次执行时需要选择 Visual Basic 作为默认语言。单击"创建项目"按钮，即进入如图 1-6 所示的窗口。在该窗口中选择"Windows 窗体应用程序"，其中，"名称"文本框中默认为 Windows Application1，在本例中将其改为 ch1_4。

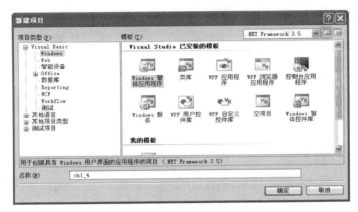

图 1-6　项目选择窗口

2. 设计界面

在图 1-6 中，单击"确定"按钮即可进入如图 1-7 所示的窗口，该窗口是 Visual Studio 2008 提供的 Visual Basic.NET 开发界面，其中 Form1 是默认的 Visual Basic.NET 窗体。

单击"工具箱"即可弹出展开的"工具箱"，单击"公共控件"可以展开/收起此子项，按下"**A** Label"，将"**A** Label"拖到 Form1 窗体中，也可双击控件，此时在窗体中插入了一个名为 Label1 的控件，直接拖动即可改变控件在窗体中的位置。

如图 1-7 所示，右侧为解决方案资源管理器窗口，程序设计者可以在解决方案资源管理器窗口管理一个程序的所有资源。在该窗口的下边有 3 个默认选项卡，分别是属性、解决方案资源管理器和数据库源，程序设计者可以通过上述 3 个选项卡在 3 个窗口之间切换。图 1-8 所示即为切换到属性窗口的状态。

在属性窗口中，将 Label1 的控件 Text 属性改为 Hello World，在此窗口中还可以设置字体、字形等属性。本例使用了 36pt 大小、Comic Sans MS 字体。拖动 Label1 控件，将其放置在合适的位置，即完成设置，出现如图 1-8 所示的结果。

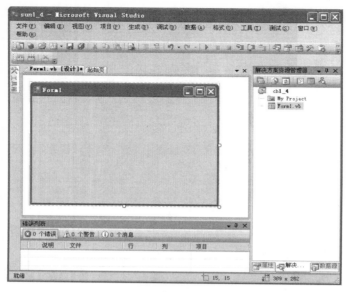

图 1-7　Visual Studio 2008 开发环境

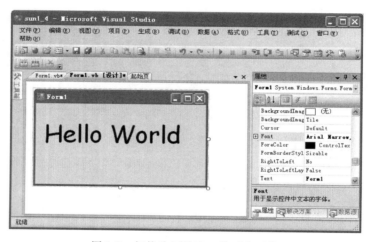

图 1-8　切换为属性窗口的开发环境

3. 调试执行

如图 1-7 所示,通过菜单栏中的"调试"菜单可以执行上述 Visual Basic. NET 程序,选择"调试"→"启动调试"命令,即可出现如图 1-9 所示的执行结果,该操作也可通过快捷键或工具按钮来完成,快捷键是 F5,工具按钮为 ▶。

图 1-9　程序运行结果

1.5.3　相关知识

1．Visual Basic.NET 解决方案

Visual Studio 2008 是以解决方案为单位来管理 Visual Basic.NET 程序设计过程的，每个解决方案是一个 Visual Basic.NET 程序的基本单位。每个解决方案有自己的文件夹和一系列文件。

以本例为例，保存后在指定的文件夹中会形成文件 ch1_4.sln、ch1_4.suo 和一个名为 ch1_4 的文件夹，文件夹中包含了一系列相关文件和文件夹。

2．Visual Basic.NET 文件类型

在使用 Visual Studio 2008 作为开发工具时，Visual Studio 2008 为有效地管理程序设计过程中的各种资源创建了一些辅助文件，其中重要的文件类型如表 1-1 所示。

表 1-1　Visual Basic.NET 文件类型

文件扩展名	解　　释
.vb	程序文件，程序设计者编写的代码在这个文件中
.vbproj	Visual Basic.NET 的项目文件
.resx	资源文件，由 XML 项组成
.designer.vb	窗体设计器生成的代码文件，作用是对窗体上的控件做初始化工作
.exe	Visual Basic.NET 的可执行文件
.sln	Visual Studio 2008 解决方案文件，一个解决方案可包含若干个不同类型的项目
.suo	解决方案用户选项，记录所有将与解决方案建立关联的选项，以便在每次打开时，包含用户所做的自定义设置

3．Visual Studio 2008 开发环境

Visual Studio 2008 是一个支持多种语言的集成开发环境，是 Visual Basic.NET、C♯.NET、VC++.NET 和 ASP.NET 共同的开发环境，可用来开发 Windows 应用程序和 Web 应用程序。

Visual Studio 2008 是 Visual Basic.NET 最理想的开发工具，具有所见即所得、拖放控件、自动部署、项目管理、编译和调试、输入动态提示、错误提示等功能，还带有非常丰富的帮助文档。

下面将详细介绍 Visual Studio 2008 的主要界面及相应功能。

Visual Studio 2008 界面如图 1-7 所示。由标题栏、菜单栏、工具栏、状态栏以及若干窗口构成。

可以看出 Visual Studio 2008 继承了 Microsoft 软件产品一贯的特性，界面结构和 Office 软件中的 Word 非常相似，都有标题栏、菜单栏、工具栏、状态栏和操作窗口，只是 Word 通常只显示一个窗口，而 Visual Studio 2008 显示多个窗口。

1）菜单栏

Visual Studio 2008 菜单栏共有 12 个菜单项，包含了 Visual Studio 2008 的所有功能，具体名称和主要功能如表 1-2 所示。

表 1-2   菜单栏功能

菜 单 名 称	说 明
文件	文件、项目、解决方案相关操作，如创建、打开、保存、打印等
编辑	编辑操作，如剪切、复制、查找、替换等
视图	视图切换及部分设置功能
项目	添加窗口、组件、类、模块等
生成	生成和重新生成项目
调试	与调试程序相关的操作，如设置断点、调试等
数据	显示和添加数据源
格式	与格式设置相关的操作，如对齐方式、字体等
工具	各种工具设置
测试	提供了和测试相关的一些功能
窗口	设置窗口的显示方式
帮助	与帮助相关的操作

2）工具栏

为了方便用户，Microsoft 将菜单栏中常用菜单项以图标方式显示出来，构成一个个工具按钮，单击一个按钮即相当于执行了某一个菜单项，将同类操作工具按钮放在一起即构成一个工具栏。

工具栏显示有两种方式，一种以工具栏方式显示，该方式位于菜单栏下，如图 1-7 所示。另一种从浮动面板方式显示。浮动面板方式可以位于图 1-7 所示窗口的任何位置，用户可以通过拖动鼠标在两种方式中切换。

Visual Studio 2008 的工具栏非常丰富，有 32 个之多，还允许用户自定义工具栏。在初次打开 Visual Studio 2008 时，仅有"格式设置"和"标准"两个工具栏默认打开。

"格式设置"工具栏如图 1-10 所示。"标准"工具栏如图 1-11 所示。图 1-10 和图 1-11 所示的工具栏均以浮动面板方式显示。

图 1-10   "格式设置"工具栏

图 1-11   "标准"工具栏

程序设计者要使用其他工具栏，可以在菜单栏中选择"视图"→"工具栏"命令，选择所需工具栏即可。有关工具栏的设置、使用方式和 Microsoft Office 软件完全相同。

3）窗口

窗口是完成各种操作、与用户交流信息的界面，Visual Studio 2008 有多种不同的窗口，每个窗口都能完成不同类型的功能。丰富的窗口为使用 Visual Studio 2008 的开发者提供了极大的方便，在打开 Visual Studio 2008 后会默认打开几个常用窗口，各窗口默认位置如图 1-7 所示。用户也可以根据自己的爱好来设置窗口的布局，具体方法是将鼠标置于窗口的标题栏上，拖动窗口，将窗口放置于合适位置。

Visual Studio 2008 只默认打开了部分窗口，在视图菜单中列出了 Visual Studio 2008 中所有的窗口，用户可在此设置需要打开哪些窗口，也可以通过窗口右上角的 ✖ 按钮关闭暂时不用的窗口，还可用通过 ▼ 和 ➕ 按钮设置窗口的显示方式。

在 Visual Studio 2008 中窗口共有"浮动"、"可停靠"、"选项卡式文档"、"自动隐藏"和"隐藏"5 种显示形式供用户选择，用户可以根据自己的爱好选择其一。

在窗口的 5 种形式中，自动隐藏和可停靠是两种最常用的形式，以"解决方案资源管理器窗口"为例，图 1-14 所示的状态为"可停靠"，图 1-13 所示为"自动隐藏"状态。

下面简要介绍一下 Visual Studio 2008 中的几个重要窗口。

（1）"设计器/代码"窗口

"设计器/代码"窗口如图 1-12 所示。它是 Visual Studio 2008 中最重要的窗口，也可以将其视作 Visual Studio 2008 的主窗口，在该窗口中可以打开若干个文件，用户可以通过单击相应的选项卡在各文件之间切换。

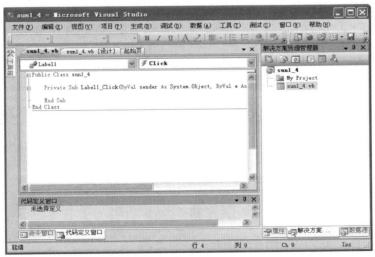

图 1-12　设计器/代码窗口

对于.vb 类型的文件有"设计"和"代码"两种视图，两种视图之间的切换可以通过菜单栏中的"视图"→"代码/设计器"命令来完成，也可以通过双击"设计"视图中的任意对象，将两种视图同时打开后，通过选项卡来切换。

如图 1-12 所示，在该窗口中还有一个名为"起始页"的选项卡，在该选项卡中列出了用户最近打开的项目，用户可以在这里打开或新建项目。

（2）"解决方案资源管理器"窗口

"解决方案资源管理器"窗口如图 1-14 所示。该窗口是 Visual Studio 2008 管理项目、文件和相关资源的主要工具，通过该窗口可以添加、删除、打开、重命名和移动文件，可以生成可执行程序、发布安装程序等。

如图 1-14 所示，在"解决方案资源管理器"窗口中有一组工具按钮，使用该组按钮可完成在"代码"和"设计"视图之间切换，可以显示所有文件。本例显示所有文件后，"解决方案资源管理器"窗口如图 1-15 所示。在该窗口中，清楚地显示了所有文件和文件夹，以及各文件和文件夹之间的关系。

图 1-13　自动隐藏状态　图 1-14　"解决方案资源管理器"窗口　图 1-15　"解决方案资源管理器"窗口

通过"视图"菜单，可在"解决方案资源管理器"窗口位置打开一组窗口，这些窗口之间可以通过位于窗口下的选项卡进行切换，如图 1-14 所示。本例可在"解决方案资源视图"窗口、"宏资源管理器"窗口和"类视图"窗口等 5 个窗口之间切换。

（3）"属性"窗口

"属性"窗口如图 1-16 所示。它是 Visual Studio 2008 中最常用的窗口，通过该窗口可以为 Visual Basic.NET 各种控件、组件、容器设置属性，非常方便，而且直观。

如图 1-16 所示，在"属性"窗口标题栏下有一个下拉列表框，该下拉列表框中有"设计器"窗口中所有的控件，用户可以通过该下拉列表框选择控件，并为控件设置属性。

如图 1-16 所示，在"属性"窗口的下拉列表框下有一组按钮，通过这组按钮，可以设置属性的显示方式，也可以在控件的"属性"和"事件"窗口之间切换。

图 1-16　"属性"窗口

（4）"输出"窗口

"输出"窗口如图 1-17 所示。其主要作用是显示与项目生成有关的信息。生成是对组成一个项目的所有代码文件进行编译的过程。

如图 1-17 所示，在"输出"窗口下也有若干选项卡，通过选项卡可以在任务列表、"命令"和"输出"等窗口之间切换。

图 1-17 "输出"窗口

（5）"工具箱"窗口

"工具箱"窗口如图 1-18 所示。其默认方式是以自动隐藏，通过工具箱用户可以非常方便地使用 Visual Studio 2008 的各种控件、组件和容器。

如图 1-18 所示，Visual Studio 2008 工具箱由 12 个选项卡构成，每个选项卡中有若干个项，本例仅打开了"公共控件"选项卡。

Visual Studio 2008 允许用户对选项卡及其中的项进行编辑，在工具箱上右击，将出现一个快捷菜单，通过该菜单可对工具栏中的选项卡以及选项卡中的菜单项进行添加、删除、移动、重命名等编辑操作。

Visual Studio 2008 提供了两种方式将工具箱中的控件项插入到图 1-12 所示的"设计器"窗口中，一是拖动"控件项"到目标位置；二是双击"控件项"，该控件项会自动插入到"设计器"窗口中。

图 1-18 "工具箱"窗口

图 1-19 "服务器资源管理器"窗口

（6）"服务器资源管理器"窗口

如图 1-19 所示，用户可以通过该窗口方便地查看本地计算机或远程服务器上的各种资源，包括已设置的数据连接、事件日志、消息队列和性能计数器等，也可以通过该窗口建立、管理、使用数据连接。

1.6　任务 3：建立可交互的 Visual Basic.NET 程序

1.6.1　要求和目的

1. 要求

使用 Visual Studio 2008 开发环境建立最简单的可交互的 Visual Basic.NET 程序。

具体要求：在程序执行时，输出 Hello World 和一个"改变字体"按钮，如图 1-20 所示。当单击图 1-20 上的"改变字体"按钮后，Hello World 的字体改为"华文彩云"，同时"改变字体"按钮变虚，处于不可用状态，如图 1-21 所示。

图 1-20　执行结果（1）

图 1-21　执行结果（2）

2. 目的

（1）了解 Visual Basic.NET 程序的结构。

（2）了解类和命名空间的概念和命名空间的导入方法。

（3）了解控件、属性、事件和方法的概念。

（4）了解事件驱动的概念和基本的使用方法。

1.6.2　操作步骤

要完成该任务主要有 3 个步骤：一是在图 1-12 所示的"设计"窗口中，插入 Hello

World 和一个命令按钮；二是设置两个控件的属性，使其符合图 1-20 所示窗体的要求；三是在两个控件间建立关联，即实现当单击"改变字体"按钮后，图 1-20 所示的结果会变为图 1-21 所示的结果。具体操作步骤如下：

1. 创建项目

参照任务 2 中的相关操作，新建一个名 ch1_5 的 windows 窗体应用程序，并将代码文件名由默认的 Form1.vb 重命名为 ch1_5.vb，具体方法是右击 Form1.vb，在弹出的快捷菜单中重命名。

2. 插入控件

打开"工具箱"→"公共控件"选项，单击 **A** Label 按钮，在"设计"窗口中目标位置拖动鼠标即将一个名为 Label1 的标签插入到目标位置。

同样，打开"工具箱"→"公共控件"选项，单击 Button 按钮，在目标位置拖动鼠标即将一个名为 Button1 的命令按钮插入到目标位置。

若需要改变已插入控件的大小，可将鼠标放置在控件的控制点上，当鼠标变为 ↕ 和 ↔ 形状时，直接拖动鼠标可以在垂直和水平方向调整控件的大小，当鼠标变为 ↖ 和 ↗ 形状时，可以垂直和水平方向同时调整，从而按比例改变控件大小。

若需要改变已插入控件的位置，可将鼠标放置在控件上，当鼠标变为 ✛ 形状时，直接拖动鼠标，即可以改变控件的位置。

3. 设置控件属性

在"属性"窗口的下拉列表框中选中 Label1，在"属性"窗口中即可出现该控件的属性，将其 Text 属性改为 Hello World，其字体属性是一个属性组，包括字体、字形、大小、颜色等，由 ⊞ Font 表示，其中 ⊞ 表示存在子项，单击 ⊞ 可以将子项展开。在字体属性组中，将 Name 设置为 Arial，将 Size 设置为 36。

在"属性"窗口的下拉列表框中选中 Button1，在"属性"窗口中即可出现该控件的属性，将其 Text 属性改为"改变字体"。

完成上述属性设置后，按 F5 键执行程序即可出现如图 1-20 所示的结果，但此时单击"改变字体"按钮不会有任何反应。

4. 编写事件处理代码

在"设计器"窗口中双击"改变字体"按钮，即打开 ch1_5.vb 文件，同时在"设计器"窗口中会新增一个名为 ch1_5.vb * 的选项卡。此时，"设计器"窗口上共有 3 个选项卡，分别是"起始页"、"ch1_5.vb[设计] *"和"ch1_5.vb *"，通过上述 3 个选项卡，用户可以在不同文件之间切换。

Visual Studio 2008 开发环境会自动生成了 ch1_5.vb 文件的主体结构，如程序段 1-1 所示。

在程序段 1-1 中阴影位置插入程序段 1-2 所示的语句就可以完成任务 3 的要求。此时按 F5 键，即可出现如图 1-20 所示的执行结果，单击"改变字体"按钮后，即可出现如图 1-21 所示的执行结果。

程序段 1-1

```
Public Class  ch1_5
    Private Sub Button1_Click(ByVal sender As System.Object, ByVal e As System.EventArgs) Handles Button1.Click

    End Sub
End Class
```

说明：在 Visual Studio 2008 开发环境下，为了方便用户阅读程序，用蓝色字体表示 Visual Basic. NET 关键字。

同样出于方便用户阅读的目的，Visual Studio 2008 在其自动形成的程序结构中添加了大量的注释。

程序段 1-2

```
Label1.Font=New Font("华文彩云", 36)
Button1.Enabled=False
```

1.6.3　相关知识

1. Visual Basic. NET 程序结构

最简单的 Visual Basic. NET 程序由一个类构成，具体格式可参考程序段 1-3 所示，在该程序段中仅有一个类，其类名与窗体一致。该程序段的第一个语句表示要导入一个名为 System 的命名空间，供该程序段使用。

对于复杂的 Visual Basic. NET 程序可以包含多个命名空间，在每个命名空间中，可以包含多个类，也可采用导入系统提供的命名空间的方式，使用.NET 类库提供的丰富的功能，以程序段 1-3 为例，该程序段使用 Imports 导入了一个命名空间。

程序中的⊞表示有程序段未展开，单击⊞可以将程序段展开。

程序段 1-3

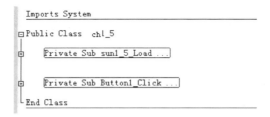

说明：程序段 1-3 中的⊞和⊟符号也是出于方便用户阅读的目的，⊞表示还有程序被隐藏起来，单击⊞可以将被隐藏程序展开，同时⊞符号变为⊟符号，单击⊟按钮被展开的程序又会被隐藏起来。

2. 类和命名空间

类是数据成员以及处理这些数据成员相应函数的集合，类的实例被称为对象。类是面向对象程序设计中最重要的概念，关于类的详细内容请参见第 7 章。

具有非常丰富的类是.NET 最重要的特点之一，.NET 类的集合被统称为.NET 类库或.NET 基类库，类库中功能相似的类构成了一个个命名空间。

命名空间可以被视为是用来存放类的容器，命名空间和类的关系很像我们熟知的文件夹和文件的关系，通过使用命名空间的方法可以很好地将类组织、管理起来。

用户可以根据需要自定义命名空间及其中的类。

命名空间定义以命令关键字 namespace 开头，其格式如下：

```
Namespace 命名空间的名称
        //命名空间的成员，也可以是另一个命名空间
End Namespace
```

3. 控件、属性和方法

1）控件

Visual Basic.NET 控件是 Visual Basic.NET 窗体中具有特定功能的元素，或者说是 Visual Basic.NET 窗体的各类功能单元。如图 1-20 所示，其中的 Hello World 标签和"改变字体"按钮即是两个常用控件。

.NET 控件是一个特定的功能单元，每个控件都有自己特定的属性和方法，并且都可以响应特定的事件。

2）属性

控件属性是控件所具有的一组特征，这些特征描述了控件的名称、位置、颜色、大小等信息，用户可以改变这些特征从而改变控件的状态。

每个控件都有自己默认的属性，用户可以在.NET 程序运行前或运行过程中改变控件的属性。

在程序运行前可以通过如图 1-16 所示的"属性"窗口来改变控件属性，以任务 3 为例，在其操作步骤 3 中，即通过"属性"窗口改变了控件的默认属性。

在程序运行过程中改变控件的属性要通过编写代码来实现。如程序段 1-2 中的两个语句即是在程序运行中改变了控件的属性。

以程序段 1-1 和程序段 1-2 为例，在程序编辑过程中，在 Visual Studio 2008 开发环境下，当用户输入控件名称，再输入"."后，即会自动出现一个如图 1-22 所示的提示窗口，该窗口中列出了该控件所有的属性和方法并以图标的方式对属性和方法分类，其中📑表示属性、◆表示方法。用户可以通过双击鼠标或用鼠标选定后再按空格键来选定某个项目。

3）方法

方法是控件所具有的功能或操作，如图 1-22 所示。其中 FindForm()即是一个方法，该方法的功能是查找控件所在的窗体。有些方法有参数，使用时要将参数置于方法后的括号中，若方法没有参数，但方法后的括号不能省略。

图 1-22　控件的属性和方法
　　　　　提示窗口

4. 事件和事件驱动

在 Windows 窗体应用程序中经常会发生一些操作，如单击鼠标、键盘按下、窗体被装

入等,这些操作即被称为事件,事件的本质是对象在发生了某些动作时发出的消息,而对发生的事件作出反应即被称为事件处理,事件处理是通过编写特定的程序代码来实现的。如程序段 1-2 所示,该程序段就是一段事件处理程序,在如图 1-20 所示的窗体中用来处理"改变字体"按钮被单击这一事件。

在 Visual Basic.NET 中,事件处理程序段有特定的格式,如程序段 1-4 所示。该程序段是一个事件处理程序段,是程序段 1-1 的一部分。在示例中 Button1 是控件名,该控件的 text 属性为"改变字体",Click 表示单击事件。当 Button1 被单击时,即会执行程序段 1-4 中阴影部分的程序。这种一旦发生事件就执行相应事件处理程序段的程序设计方式也被称为事件驱动方式。

如图 1-12 所示,在.vb＊选项卡中,有两个下拉列表框左边的下拉列表框中列出了所有的窗体、控件,右边的下拉列表框列出了某控件所有的事件。

程序段 1-4

```
Protected Sub Button1_Click(ByVal sender As Object, ByVal e As _
System.EventArgs) Handles Button1.Click
    Label1.Font=New Font("华文彩云", 36)
    Button1.Enabled=False
End Sub
```

如程序段 1-4 所示,事件有两个参数,第一个参数表示消息的产生者,第二个是消息参数,如单击事件发生后可通过第二个参数来确定单击的是鼠标的左键还是右键。

说明：如程序段 1-4 所示,若出现一个语句一行无法写下的情况,可以换行,但要在换处加"-"作为连接符。

1.7   任务 4：更改文本框背景颜色

1.7.1   要求和目的

1. 要求

建立如图 1-23 所示的窗体,要求完成如下功能：
- 能在文本框中输入多行文字。
- 单击 Gold 和 Light Gray 按钮,可以将背景改为 Gold 和 Light Gray 颜色。
- 窗体的标题为更改文本框背景颜色。
- 当窗体执行时,窗体中的鼠标为＋形状。

2. 目的

（1）学习命令按钮的主要属性、方法和事件。

（2）学习文本框的主要属性、方法和事件。

图 1-23   文本字体设置示例

（3）学习窗体的主要属性、方法和事件。

1.7.2 操作步骤

1. 新建项目并添加控件

新建名为 ch1_6 的 Windows 应用程序，并将代码文件名由默认的 Form1.vb 重命名为 ch1_6.vb，具体方法是右击 Form1.vb，在弹出的快捷菜单中重命名。

如图 1-23 所示，在窗体中分别插入 1 个标签，1 个文本框，2 个命令按钮。

2. 设置控件属性

1）设置文本框属性

在 Visual Studio 2008 中，通过"属性"窗口可以为所有控件设置初始状态时的属性，在本例中即通过文本框 TextBox1 的"属性"窗口为其设置初始状态时的属性。

在本例中需改变 TextBox1 的 TextMode 属性，将其由默认值 SingleLine 改为 MultiLine，改变该属性后文本框 TextBox1 即可以接受多行输入。

为了显示清楚起见，在本例中将 TextBox1 控件 Font 属性的设置为"小四"。

每个控件都有许多属性，都会在"属性"窗口中被显示出来，若设计者未对某一属性进行设置，则该属性使用默认值，而被设置过的属性使用设置值。为了清晰起见，被设置过的属性值在"属性"窗口中以加粗方式显示。

2）设置命令按钮和标签属性

本例中需将命令按钮 Button1 的 Text 属性设置为 Gold。

需要强调一下，控件的 ID 和 Text 是两个完全不同的属性，在本例中命令按钮的 ID 是 Button1，ID 的作用是用来标识该命令按钮，也就是说该命令按钮名称为 Button1，而该命令按钮的 Text 属性为 Gold，即其在窗体上显示出的内容是 Gold，如图 1-23 所示。但有时为了叙述方便，也直接用控件的 Text 属性来表述控件，如将本例中的名为 Button1 的命令按钮称为 Gold 按钮。

将按钮 Button2 的 Text 属性设置为 Light Gray。

将标签的 Text 属性设置为"请输入内容"。

3）设置窗体属性

本例中需将窗体标题设置为"更改文本框背景颜色"。具体方式是在窗体上单击，在"属性"窗口中会自动显示出窗体相关的属性，将窗体的 Text 属性更改为"更改文本框背景颜色"。

将窗体的 Cursor 属性设置为 Cross，该属性将鼠标状态从默认方式改为 十 方式。

3. 编写事件处理代码

在本例中要求单击 Gold 和 Light Gray 按钮时，文本框的背景颜色分别改为 Gold 和 Light Gray 颜色，要实现这个功能需要编写特定的代码来处理命令按钮单击事件。

程序段 1-5

```
Private Sub Button1_Click(ByVal sender As System.Object, ByVal e As _
System.EventArgs) Handles Button1.Click
```

```
    TextBox1.BackColor=Color.Gold
End Sub
Private Sub Button2_Click(ByVal sender As System.Object, ByVal e As _
System.EventArgs) Handles Button2.Click
    TextBox1.BackColor=Color.LightGray
End Sub
```

在本例中,文本框和标签无须响应任何事件,也就无须为其添加事件处理代码。

1.7.3 相关知识

1. 窗体

在 Visual Basic.NET 中窗体是最重要的对象,是所有控件的载体,窗体的风格、使用方式可通过窗体的属性来设置。

窗体有一些其控件没有的属性,具体如表 1-3 所示。

表 1-3 窗体主要属性和事件

类 别	属 性 名 称	说　　　明
属性	BackColor	背景颜色
	BackgroundImage	背景图片
	MaxButton	是否在窗体上显示最大化按钮,默认是显示
	MinButton	是否在窗体上显示最小化按钮,默认是显示
	StartUpPsition	启动时窗体在屏幕上的位置
	ShowInTaskbar	是否在任务栏显示,默认是显示
	Scaleheight	内部高度单位
	Enabled	窗体是否可用,默认是可用
	Opacity	窗体透明度,默认是 100%,不透明
	Icon	窗体在系统菜单中及最小化时显示的图标,可通过获取文件来指定
	Cursor	鼠标样式
事件	FormClosing	当窗体关闭时,在关闭前执行相应代码
	Load	当窗体加载时,执行相应代码

2. 命令按钮

按钮有很多属性,表 1-4 中列举了部分常用属性,其中一些属性是 Visual Basic.NET 各控件共有的属性,这些属性在后面的控件中就不再介绍。

表 1-4 命令按钮的主要属性

类 别	名 称	说 明
属性	ID	控件名称
	Height	控件高度,以像素为单位
	Width	控件宽度,以像素为单位
	BackColor	控件背景颜色
	BorderColor	控件边框颜色
	BorderStyle	控件边框风格
	ForeColor	控件前景颜色,即控件上显示内容的颜色
	BorderWidth	控件边框宽度
	Text	控件上显示的内容
	Font	Text 的字体
	AccessKey	为控件设置快捷键,若将其值设为 A,则 Alt+A 为该控件快捷键
	Enabled	控件是否可用
	TabIndex	在 Web 页面中用 Tab 键切换控件时,控件顺序的编号
	ToolTip	为控件设置提示,当鼠标经过控件时,显示提示内容
	Visible	控件是否可见
事件	Click	单击事件,即控件被单击时,执行相应的事件处理代码

按钮有比较多的事件和方法,其中仅有单击事件比较常用。

在 Visual Basic.NET 中属性和方法采用"控件名.属性"的方式来描述,如本例的 Button1.Height,其中 Button1 是控件名称,而 Height 是该控件的一个属性,有时候控件还会有多级属性,如本例中 Button1.Font.Bold 即表示 Button1 控件,Font 属性中的 Bold 属性。

在后面的叙述中为了简便起见不再写出控件名称,仅写出属性或方法的名称。

表 1-4 和表 1-5 中所列出的属性也是后面要涉及控件的共同属性,在后面对其他控

表 1-5 Font 的二级属性

类 别	名 称	说 明
二级属性	Bold	Text 内容字体是否加粗
	Italic	Text 内容字体是否斜体
	Name	Text 内容的字体
	OverLine	Text 内容字体是否上划线
	Strikeout	Text 内容字体是否强调
	Size	Text 内容的字号
	UnderLine	Text 内容字体是否下划线

件的介绍中就不再赘述。后面的控件仅介绍其独有的或没有介绍过的属性、事件和方法。

3. 标签

标签控件不能响应事件,其主要属性和按钮类似,可参见表 1-4 所示的各属性。

4. 文本框

文本框控件的主要属性和事件如表 1-6 所示。

表 1-6　文本框控件主要属性

类　别	名　称	说　明
属性	TextMode	文本框内容显示模式,有单行、多行和密码 3 种模式,当处于密码模式时,其文本框中输入的内容由"*"替代
	Warp	在多行显示模式下,当输入到达文本框边界时是否自动换行
	MaxLength	文本框中内容的最大长度
	Text	文本框中的内容,该属性有较多的二级属性,如表 1-7 所示
	ReadOnly	是否将文本框内容设置为只读
	AutoPostBack	当与文本框相关的事件被触发后是否立即向服务器提交页面
事件	TextChanged	文本框改变事件,当文本框内容发生改变时执行相应的事件处理代码

表 1-7　文本框控件 Text 属性的二级属性和方法

类　别	名　称	说　明
属性	Length	返回文本框中内容的长度
方法	Insert()	在文本框中插入内容,该方法有两个参数,一个是多行显示时的位置(单行时为 0),一个要插入的值,如 Insert(0,"123")是将 123 插入到文本框中
	Replace()	替换文本框内容中的部分值,如 Replace("a","A")是将文本框中的 a 替换为 A
	Trim()	删除文本框中内容前、后的空格
	ToUpper()	将文本框中包含的小写字母转化大写字母
	ToLower()	将文本框中包含的大写字母转化小写字母

1.8　小　　结

本章重点介绍在 Visual Studio 2008 开发环境下,开发 Visual Basic.NET 程序的基本方法和 Visual Basic.NET 程序的结构。

在本章中围绕上述两个重点介绍了如下知识:

* Visual Basic.NET 结构、开发工具。
* Visual Studio 2008 开发工具使用方法。

- 在 Visual Studio 2008 环境下编辑、运行一个 Visual Basic. NET 程序的过程和方法。
- Visual Basic. NET 程序的结构、文件类型和文件组织方式。
- 可视化、面向对象编程的一些基本概念。

1.9 作 业

(1) 编写简单的 Visual Basic. NET 程序。

如图 1-9 所示，将窗体的名称由默认的 Form1 改为 Hello World。

(2) 建立简单的 Visual Basic. NET 程序。

在打开网页时输出 Hello World 和一个"改变字体"按钮，如图 1-20 所示。当单击图 1-20 所示上的"改变字体"按钮后，Hello World 的字体改为"华文彩云"，字号为 80 号，将字的颜色设置为 Blue；"改变字体"按钮变虚，处于不可用状态。

提示：假设 Hello World 是由名为 Label1 的标签控件实现的，要改变 Label1 所显示的字的颜色，核心语句是：

```
Label1.ForeColor=System.Drawing.Color.Blue
```

其中 System. Drawing 是一个命名空间，若在程序中使用 Imports 语句导入了该命名空间，如程序段 1-1 所示，上述核心语句也可以简写为：

```
Label1.ForeColor=Color.Blue
```

(3) 请回答如下问题。

- Visual Studio 2008 界面是如何构成的？
- 试描述在 Visual Studio 2008 环境下编辑、运行一个 Visual Basic. NET 程序的过程。
- 什么是 Visual Basic. NET 项目？
- 一个 Visual Basic. NET 程序都由哪些文件构成？文件名是什么？
- . vb 文件的结构是什么？
- 本作业涉及控件、属性、事件的名称分别是什么？

第 2 章 Visual Basic. NET 语言基础

学习提示

使用 Visual Basic. NET 创建项目时,设计完界面后就需要编写相应的程序代码。本章主要介绍构成 Visual Basic. NET 程序代码的基本元素,包括数据类型、常量、变量、运算符、表达式、内部函数等。正确理解和使用这些基本元素对于编写程序代码是非常重要的。

2.1 任务 1:计算圆的周长和面积

2.1.1 要求和目的

1. 要求

建立如图 2-1 所示的窗体,输入半径值,单击命令按钮,文本框中会显示周长和面积的计算结果。

2. 目的

(1) 了解 Visual Basic. NET 程序的基本语法规则。

(2) 学习常量和变量的使用方法。

(3) 学习赋值语句的使用方法。

图 2-1 任务 1 窗体界面

2.1.2 操作步骤

1. 添加控件

新建一个名为 ch2_1 的 Windows 窗体应用程序,从工具箱中将 3 个标签(Label)控件拖入设计窗体中,控件的名称(Name)分别为 Label1、Label2 和 Label3,再拖入 3 个文本框(TextBox)控件,名称分别为 TextBox1、TextBox2 和 TextBox3,最后往窗口中添加一个命令按钮(Button)控件,名称为 Button1。

2. 设置控件属性

将 Form1 窗体的 Text 属性设置为"计算圆的周长和面积",分别将 Label1、Label2 和 Label3 控件的 Text 属性设置为"圆半径"、"圆周长"和"圆面积",再将 Button1 按钮控件的 Text 属性设置为"计算"。将所有标签控件、文本框控件和命令按钮控件 Font 属性的字体大小设置为小四号。

3. 编写事件处理代码

双击 Button1 命令按钮以创建它的 Click 事件处理程序,并添加代码,如程序段 2-1 所示。

程序段 2-1

```
Private Sub Button1_Click(ByVal sender As System.Object, ByVal e As _
System.EventArgs) Handles Button1.Click
    Dim r As Double
    Dim c As Double
    Dim s As Double
    Const Pi As Double=3.14159265
    r=TextBox1.Text
    c=2 * Pi * r
    s=Pi * r * r
    TextBox2.Text=c
    TextBox3.Text=s
End Sub
```

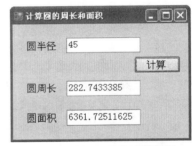

4. 运行代码

单击工具栏上的"启动调试"按钮 ▶ 运行该项目,输入圆半径值为 45,单击"计算"按钮,运行结果如图 2-2 所示。

图 2-2　周长和面积计算结果

2.1.3　相关知识

1. Visual Basic.NET 基本语法规则

简单的 Visual Basic.NET 基本结构如程序段 2-1 所示,Visual Basic.NET 程序有如下要求:

(1) 对于仅有一个窗体的 Visual Basic.NET 程序,需要包含一个类,所有事件处理过程都应在该类中。

(2) 事件处理过程的开始和结束方式如程序段 2-1 所示。

(3) 在 Visual Basic.NET 中不区分大小写字母,为了提高程序的可读性,Visual Basic.NET 会自动转换代码中字母的大小写,具体方式是:对于 Visual Basic.NET 中的关键字将首字母转换为大写字母,其他字母小写,若关键字由多个单词构成则将每个词的首字母大写,其他字母小写;对于程序中的常量名、变量名、过程名等则以第一次定义时为准,后面输入时会自动向第一次定义的形式转换。

（4）在书写程序代码时，一行可以写多条语句，语句间用冒号分隔。如要将一条语句分为多行书写，则需在行末加续行符"_"（空格＋下划线）。

（5）在 Visual Basic.NET 中以""或 Rem 开头表示注释。程序编译时，将忽略掉注释部分。注释的目的是给程序加上简单的解释，以提高可读性。

（6）建议在书写语句时适当缩格，以形成层次，便于阅读。

（7）Visual Basic.NET 使用 Imports 语句导入名字空间。

2. 常量

常量也叫常数，是指在程序运行过程中其值保持不变的数据。Visual Basic.NET 中的常量分为两种：一般常量和符号常量。

1）一般常量

一般常量包括数值常量、字符常量、布尔常量和日期常量。

（1）数值常量。数值常量通常由正负号、数字和小数点组成，包括整数、长整数和浮点数。例如，927、42785、−37.25。通常数值常量为十进制数，但也可以使用八进制数和十六进制数，八进制数用前缀 &O 来表示，十六进制数用前缀 &H 来表示。例如，&O367、&H42F。

浮点数也称实数，由尾数、指数符号和指数组成，指数符号为 E。例如，2.369E-7 表示浮点数 2.369×10^{-7}。

Visual Basic.NET 规定，在程序代码中，根据数值的形式来决定它的数据类型。默认情况下，把整数值作为 Integer 数据类型处理，把非整数值作为 Double 数据类型处理。为了显式地指定常数的类型，Visual Basic.NET 提供了值类型字符，只要把值类型字符加到数值后面，就可以把数值强制指定为某种类型，而不是由数值的形式确定其类型。表 2-1 列出了 Visual Basic.NET 中的值类型字符。

表 2-1　Visual Basic.NET 值类型字符

值类型字符	数据类型	示例
S	Short	I＝329S
I	Integer	J＝329I
L	Long	K＝329L
D	Decimal	X＝329D
F	Single	Y＝329F
R	Double	Z＝329R
C	Char	N＝"+"C

说明：值类型字符必须紧随数值之后。其他数据类型（如 Boolean、Byte、Object、String 等）都没有值类型字符。

（2）字符常量。字符常量是用双引号括起来的字符串。例如，"Beijing"、"426"。

（3）布尔常量。布尔常量只有两个，即 True（真）和 False（假）。

（4）日期常量。日期常量是用两个 ♯ 括起来的日期和时间值。例如，♯09/20/2009♯、♯5/17/1995 8:32 AM♯。

2）符号常量

如果程序代码中多次出现某些位数较多的数值或较长的字符串,例如,本例中计算圆的周长和面积都要用到的 π 值 3.14159265,为了提高代码的可读性,减少输入时的错误,方便对这些数值或字符串进行统一修改,可以使用符号常量来代替数值或字符串。

符号常量必须先定义后使用,定义符号常量的语法格式如下:

```
[Public|Private] Const 常量名 [As 数据类型]=表达式[, 常量名 [As 数据类型]=表达式]…
```

参数说明:

(1) Public 或 Private:可选项。Public 表示所定义的常量可以在整个项目中使用,而 Private 表示所定义的常量只能在所声明的模块中使用。

(2) 常量名:指所定义符号常量的名称,其命名规则与变量的命名规则相同。

(3) As 数据类型:可选项,用于指定符号常量的数据类型,可以是 Visual Basic.NET 支持的所有数据类型。如果省略该项,则定义的符号常量为 Object 类型。若同时定义多个常量,那么每个常量都必须使用单独的 As 子句。

(4) 表达式:用于指定符号常量的值,通常由一般常量以及算术运算符(除指数运算符外)、逻辑运算符组成,但不能使用变量或函数。

例如,本例中的语句:

```
Const Pi As Double=3.14159265
```

定义了一个符号常量 Pi,其数据类型为 Double,值为 3.14159265。

除了使用"As 数据类型"子句外,在 Visual Basic.NET 中还可以使用值类型字符或类型说明符(见下节内容)来指定符号常量的数据类型。例如:

```
Const Pi=3.14159265R          '使用值类型字符 R 指定类型
Const Pi#=3.14159265          '使用类型说明符#指定类型
```

3. 变量

变量是和常量相对应的概念,在程序运行过程中其值可以改变。实际上,变量代表的是指定的内存单元,用来存储程序中处理的数据。每个变量都有名字和数据类型,在程序中通过名字来引用变量中的数据,数据类型则确定该变量的存储方式。

1）命名规则

变量名是表示数据的一个名称,命名时应遵循以下规则:

(1) 变量名必须以字母或下划线开头。

(2) 变量名只能由字母、数字和下划线组成,不能包含空格。

(3) 不能使用 Visual Basic.NET 关键字作为变量名。

例如,abc、_56、Num_2 都是有效的变量名,而 3xy、a.b、xyz＄wv、NAME F、END 则都是无效的变量名。

Visual Basic.NET 中的变量名称不区分大小写。例如,NUM 和 num 表示同一个变量。

变量有两种典型的命名方法,骆驼表示法（Camel Casing）和匈牙利表示法

（Hungarian Naming）。

- 骆驼表示法：为了清晰表示变量用途，变量名由多个字母构成，且以小写字母开头，以后每个单词都以大写字母开头。例如，dateOfBirth。
- 匈牙利表示法：在每个变量名前加上若干表示类型的字符。例如，strName 表示一个字符串型变量。

在 Visual Basic. NET 中，不仅仅是变量名，符号常量名、数组名、过程名、结构类型名、元素名等也都遵循以上的命名规则。

说明：*在本书中，为了使初学者容易区分哪些是命令关键字，哪些是自定义的变量，很多变量使用单个字母命名。*

2）变量声明

变量声明就是定义变量的名称和数据类型，为变量分配相应的存储空间。变量的声明分为显式声明和隐式声明。

（1）显式声明。显式声明是指使用变量前先进行变量声明。声明变量的语法格式如下：

```
Dim 变量名 As 数据类型 [,变量名 As 数据类型 …]
```

例如，本例中的语句：

```
Dim s As Double
```

声明了一个 Double 类型的变量 s。

① 在一个语句中可以声明多个变量。若变量为不同的数据类型，则每个变量使用单独的 As 子句。若变量都是同一个数据类型，则可以使用通用的 As 子句声明。例如：

```
Dim x As Integer,y As Long
```

声明了两个变量 x 和 y，x 为 Integer 类型，y 为 Long 类型。

```
Dim a,b,c As Single
```

声明了 3 个变量 a、b 和 c，均为 Single 类型。

② Dim 语句还可以对变量进行初始化。例如：

```
Dim x As Integer=20
Dim m As String="Just started"
```

声明了 Integer 类型的变量 x 和 String 类型的变量 m，它们的初始值分别为 20 和"Just started"。

但是如果使用同一个 As 子句声明多个变量，则不能为该组变量提供初始化。例如：

```
Dim a,b,c As Single=37.5
```

是错误的。

③ 如果声明时没有对变量进行初始化，则 Visual Basic. NET 将它初始化为其数据类型的默认值。表 2-2 列出了 Visual Basic. NET 中各种类型的默认初始化值。

表 2-2　**Visual Basic. NET 数据类型的默认初始化值**

数 据 类 型	默认初始化值
所有数值类型(包括 Byte 和 SByte)	0
Char	二进制 0
所有引用类型(包括 Object、String 和所有数组)	Nothing
Boolean	False
Date	0001 年 1 月 1 日凌晨 12:00(01/01/0001 12:00:00 AM)

④ 用 Dim 语句声明的变量可用于包含 Dim 语句所在程序的所有代码。如果变量是在模块、类或结构内,但是在过程外声明的,则可以从模块、类或结构内的任何地方访问。如果变量是在过程或块内部声明的,则只能从过程或块的内部访问。通常,应该将所有 Dim 语句放在使用变量的代码区域的开头。

为了进一步指定变量的可访问性,还可以使用 Public、Protected、Friend、Protected Friend、Private、Shared、Shadows、Static 等关键字,这时可以省略 Dim。例如:

```
Public m As Double
Protected Friend userName As String
Private salary As Decimal
Static intAge As Integer
```

(2) 隐式声明。隐式声明变量是指无须使用 Dim 语句声明而直接使用变量。默认情况下,Visual Basic. NET 编译器强制显式声明,这要求在使用每个变量前先声明变量。但是可以在程序中使用 Option Explicit 语句来改变此要求,允许隐式声明。

Option Explicit 语句的语法格式如下:

```
Option Explicit [On|Off]
```

参数说明:

On 或 Off 为可选项。On 表示编译器强制显式声明。Off 则表示不用声明变量就可以使用。如果未指定 On 或 Off,则默认值为 On。

例如:

```
Option Explicit Off
  ⋮
x!=7.92
```

说明:! 是 Single 数据类型的类型说明符,变量 x 隐式声明为 Single 类型,值为 7.92。Visual Basic. NET 中的类型说明符还有%(Integer 类型)、&(Long 类型)、$(String 类型)、#(Double 类型)和@(Decimal 类型)。

4. 赋值语句

声明变量后,即可使用赋值语句为变量赋值。赋值语句的语法格式如下:

变量名|属性名=表达式

赋值语句的功能就是将赋值运算符"＝"右边的值赋给左边的变量或属性。例如,本例中的语句:

```
c=2 * Pi * r
```

表示将变量 r 的值乘以符号常量 Pi 的值再乘以 2,然后将计算结果赋给变量 c。

```
TextBox2.Text=c
```

表示将变量 c 的值赋给文本框 TextBox2 的 Text 属性。

参数说明:

（1）赋值运算符右侧的表达式可以由常量、变量、属性、数组元素、其他表达式或函数调用的任意组合所构成。但左侧只能是变量或属性,不能是常量或表达式。例如:

```
x+y=20
"China"=name
```

都是错误的赋值语句。

（2）赋值运算符两侧的数据类型应尽量保持一致。如果两侧类型不一致,Visual Basic. NET 可以对一些数据类型进行自动转换。

① 赋值运算符右侧为数值类型,但与左侧的类型不同时,系统将右侧表达式的值强制转换成左侧的类型,但有时会导致精度的损失。例如:

```
Dim x As Integer
x=35.43              '35.43 经四舍五入转换成 Integer 类型赋给变量 x,x 的值为 35
```

② 赋值运算符右侧为数字字符串,而左侧为数值类型时,系统可以将字符串转换为数值类型。但当字符串中包含非数字或空格时,将会在运行时出现错误。例如:

```
Dim y As Integer
y="12vb4"            '错误,转换无效
```

③ 赋值运算符右侧为非字符类型,左侧为字符类型时,系统自动将右侧的值转换为字符类型。例如:

```
Dim z As String
z=35.43              'z 的值为"35.43"
```

④ 赋值运算符右侧为布尔值,左侧为数值类型时,系统将 True 转换为 -1,False 转换为 0。而当右侧为数值型,左侧为布尔类型时,0 转换为 False,非 0 值转换为 True。例如:

```
Dim n As Boolean
n=51                 'n 的值为 True
```

（3）不能给符号常量赋值。

2.2　任务 2：简单乘方运算

2.2.1　要求和目的

1. 要求

建立如图 2-3 所示的窗体，输入底数和指数的值，单击命令按钮，在文本框中显示乘方的计算结果。

2. 目的

学习 Visual Basic.NET 的数据类型。

图 2-3　任务 2 窗体界面

2.2.2　操作步骤

1. 添加控件

新建一个名为 ch2_2 的 Windows 窗体应用程序，从工具箱中将两个标签（Label）控件拖入设计窗体中，控件的名称（Name）分别为 Label1 和 Label2，再拖入 3 个文本框（TextBox）控件，名称分别为 TextBox1、TextBox2 和 TextBox3，最后添加一个命令按钮（Button）控件，名称为 Button1。

2. 设置控件属性

将 Form1 窗体的 Text 属性设置为"简单乘方运算"，分别将 Label1 和 Label2 控件的 Text 属性设置为"的"和"次方"，再将 Button1 按钮控件的 Text 属性设置为"＝"。将所有标签控件、文本框控件和命令按钮控件 Font 属性的字体大小设置为四号。

3. 编写事件处理代码

双击 Button1 命令按钮以创建它的 Click 事件处理程序，并添加代码，如程序段 2-2 所示。

程序段 2-2

```
Private Sub Button1_Click(ByVal sender As System.Object, ByVal e As _
System.EventArgs) Handles Button1.Click
    Dim a As Single
    Dim n As Integer
    Dim p As Double
    a=TextBox1.Text
    n=TextBox2.Text
    p=a ^ n                    '^为幂运算符,a ^ n表示计算 aⁿ幂
    TextBox3.Text=p
End Sub
```

4. 运行代码

单击工具栏上的"启动调试"按钮 ▶ 运行该项目,输入底数值 72.9 和指数值 −35,单击"="按钮,运行结果如图 2-4 所示。

2.2.3 相关知识

1. 数据类型

前面讲过声明变量时要指定变量的数据类型,数据类型不仅决定了可存储在变量中的值或数据的种类,而且决定了如何存储该数据。在 Visual Basic. NET 中,数据类型应用于可以存储

图 2-4 乘方运算结果

在计算机内存中或参与表达式计算的所有值。每个变量、常量、枚举、属性、过程参数、过程变量和过程返回值都具有数据类型。

在 Visual Basic. NET 中,数据类型可以分为值类型和引用类型两类。如果数据类型在它自己的内存分配中存储数据,则该数据类型就是值类型。值类型包括基本类型、结构类型和枚举类型。引用类型包含指向存储数据的其他内存位置的指针。引用类型包括数组、类和委托等类型。

2. 基本数据类型

Visual Basic. NET 的基本数据类型可以分成 3 类:数值类型、字符类型和其他类型。表 2-3 列出了 Visual Basic. NET 的基本数据类型。

表 2-3 **Visual Basic. NET 基本数据类型**

数据类型	存储值描述	存储空间（字节）	取 值 范 围
Byte	无符号整数	1	0～255
SByte	有符号整数	2	−128～127
Short	有符号整数	2	−32 768～32 767
UShort	无符号整数	2	0～65 535
Integer	有符号整数	4	−2 147 483 648 ～ 2 147 483 647
UInteger	无符号整数	4	0 ～ 4 294 967 295
Long	有符号整数	8	−9 223 372 036 854 775 808 ～ 9 223 372 036 854 775 807
ULong	无符号整数	8	0 ～ 18 446 744 073 709 551 615
Decimal	有符号数	16	没有小数位数时,最大的可能值为 ±79 228 162 514 264 337 593 543 950 335 (±7.922 816 251 426 433 759 354 395 033 5E+28) 如果小数位数为 28,则最大值为 ±7.922 816 251 426 433 759 354 395 033 5,且最小非零值为 ±0.000 000 000 000 000 000 000 000 000 1（±1E−28）

续表

数据类型	存储值描述	存储空间（字节）	取值范围
Single	单精度浮点数	4	负数取值范围为 $-3.402\,823\,5E+38 \sim -1.401\,298E-45$，正数取值范围为 $1.401\,298E-45 \sim 3.402\,823\,5E+38$
Double	双精度浮点数	8	负值取值范围为 $-1.797\,693\,134\,862\,315\,70E+308 \sim -4.940\,656\,458\,412\,465\,44E-324$，正值取值范围为 $4.940\,656\,458\,412\,465\,44E-324 \sim 1.797\,693\,134\,862\,315\,70E+308$
Char	Unicode 字符	2	$0 \sim 65\,535$ 内任意 Unicode 编码字符
String	Unicode 字符	2	从 0 开始之后将近 20 亿（2^{31}）个 Unicode 字符
Boolean	布尔值	2	True 或 False
Date	日期时间值	8	0001 年 1 月 1 日～9999 年 12 月 31 日的日期以及午夜 12:00:00～晚上 11:59:59.9999999 的时间
Object	对象值	4	可以存储任意数据类型的数据

1）数值数据类型

数值类型是 Visual Basic.NET 的主要数据类型，共 11 种。

（1）整型数值类型。整型数值类型是只表示整数（如正数、负数和零）、没有小数部分的数据类型，又分为有符号整型和无符号整型两种。有符号整型数值数据类型有 SByte、Short（短整型）、Integer（整型）及 Long（长整型）。如果某个变量总是存储整数而不是小数，则可以将其声明为以上类型之一。无符号整型存储的都是正整数，有 Byte（字节型）、UShort、UInteger 及 ULong。如果某个变量包含二进制数据或未知种类的数据，则可将其声明为这些类型之一。例如：

```
Dim a As Byte          '定义字节型变量 a
Dim b As Short         '定义短整型变量 b
Dim c As Integer       '定义整型变量 c
Dim d As Long          '定义长整型变量 d
a=121
b=-3876
c=-41579
d=3007941625
```

说明：用整型进行算术运算比用其他数据类型要快。Visual Basic 中 Integer 和 UInteger 类型的算术运算速度最快。

（2）非整型数值类型。非整型数值类型是表示同时带有整数部分和小数部分的数字的类型。非整型数值数据类型有 Decimal、Single 和 Double，它们都是有符号类型。如果某个变量可以包含小数，则可将其声明为这些类型之一。

① 单精度浮点型（Single）。以 4 个字节 32 位来存储单精度浮点数，其中符号占 1 位，指数占 8 位，其余 23 位表示尾数。单精度浮点数可以精确到 7 位十进制数。例如：

```
Dim x As Single
x=2.12345678E+20                          'x 的值为 2.123457E+20
```

说明：非整型数值可表示为 mmmEeee，其中 mmm 是尾数（有效位数），eee 是指数（10 的次幂）。

② 双精度浮点型（Double）。以 8 个字节 64 位来存储双精度浮点数，其中符号占 1 位，指数占 11 位，其余 52 位表示尾数。双精度浮点数可以精确到 15 或 16 位十进制数。例如：

```
Dim x As Double
x=71234567890.987656                      'x 的值为 71234567890.9877
```

③ Decimal 型。Decimal 不是浮点数据类型，它存储的是一个二进制整数值，以及符号位和一个整数比例因子，该比例因子指定小数点右边的数字位数，范围为 0～28。

说明：Decimal 数值在内存中的表示形式比浮点型（Single 和 Double）更精确。它特别适用于需要使用大量数位但不能容忍舍入误差的计算，如金融方面的计算。但是，Decimal 数值的运算速度比其他任何数值数据类型慢得多。

2）字符数据类型

字符数据类型用来处理可打印和可显示的字符，包括字符型（Char）和字符串型（String）两种。

（1）字符型（Char）。Char 数据类型是单个双字节（16 位）Unicode 字符，以无符号的数值形式存储。如果一个变量总是仅存储一个字符，则可将其声明为 Char。例如：

```
Dim y As Char
Dim z As Char
y="中"
z="B"
```

说明：虽然 Char 是以数值形式存储，但 Visual Basic 不会在 Char 类型和数值类型之间直接转换，必须使用相应的函数进行转换。

（2）字符串型（String）。String 数据类型是 0 或多个双字节（16 位）Unicode 字符的序列，以无符号的数值序列形式存储。如果一个变量可以包含任意个数的字符，则将其声明为 String。

一个字符串可以包含从 0 到 2^{31} 个 Unicode 字符，所有字符必须放在双引号内。长度为 0 的字符串称为空字符串。如果必须在字符串中包含引号字符，需使用两个连续的引号（""）。例如：

```
Dim x, y, z As String
x="北京"
y=""
z="He said ""Hello!"""
```

3）其他数据类型

Visual Basic.NET 还提供了几种不是面向数值或字符的数据类型，它们用于处理一些特殊的数据,分别是布尔型(Boolean)、日期型(Date)和对象型(Object)。

(1) 布尔型(Boolean)。布尔型也称逻辑型,以无符号数值的形式存储,但取值只能为 True 或 False。如果一个变量仅包含如真/假、是/否或开/关这样的双状态值,则将其声明为 Boolean。例如:

```
Dim s As Boolean
s=True
```

布尔值和数值数据类型之间可以进行转换,具体参见"赋值语句"中的相关内容。

(2) 日期型(Date)。日期型以整数值形式存储。日期文本必须括在数字符号(♯♯)内,必须以 M/d/yyyy 格式指定日期值。例如:

```
Dim r As Date
r=♯9/16/2008♯
```

日期型也可以存储时间信息,时间值可以指定为 12 小时或 24 小时时制。例如:

```
Dim t As Date
t=♯8/3/1996 10:14 PM♯
```

说明:如果在日期/时间文本中未包含日期,则 Visual Basic 将该值的日期部分设置为 0001 年 1 月 1 日。如果在日期/时间文本中未包含时间,则 Visual Basic 将该值的时间部分设置为当天的开始时间,即午夜(0:00:00)。

(3) 对象型(Object)。对象型以地址形式存储,是指向应用程序中对象实例的地址。可以为 Object 的变量分配任何引用类型(如字符串、数组、类或接口)。Object 变量还可以引用任何值类型(如数值、Boolean、Char、Date、结构或枚举)的数据。

3. 复合数据类型

除了基本数据类型外,在 Visual Basic. NET 中还可以将不同类型的项组合起来创建复合数据类型,如数组、结构、集合和类等。复合数据类型可以从基本数据类型生成,也可以从其他复合类型生成。具体内容将在后面的章节中介绍。

2.3　任务3:温度转换

2.3.1　要求和目的

1. 要求

建立如图 2-5 所示的窗体,输入华氏温度值,单击命令按钮,在文本框中显示摄氏温度的值。

2. 目的

(1) 学习运算符的使用方法。

(2) 学习表达式的使用。

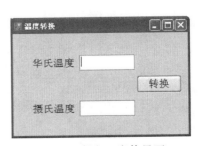

图 2-5　任务 3 窗体界面

2.3.2 操作步骤

1. 添加控件

新建一个名为 ch2_3 的 Windows 窗体应用程序,从工具箱上将两个标签(Label)控件拖入设计窗体中,控件的名称(Name)分别为 Label1 和 Label2,再拖入两个文本框(TextBox)控件,名称分别为 TextBox1 和 TextBox2,最后添加一个命令按钮(Button)控件,名称为 Button1。

2. 设置控件属性

将 Form1 窗体的 Text 属性设置为"温度转换",分别将 Label1 和 Label2 控件的 Text 属性设置为"华氏温度"和"摄氏温度",再将 Button1 按钮控件的 Text 属性设置为"转换"。将所有标签控件、文本框控件和命令按钮控件 Font 属性的字体大小设置为四号。

3. 编写事件处理代码

双击 Button1 命令按钮以创建它的 Click 事件处理程序并添加代码,如程序段 2-3 所示。

程序段 2-3

```
Imports System.Math
Public Class Form1
    Private Sub Button1_Click(ByVal sender As System.Object, ByVal e As _
    System.EventArgs) Handles Button1.Click
        Dim C, F As Single
        F=Val(TextBox1.Text)
        C=5 / 9 * (F-32)
        TextBox2.Text=Round(C, 2)
    End Sub
End Class
```

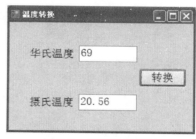

图 2-6 温度转换结果

4. 运行代码

单击工具栏上的"启动调试"按钮 ▶ 运行该项目,输入华氏温度值为 69,单击"转换"按钮,运行结果如图 2-6 所示。

2.3.3 相关知识

1. 运算符和表达式

运算是对数据进行加工的过程,描述各种不同运算的符号就称为运算符,参与运算的数据则称为操作数,操作数可以是常量、变量、属性以及函数。运算符与操作数组合在一起构成了表达式,表达式的最终结果表示一个值,该值通常是某种常见的数据类型,如布尔型、字符串型或数值类型。Visual Basic.NET 提供的运算符有算术运算符、连接运算符、关系运算符、逻辑运算符、赋值运算符等。

1）算术运算符和算术表达式

算术运算符是执行数学计算的运算符。用算术运算符将操作数连接起来的表达式就是算术表达式，算术表达式的运算结果是一个数值型数据。例如，本例中的 $5/9*(F-32)$ 就是一个算术表达式。表 2-4 列出了 Visual Basic.NET 的算术运算符。

表 2-4　**Visual Basic.NET 算术运算符**

运　算　符	含　　义	示　　例
＋	加	67 ＋ 12
－	减	105－8
*	乘	3 * 9.45
/	浮点除	17/4
\	整除	87\12
^	幂	2^15
Mod	取模	－247 Mod 9
—	取负	－346.8

在以上算术运算符中，除了取负是单目运算符外，其他均为双目运算符。加、减、乘、取负运算符的含义与数学运算基本相同。下面介绍其他几个运算符的操作。

（1）浮点除。浮点除法运算符将两个数相除，结果以浮点数表示。例如，示例中 17/4 的计算结果为 4.25。

（2）整除。整除运算符将两个数相除，结果为整数商。例如，示例中 87\12 的计算结果为 7。对整除运算符来说，操作数都必须为整型（如 Byte、SByte、Short、UShort、Integer、UInteger、Long 和 ULong），如果操作数为浮点数值，Visual Basic 会先尝试转换为长整型，然后再进行计算。

（3）幂。幂运算符计算以一个数为底，以另一个数为指数的幂。例如，示例中 2^15 表示计算 2^{15}。

（4）取模。取模运算符将两个数相除，结果为余数。例如示例中－247 Mod 9 的计算结果为－4。如果取模运算符的操作数都是整型，则结果值也是整型。如果操作数是浮点型，则结果值也是浮点型。例如 32 Mod 4.5 的结果为 0.5。

在 Visual Basic 中书写算术表达式时，应注意以下几点：

- 在任何情况下不能省略运算符。例如，数学中的代数式 $5(4x+y)$，在 Visual Basic 中必须写成 5 * (4 * x＋y)。
- 只能使用小括号（），而且括号必须成对出现。例如，代数式 $2\{a-[(b+c)^2/c+d]\}$ 必须写成 2 * (a－((b＋c)^2/c＋d))。

2）连接运算符和连接表达式

连接运算符是将多个字符串连接为一个字符串的运算符。在 Visual Basic.NET 中有两种连接运算符：＋ 和 &。用连接运算符将两个操作数连接起来的表达式就是连接表达式，连接表达式的运算结果是一个字符串型数据。例如：

```
Dim x As String
```

```
x="Visual " & "Basic"              ' x 的值为"Visual Basic"
```

使用连接运算符进行运算时,如果操作数都是字符串型,则＋和 & 运算符的运算结果相同。如果操作数不是字符串型,则 & 运算符可以先将操作数转换为字符串型,然后再进行运算。而对于＋运算符,有些情况下会进行加法运算,有些情况下则会出现运行时报错。例如:

```
Dim a, b, c, d As String
a="Visual Basic " & 2008           ' a 的值为"Visual Basic 2008"
b="Visual Basic "+2008             ' 错误,转换无效
c="36" & 4.5                       ' c 的值为"364.5"
d="36"+4.5                         ' d 的值为 40.5[y1]
```

说明:对于字符串连接操作,建议使用 & 运算符,原因是它专门定义用于字符串,可以降低产生意外转换的可能性。

3) 关系运算符和关系表达式

关系运算符也称为比较运算符,用于比较两个操作数。用关系运算符将两个操作数连接起来的表达式就是关系表达式,关系表达式的运算结果是一个布尔值:True 或 False。

关系运算符有用于比较数值的,也有用于比较字符串以及比较对象的。表 2-5 列出了 Visual Basic. NET 的关系运算符。

表 2-5　Visual Basic. NET 关系运算符

运　算　符	含　　义	示　　例	
=	相等	72＝19	'结果为 False
<>	不等	72<>19	'结果为 True
<	小于	72<19	'结果为 False
<=	小于或等于	72<=19	'结果为 False
>	大于	72>19	'结果为 True
>=	大于或等于	72>=19	'结果为 True
Like	比较模式	"C" Like "C?"	'结果为 False
Is 和 IsNot	比较对象引用变量		

(1) 比较数值。表 2-5 中的前 6 个运算符用于比较数值,每个运算符以两个表达式作为操作数,这两个表达式的计算结果均为数值,按值的大小进行比较。

(2) 比较字符串。表 2-5 中的前 6 个运算符也用于比较字符串。字符串比较时,按从左到右的顺序依次比较每个字符的 ASCII 码值大小,如对应字符的 ASCII 码值相等,则继续比较下一个字符。例如,表达式"abc">"abd"的结果为 False,表达式"67"="6"的结果为 False。

Like 运算符用于根据模式比较字符串。将字符串与指定的模式进行比较,如果匹配,结果为 True;否则结果为 False。表 2-6 列出了 Like 运算符中可以使用的模式字符及相应的匹配项。

表 2-6　模式字符和匹配项

模式中的字符	匹配项
?	任何单个字符
*	零或更多字符
#	任何单个数字
[字符列表]	列表中的任何单个字符
[!字符列表]	不在列表中的任何单个字符

例如：

```
Dim a, b, c, d, f As Boolean
a="C12" Like "C??"                  'a 的值为 True
b="xYZWa" Like "x*a"                'b 的值为 True
c="367" Like "##7"                  'c 的值为 True
d="Y" Like "[A-Z]"                  'd 的值为 True
f="Y" Like "[!M-Z]"                 'f 的值为 False
```

说明：在指定字符列表时，这些字符必须以升序排序顺序出现。

（3）比较对象。Is 和 IsNot 运算符用于比较两个对象引用变量。Is 运算符只是确定两个对象引用变量是否引用同一个对象，它不执行值比较。如果两个对象引用变量都引用同一个对象实例，则运算结果为 True，否则结果为 False。例如：

```
Dim x As testClass
Dim y As New testClass()
Dim r As Boolean
x=y
r=x Is y                            'r 的值为 True
```

说明：在本例中，由于两个变量引用同一个实例，因此 x Is y 计算结果为 True。

4）逻辑运算符和逻辑表达式

逻辑运算符用于对布尔型数据进行运算。用逻辑运算符将操作数连接起来的表达式称为逻辑表达式，逻辑表达式的运算结果仍是一个布尔值：True 或 False。Visual Basic.NET 提供了 6 种逻辑运算符，分别是 Not（非）、And（与）、Or（或）、Xor（异或）、AndAlso（短路与）和 OrElse（短路或）。表 2-7 列出了 Visual Basic.NET 的逻辑运算规则，其中 a 和 b 是布尔型操作数。

表 2-7　Visual Basic.NET 逻辑运算规则

a	b	Not a	a And b	a Or b	a Xor b	a AndAlso b	A OrElse b
True	True	False	True	True	False	True	True
True	False	False	False	True	True	False	True
False	True	True	False	True	True	False	True
False	False	True	False	False	False	False	False

例如：

```
Dim a, b, c, d As Boolean
a=Not 18>35                    'a 的值为 True,18>35 的值为 False
b=20>67 And "x"<"y"            'b 的值为 False,20>67 为 False,"x"<"y"为 True
c=20>67 Or "x"<"y"            'c 的值为 True
d=20>67 Xor "x"<"y"          'd 的值为 True
```

　　AndAlso 运算符与 And 运算符类似，它也对两个操作数执行逻辑与运算。两者之间的主要差别是 AndAlso 的短路行为，如果 AndAlso 表达式中第一个操作数的计算结果为 False，则不会计算第二个操作数的值（因为它不会改变最终结果），表达式的结果为 False。

　　同样，OrElse 运算符对两个操作数执行短路逻辑或运算。如果 OrElse 表达式中第一个操作数的计算结果为 True，则不会计算第二个操作数的值，表达式的结果为 True。

　　5）复合运算符

　　Visual Basic. NET 还提供了一些复合运算符，即部分算术运算符、连接运算符与赋值运算符结合使用，也称为自反赋值运算符。表 2-8 列出了 Visual Basic. NET 的复合运算符。

表 2-8　Visual Basic. NET 复合运算符

运　算　符	含　　义	示　　例	
+=	自反加赋值	X+=2	'等价于 X=X+2
-=	自反减赋值	X-=2	'等价于 X=X-2
*=	自反乘赋值	X*=2	'等价于 X=X*2
/=	自反浮点除赋值	X/=2	'等价于 X=X/2
\=	自反整除赋值	X\=2	'等价于 X=X\2
^=	自反幂赋值	X^=2	'等价于 X=X^2
&=	自反字符串连接赋值	X&="ab"	'等价于 X=X&"ab"

例如：

```
Dim x, y As Integer
x=27
y=5
x\=y              'x 的值为 5
```

　　6）运算符的优先级

　　当一个表达式中出现多种运算符时，Visual Basic. NET 将按照预先确定的称为"运算符优先级"的顺序进行计算。

　　运算符优先级从高到低顺序如下：

　　（1）算术运算符。

　　① ^

　　② -（取负）

　　③ *、/

　　④ \

　　⑤ Mod

⑥ ＋、一

（2）连接运算符。

（3）关系运算符。

所有关系运算符具有相同的优先级。

（4）逻辑运算符。

① Not

② And、AndAlso

③ Or、OrElse

④ Xor

当具有相同优先级的运算符在表达式中一起出现时,编译器将按每个运算符出现的顺序从左至右进行计算,即左结合性。

也可以使用括号强制表达式中的某些部分先于其他部分计算,Visual Basic 始终先执行括号里面的运算,再执行括号外面的运算,但括号里仍保持正常的优先级和结合性。

例如:

```
Dim x As Boolean
x= (2+6) * 4>30 And "ABC"< "A" & "CB"            'x 的值为 True
```

说明:先计算括号内的(2+6),得到结果 8,然后计算 8 * 4,得到 32,再计算"A" & "CB",得到"ACB",接下来计算两个关系运算 32>30 和"ABC"<"ACB",结果都为 True,最后计算 And,得到表达式的结果为 True。

2. 常用内部函数

Visual Basic.NET 提供了大量内部函数供编程时直接调用,每个函数调用后都有一个返回值。内部函数可以分为数学函数、字符串函数、日期时间函数、转换函数和随机函数 5 大类。

1) 数学函数

数学函数用于进行常见的数学运算。表 2-9 列出了 Visual Basic.NET 常用的数学函数。

表 2-9　Visual Basic.NET 常用数学函数

函　　数	功　　能	示　　例	返　回　值
Abs(x)	计算 x 的绝对值	Abs(−2.5)	2.5
Atan(x)	计算 x 的反正切值,返回值为 Double 型	Atan(3)	1.249 045 772 398 25
Cos(x)	计算 x 的余弦值,返回值为 Double 型	Cos(30 * 3.1415/180)	0.866
Sin(x)	计算 x 的正弦值,返回值为 Double 型	Sin(30 * 3.1415/180)	0.499
Exp(x)	计算 e(自然对数的底)的 x 次幂,返回值为 Double 型	Exp(3)	20.085 536 923 187 7
Log(x)	计算 x 的对数值,返回值为 Double 型	Log(20)	2.995 732 273 553 99

续表

函　　数	功　　能	示　　例	返　回　值
Round(x[,y])	将 x 舍入到最接近的整数或小数位数为 y 的数值,返回值为 Double 型	Round(72.1456,2)	72.15
Sign(x)	计算表示数字符号的值,返回值为 Integer 型 x<0 返回−1 x=0 返回 0 x>0 返回 1	Sign(−9.6)	−1
Sqrt(x)	计算 x 的平方根,返回值为 Double 型	Sqrt(9)	3
Tan(x)	计算 x 的正切值,返回值为 Double 型	Tan(30 * 3.1415/180)	0.577 329 679 686 571

说明:$Cos(x)$、$Sin(x)$和 $Tan(x)$ 函数中的参数 x 以弧度为单位。$Atan(x)$的返回值以弧度为单位。

在 Visual Basic.NET 中,数学函数已经由.NET Framework 的 System.Math 类中的等效方法取代。若要不受限制地使用这些函数,必须将 System.Math 命名空间导入项目,在源代码顶端添加以下代码:

```
Imports System.Math
```

2) 字符串函数

字符串函数用于对字符串进行处理。表 2-10 列出了 Visual Basic.NET 常用的字符串函数。

表 2-10　Visual Basic.NET 常用字符串函数

函　　数	功　　能	示　　例	返　回　值
LTrim(S)	去掉字符串 S 左端的空格	LTrim("　Basic")	"Basic"
RTrim(S)	去掉字符串 S 右端的空格	RTrim("Basic　")	"　Basic"
Trim(S)	去掉字符串 S 左右两端的空格	Trim("　Basic　")	"Basic"
Len(S)	返回字符串 S 中字符的个数	Len("Basic")	5
LCase(S)	字符串 S 转换为小写	LCase("Basic")	"basic"
UCase(S)	字符串 S 转换为大写	UCase("Basic")	"BASIC"
Left(S,n)	从左端起取字符串 S 的 n 个字符	Left("Basic", 2)	"Ba"
Right(S,n)	从右端起取字符串 S 的 n 个字符	Right("Basic", 1)	"c"
Mid(S,p,n)	从位置 p 起取字符串 S 的 n 个字符	Mid("Basic",2,3)	"asi"
InStr(S1,S2)	字符串 S2 在字符串 S1 中最先出现的位置	InStr("Beijing","i")	3

说明:$Len(S)$和 $InStr(S1,S2)$函数的返回值为 Integer 型,其他函数返回值为 String 型。

如果要在 Windows 窗体应用程序或任何其他具有 Left 或 Right 属性的类中使用 Left 或 Right 函数,则必须以 Microsoft.VisualBasic.Left 或 Microsoft.VisualBasic.Right 完全限定。

3）日期和时间函数

日期和时间函数用于对日期和时间数据进行处理。表 2-11 列出了 Visual Basic. NET
常用的日期和时间函数。

表 2-11 Visual Basic. NET 常用日期和时间函数

函　　数	功　　能	示　　例	返　回　值
Day(d)	返回日期型数据 d 中的日期值	Day(♯3/25/2009♯)	25
Weekday(d)	返回日期型数据 d 的星期值	Weekday(♯3/25/2009♯)	4
Month(d)	返回日期型数据 d 中的月份值	Month(♯3/25/2009♯)	3
Year(d)	返回日期型数据 d 中的年份值	Year(♯3/25/2009♯)	2009
Hour(d)	返回日期型数据 d 中的小时值	Hour(♯7:08:35 PM♯)	19
Minute(d)	返回日期型数据 d 中的分钟值	Minute(♯7:08:35 PM♯)	8
Second(d)	返回日期型数据 d 中的秒值	Second(♯7:08:35 PM♯)	35

说明：使用 Day()函数时，需要用 Microsoft. VisualBasic 命名空间来限定，格式为：

```
Microsoft.VisualBasic.DateAndTime.Day(d)
```

4）转换函数

转换函数用于进行数据类型的转换。表 2-12 列出了 Visual Basic. NET 常用的转换
函数。

表 2-12 Visual Basic. NET 常用转换函数

函　　数	返回值类型	参数 x 的范围	示　　例	返　回　值
Asc(x)	Integer	Char 或 String 表达式	Asc("Basic")	66
Chr(x)	Char	Integer 表达式	Chr(35)	"♯"
Int(x)	数值型	Double 型数字或任何数值表达式	Int(−2.5)	−3
Fix(x)	数值型	Double 型数字或任何数值表达式	Fix(−2.5)	−2
Val(x)	数值型	String 表达式	Val("62.571")	62.571
Str(x)	String	数值表达式	Str(−68 / 3.2)	"−21.25"
CBool(x)	Boolean	Char、String 或数值表达式	CBool(23)	True
CByte(x)	Byte	Char、String、Boolean 或数值表达式，小数部分舍入	CByte("2.3")	2
CChar(x)	Char	Char 或 String 表达式，只转换 String 的第一个字符	CChar("Basic")	B
CDate(x)	Date	String 表达式	CDate("Sep 2，2002")	2002-9-2
CDbl(x)	Double	String、Boolean 或数值表达式	CDbl(3.5 ^ 3 * 217.1)	9308.1625

续表

函　　数	返回值类型	参数 x 的范围	示　　例	返　回　值
CDec(x)	Decimal	String、Boolean 或数值表达式	CDec(3.5^3 * 2171)	93081.625
CInt(x)	Integer	String、Boolean 或数值表达式,舍入小数部分	CInt("4.521")	5
CLng(x)	Long	String、Boolean 或数值表达式,舍入小数部分	CLng("4.421")	4
CObj(x)	Object	任何表达式	CObj("7390.21as" & "56")	"7390.21as56"
CShort(x)	Short	String、Boolean 或数值表达式,舍入小数部分	CShort(2351)	2351
CSng(x)	Single	String、Boolean 或数值表达式	CSng(72.09)	72.09
CStr(x)	String	Boolean、Date 或数值表达式	CStr(#1/1/2009#)	"2009-1-1"
CType(x,y)	y 指定的类型	任何表达式	CType(True, Long)	-1

　　说明：如果函数的参数值超出要转换成的数据类型的有效范围,将会发生错误。

　　Asc()函数返回与字符 x 或字符串 x 的第一个字母相对应的 ASCII 码值,Chr()函数则返回以数值 x 为 ASCII 码值的字符。

　　Int()和 Fix()函数都移除 x 的小数部分并返回得到的整数值。当 x 是正数时,Int(x)和 Fix(x)函数的返回值相同。当 x 是负数时,Int 返回小于或等于 x 的第一个负整数,而 Fix 返回大于或等于 x 的第一个负整数。

　　5) 随机函数

　　随机函数用于生成随机数,Visual Basic.NET 提供了两个函数进行随机数的计算。

　　(1) Rnd()函数。

　　Rnd()函数的功能是生成一个 Single 类型的随机数。函数的语法格式如下:

```
Rnd ([Num])
```

参数说明：

　　① Num 为可选项,是一个 Single 类型的表达式。

　　② Rnd()函数返回一个小于 1 但大于或等于 0 的值,Num 的值决定了 Rnd 生成随机数的方式。如果 Num 的值小于 0,则每次都将 Num 用作种子,返回相同的随机数。如果 Num 的值等于 0,则返回最近生成的随机数。如果 Num 的值大于 0 或省略,则返回序列中的下一个随机数。

　　若要生成给定范围内的随机整数,可使用下面的表达式:

```
CInt(Int((upper-lower+1) * Rnd())+lower)
```

其中,upper 是此范围内最大的数,lower 是此范围内最小的数。例如:

```
Dim x As Integer
x=CInt(Int((10 * Rnd())+1))                    '生成 1～10 之间的一个随机整数
```

（2）Randomize()函数。

Randomize()函数的功能是初始化随机数生成器。函数的语法格式如下：

```
Randomize ([Num])
```

参数说明：

① Num 为可选项，是一个 Object 或任何有效的数值表达式。

② Randomize()函数用 Num 将 Rnd()函数的随机数生成器初始化，并给它一个新的种子值。如果省略 Num，则用系统计时器返回的值作为新的种子值。如果没有使用 Randomize()函数，则无参数的 Rnd()函数使用第一次调用此函数的同一数值作为种子，并从此使用上一次生成的数字作为种子值。

若要重复随机数序列，在使用带数值参数的 Randomize 之前先调用带负参数的 Rnd。使用带有相同 Num 值的 Randomize 不会重复前一序列。

例如：

```
Dim x As Integer
Randomize()                      '初始化随机数生成器
x=CInt(Int((10 * Rnd())+1))
```

2.4 任务4：显示用户欢迎窗口

2.4.1 要求和目的

1. 要求

建立如图 2-7 所示的窗体，单击 START 按钮，出现输入用户姓名的对话框，输入后显示欢迎信息对话框。

2. 目的

（1）学习 InputBox()函数的使用。

（2）学习 MsgBox()函数的使用。

2.4.2 操作步骤

1. 添加控件

图 2-7 任务4窗体界面

新建一个名为 ch2_4 的 Windows 窗体应用程序，从工具箱上将一个命令按钮(Button)控件拖入设计窗体中，控件的名称(Name)为 Button1。

2. 设置控件属性

将 Form1 窗体的 Text 属性设置为"开始"，Button1 按钮控件的 Text 属性设置为

START。再将命令按钮控件 Font 属性的字体大小设置为四号。

3. 编写事件处理代码

双击 Button1 按钮以创建它的 Click 事件处理程序，并添加代码，如程序段 2-4 所示。

程序段 2-4

```
Private Sub Button1_Click(ByVal sender As System.Object, ByVal e As _
System.EventArgs) Handles Button1.Click
    Dim uname, wmes As String
    uname=InputBox("请输入姓名：", "输入姓名")
    If uname<>"" Then
        wmes=uname & ", 欢迎进入 Visual Basic.NET 的世界！"
        MsgBox(wmes, MsgBoxStyle.OkOnly+MsgBoxStyle.Information, "欢迎")
    End If
End Sub
```

4. 运行代码

单击工具栏上的"启动调试"按钮 ▶ 运行该项目，单击 START 按钮，出现如图 2-8 所示的对话框。

输入姓名单击"确定"按钮后，就可以显示如图 2-9 所示的欢迎信息对话框。

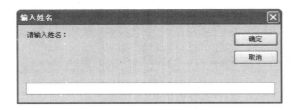

图 2-8 "输入姓名"对话框   图 2-9 欢迎信息对话框

2.4.3 相关知识

程序运行时经常需要与用户进行直接交互，输出数据或要求用户输入数据。在 Visual Basic.NET 中可以通过 InputBox() 函数和 MsgBox() 函数实现交互。

1. InputBox() 函数

InputBox() 函数用于接受用户从键盘输入的数据。其语法格式如下：

InputBox(提示 [,标题] [,默认值] [,x坐标位置] [,y坐标位置])

参数说明：

（1）"提示"：以信息形式显示在对话框中的字符串表达式。提示的最大长度大约为 1024 个字符，具体取决于所用字符的宽度。如果提示包含多行，则可以在每行之间使用回车符 Chr(13)、换行符 Chr(10) 或者回车/换行符的组合 Chr(13) & Chr(10) 来分隔各行。

（2）"标题"：可选项。显示在对话框标题栏中的字符串表达式。如果省略该项，则将应用程序名放在标题栏中。

（3）"默认值"：可选项。显示在文本框中的字符串表达式，在没有提供其他输入时作为默认响应。如果省略该项，则文本框为空。

（4）"x 坐标位置"：可选项。指定屏幕左边缘与对话框左边缘之间的距离，是一个数值表达式，单位为像素。

（5）"y 坐标位置"：可选项。指定对话框的上边与屏幕上边的距离。如果省略 x 坐标位置和 y 坐标位置，则对话框在屏幕上居中。

InputBox() 函数运行时，会生成一个对话框，用户可以根据提示信息在文本框中输入数据。如果用户单击"确定"按钮或按 Enter 键，则函数返回包含文本框内容的字符串。如果单击"取消"按钮，则函数的返回值为一个空字符串。

说明：使用 InputBox() 函数时应注意各参数的次序，当省略其中的部分可选项时，相应的逗号分隔符必须保留。

2. MsgBox() 函数

MsgBox() 函数的功能是在对话框中显示消息。其语法格式如下：

```
MsgBox(提示 [,按钮] [,标题])
```

参数说明：

（1）"提示"：以信息形式显示在对话框中的字符串表达式。提示的最大长度大约为 1024 个字符，具体取决于所用字符的宽度。如果提示包含多行，可以在各行之间使用回车符 Chr(13)、换行符 Chr(10) 或回车/换行符的组合 Chr(13) & Chr(10) 分隔各行。

（2）"按钮"：可选项。是一个数值表达式，指定显示的按钮数目及按钮类型、使用的图标样式、默认按钮的标识以及消息框的样式等。如果省略，则默认值为 0。该参数是 MsgBoxStyle 枚举成员值的总和，表 2-13 列出了 MsgBoxStyle 枚举值。

表 2-13　MsgBoxStyle 枚举值

枚 举 成 员	值	说　　　明
OKOnly	0	只显示"确定"按钮
OKCancel	1	显示"确定"和"取消"按钮
AbortRetryIgnore	2	显示"中止"、"重试"和"忽略"按钮
YesNoCancel	3	显示"是"、"否"和"取消"按钮
YesNo	4	显示"是"和"否"按钮
RetryCancel	5	显示"重试"和"取消"按钮
Critical	16	显示"关键消息"图标
Question	32	显示"警告查询"图标
Exclamation	48	显示"警告消息"图标

续表

枚 举 成 员	值	说　　明
Information	64	显示"信息消息"图标
DefaultButton1	0	第一个按钮是默认的
DefaultButton2	256	第二个按钮是默认的
DefaultButton3	512	第三个按钮是默认的
ApplicationModal	0	应用程序模式,用户必须响应消息框,才能继续在当前应用程序中工作
SystemModal	4096	系统模式,所有应用程序都被挂起,直到用户响应消息框
MsgBoxSetForeground	65536	指定消息框窗口为前景窗口
MsgBoxRight	524288	文本为右对齐

说明：第一组值(0~5)描述对话框中显示的按钮数量和类型。第二组值（16,32,48,64）描述图标样式。第三组值（0,256,512）确定默认使用哪个按钮。第四组值（0,4096）确定消息框的模式,第五组值指定消息框窗口是否为前台窗口,以及文本对齐和方向。将这些数字相加以生成按钮参数的最终值时,只能由每组值取用一个数字。例如,本例中的 MsgBoxStyle. OkOnly＋MsgBoxStyle. Information。

该参数也可以使用相应的 Visual Basic. NET 内部常数构成表达式。例如,vbOKOnly、vbYesNo、vbInformation 等。

（3）"标题"：可选项。显示在对话框标题栏中的字符串表达式。如果省略,则将应用程序名放在标题栏中。

MsgBox()函数运行时,生成一个对话框,用户单击其中的按钮,返回一个整数,指示用户单击了哪个按钮。表 2-14 列出了 MsgBox()函数返回值。

表 2-14　MsgBox（）函数返回值

内部常数	值	内部常数	值
vbOK	1	vbIgnore	5
vbCancel	2	vbYes	6
vbAbort	3	vbNo	7
vbRetry	4		

2.5　小　　结

本章介绍了 Visual Basic. NET 编程语言的基础知识及具体的使用方法,涉及的内容有：

- 常量和变量。

- 赋值语句。
- 基本数据类型。
- 运算符和表达式。
- 常用内部函数。
- InputBox 函数。
- MsgBox 函数。

2.6　作　　业

（1）设骑自行车、慢跑和游泳每小时分别消耗 245、655 和 470 卡路里的热量，每消耗 7700 卡路里的热量可减掉 1kg 脂肪。编写程序，在文本框中输入每项运动的时间，然后计算减掉的脂肪数。

（2）编写程序，实现大小写转换。要求在文本框中输入一行英文字符，单击按钮 1，则全部转换为大写字符，单击按钮 2，则全部转换为小写字符。

（3）输入一个四位数的正整数，编写程序，输出这个数的千位、百位、十位和个位。

提示：可使用整除(\)运算符求千位、百位和十位，使用取模(Mod)运算符求个位。

（4）编写程序，计算银行贷款的月还款额，公式为：

$$p \times r \times (1+r)^n / ((1+r)^n - 1)$$

其中 p 为贷款总额，r 为月利率（年利率/12），n 为还款总月数。

（5）编写程序，在文本框中显示 1～100 之间的任一随机整数，及其对应的字符。

（6）编写程序，使用 InputBox() 函数输入学生的计算机、英语、数学成绩，然后用 MsgBox() 函数输出平均成绩。

第 3 章　分 支 结 构

学习提示

　　Visual Basic. NET 是面向对象的程序设计语言,在编写事件过程代码时,仍使用结构化程序设计中的基本结构,即顺序结构、分支结构和循环结构。本章主要任务是学习 Visual Basic. NET 的分支程序结构,重点是常用的分支语句:If 分支语句和 Select Case 分支语句。

　　顺序结构是最简单的程序结构,语句按照从上到下的顺序依次执行。前两章编写的程序大多是顺序结构,主要包括赋值语句、实现数据输入输出的函数和过程等。

　　但在现实生活中,还经常需要根据给定的条件进行分析、比较和判断,并按判断后的不同情况进行不同的处理。例如,判断学生成绩是否及格,为不及格的学生发送补考通知,这种问题就属于程序设计中的分支结构。Visual Basic. NET 提供了多种形式的分支结构,有单分支结构、双分支结构和多分支结构,可以根据指定的条件执行不同的程序分支。

3.1　任务 1:求最大数

3.1.1　要求和目的

1. 要求

建立如图 3-1 所示的窗体,求 3 个数中的最大数。

图 3-1　任务 1 窗体界面

2. 目的

(1) 学习单分支 If 语句的语法格式。

(2) 学习单分支 If 语句的执行过程。

3.1.2 操作步骤

1. 添加控件

新建一个名为 ch3_1 的 Windows 窗体应用程序,在窗体中添加 3 个标签控件、3 个文本框控件和一个命令按钮控件。控件的名称(Name)分别为 Label1、Label2、Label3、TextBox1、TextBox2、TextBox3 和 Button1。

2. 设置控件属性

将 Form1 窗体的 Text 属性设置为"求最大数",分别将 Label1、Label2 和 Label3 控件的 Text 属性设置为"数 1"、"数 2"和"数 3"。将所有标签控件和文本框控件 Font 属性的字体大小设置为四号。

3. 编写事件处理代码

双击 Button1 命令按钮以创建它的 Click 事件处理程序,并添加代码,如程序段 3-1 所示。

程序段 3-1

```
Private Sub Button1_Click(ByVal sender As System.Object, ByVal e As _
System.EventArgs) Handles Button1.Click
    Dim num1 As Double
    Dim num2 As Double
    Dim num3 As Double
    Dim max As Double
    num1=Val(TextBox1.Text)
    num2=Val(TextBox2.Text)
    num3=Val(TextBox3.Text)
    max=num1
    If max<num2 Then max=num2
    If max<num3 Then
        max=num3
    End If
    MsgBox("三个数中的最大数为" & Str(max), vbInformation, "最大数")
End Sub
```

4. 运行代码

单击工具栏上的"启动调试"按钮 ▶ 运行该项目,输入数字,运行结果如图 3-2 所示。

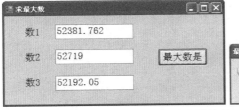

图 3-2 求最大数结果

3.1.3 相关知识

1. If…Then 语句

1）语法格式

```
If 条件 Then
    语句块
End If
```

2）参数说明

（1）条件：一般为关系表达式或逻辑表达式，也可以是算术表达式。算术表达式的值为 0 时表示 False，非 0 时表示 True。

（2）语句块：可以是一条或多条 Visual Basic.NET 语句。

（3）必须以 End If 语句结尾，并且不能省略 End 和 If 之间的空格。

3）执行过程

首先计算条件表达式的值，如果值为 True，则执行 Then 后面的语句块。否则直接执行 End If 后面的语句。执行了 Then 后面的语句块后，将接着执行 End If 后面的语句。

2. 行 If…Then 语句

1）语法格式

```
If 条件 Then 语句块
```

2）参数说明

通常，Then 后面为一条语句，当有多条语句要执行时，语句之间用冒号分隔，并且所有语句必须位于同一行。例如：

```
If x>10 Then x=x+1 : y=y+x : z=z+y
```

3.2 任务 2：判断奇偶数

3.2.1 要求和目的

1. 要求

建立如图 3-3 所示的窗体，输入数字，然后显示奇偶数判断结果。

2. 目的

（1）学习双分支 If 语句的语法格式。

（2）学习双分支 If 语句的执行过程。

图 3-3　任务 2 窗体界面

3.2.2 操作步骤

1. 添加控件

新建一个名为 ch3_2 的 Windows 窗体应用程序,在窗体中添加两个标签控件和两个文本框控件。控件的名称(Name)分别为 Label1、Label2、TextBox1 和 TextBox2。

2. 设置控件属性

将 Form1 窗体的 Text 属性设置为"判断奇偶数",分别将 Label1 和 Label2 控件的 Text 属性设置为"请输入数字"和"这个数字是"。将所有标签控件和文本框控件 Font 属性的字体大小设置为四号。

3. 编写事件处理代码

双击 TextBox1 文本框以创建它的 TextChanged 事件处理程序,并添加代码,如程序段 3-2 所示。

程序段 3-2

```
Private Sub TextBox1_TextChanged(ByVal sender As System.Object, ByVal e As _
System.EventArgs) Handles TextBox1.TextChanged
    Dim num As Integer
    num=Val(TextBox1.Text)
    If num Mod 2=0 Then
        TextBox2.Text="偶数"
    Else
        TextBox2.Text="奇数"
    End If
End Sub
```

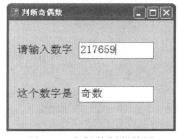

4. 运行代码

单击工具栏上的"启动调试"按钮 ▶ 运行该项目,输入数字,运行结果如图 3-4 所示。

图 3-4 奇偶数判断结果

3.2.3 相关知识

1. If…Then…Else 语句

1)语法格式

```
If 条件 Then
    语句块 1
Else
    语句块 2
End If
```

2)参数说明

条件和语句块的含义与 If…Then 语句相同。

3）执行过程

首先计算条件表达式的值，如果值为 True，则执行 Then 后面的语句块 1，否则执行 Else 后面的语句块 2。执行了 Then 或 Else 后面的语句块后，将接着执行 End If 后面的语句。

2. 行 If…Then…Else 语句

1）语法格式

If 条件 Then 语句块 1 Else 语句块 2

2）参数说明

条件和语句块的含义与行 If…Then 语句相同。例如：

If x>0 Then x=x+1 Else y=y+1

3.3   任务 3：判断字符类型

3.3.1   要求和目的

1. 要求

建立如图 3-5 所示的窗体，输入一个字符，然后显示字符类型判断结果。

2. 目的

（1）学习多分支 If 语句的语法格式。

（2）学习多分支 If 语句的执行过程。

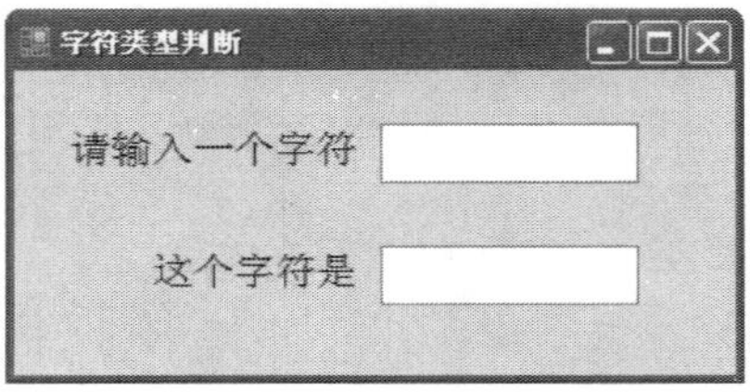

3.3.2   操作步骤

1. 添加控件

新建一个名为 ch3_3 的 Windows 窗体应用程

图 3-5   任务 2 窗体界面

序，在窗体中添加两个标签控件和两个文本框控件。控件的名称（Name）分别为 Label1、Label2、TextBox1 和 TextBox2。

2. 设置控件属性

将 Form1 窗体的 Text 属性设置为"字符类型判断"，分别将 Label1 和 Label2 控件的 Text 属性设置为"请输入一个字符"和"这个字符是"。将所有标签控件和文本框控件 Font 属性的字体大小设置为四号。

3. 编写事件处理代码

双击 TextBox1 文本框以创建它的 TextChanged 事件处理程序，并添加代码，如程序段 3-3 所示。

程序段 3-3

```
Private Sub TextBox1_TextChanged(ByVal sender As System.Object, ByVal e As _
System.EventArgs) Handles TextBox1.TextChanged
    Dim c As Char
    c=TextBox1.Text
    If c>="A" And c<="Z" Then
        TextBox2.Text="大写字母"
    ElseIf c>="a" And c<="z" Then
        TextBox2.Text="小写字母"
    ElseIf c>="0" And c<="9" Then
        TextBox2.Text="数字"
    Else
        TextBox2.Text="其他字符"
    End If
End Sub
```

4. 运行代码

单击工具栏上的"启动调试"按钮 ▶ 运行该项目，输入一个字符，运行结果如图 3-6 所示。

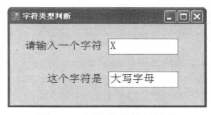

图 3-6 字符类型判断结果

3.3.3 相关知识

1. If…Then…ElseIf 语句

1）语法格式

```
If 条件 1 Then
    语句块 1
ElseIf 条件 2 Then
    语句块 2
⋮
ElseIf 条件 n Then
    语句块 n
[Else
    语句块 n+1]
End If
```

2）参数说明

（1）条件和语句块的含义与 If…Then 语句相同。

（2）ElseIf 中间没有空格。

3）执行过程

首先计算条件表达式 1 的值，如果值为 True，则执行语句块 1。如果值为 False，则计算条件表达式 2 的值。如果条件 2 的值为 True，则执行语句块 2。以此类推，当某个条件表达式的值为 True 时，就执行相应的语句块。如果所有的条件表达式都为 False，而且语句有 Else 项,则执行语句块 n+1,若没有 Else 项,则直接执行 End If 后面的语句。

语句中不论包含几个分支,当执行了其中一个分支后,就不再执行其他分支,将继续执行 End If 后面的语句。因此,对于多分支语句,要注意条件表达式书写的顺序。

3.4 任务 4:用户信息验证(1)

3.4.1 要求和目的

1. 要求

建立如图 3-7 所示的窗体,输入学号和密码,单击"确定"按钮,出现显示相应信息的对话框。

2. 目的

学习 If 语句的嵌套。

3.4.2 操作步骤

1. 添加控件

新建一个名为 ch3_4 的 Windows 窗体应用程序,在窗体中添加两个标签控件和两个文本框控件,控件的名称(Name)分别为 Label1、Label2、TextBox1 和 TextBox2。再添加一个命令按钮控件,名称为 Button1。

图 3-7　任务 4 窗体界面

2. 设置控件属性

将 Form1 窗体的 Text 属性设置为"信息验证",分别将 Label1 和 Label2 控件的 Text 属性设置为"学号"和"密码",再将 Button1 按钮控件的 Text 属性设置为"确定"。再将所有标签控件、文本框控件和命令按钮控件 Font 属性的字体大小设置为四号。最后设置文本框 TextBox2 的 PasswordChar 属性为"＊",使文本框中输入的每个字符都显示为"＊"。

3. 编写事件处理代码

双击 Button1 命令按钮以创建它的 Click 事件处理程序,并添加代码,如程序段 3-4 所示。

程序段 **3-4**

```
Private Sub Button1_Click(ByVal sender As System.Object, ByVal e As _
System.EventArgs) Handles Button1.Click
    Dim sno As String
    Dim psw As String
    sno=TextBox1.Text
    psw=TextBox2.Text
    If IsNumeric(sno) Then
```

```
        If psw="MYPASS" Then
            MsgBox("输入正确,欢迎使用本系统!", "欢迎")
        Else
            MsgBox("密码输入错误,请重新输入!", MsgBoxStyle.Exclamation, "提示")
            TextBox2.Text=""
        End If
    Else
        MsgBox("输入错误,学号不能有非数字字符,请重新输入!", _
        MsgBoxStyle.Exclamation, "提示")
        TextBox1.Text=""
    End If
End Sub
```

4. 运行代码

单击工具栏上的"启动调试"按钮 ▶ 运行该项目,输入学号和密码,单击"确定"按钮,运行结果如图 3-8 所示。

图 3-8　用户信息验证结果

3.4.3　相关知识

本节介绍 If 语句的嵌套。

If 语句的嵌套是指在 If 语句的语句块中包含另一个 If 语句。例如:

```
If 条件 1 Then
    语句块 1
Else
    If 条件 2 Then
        语句块 2
    Else
        语句块 3
    End If
End If
```

说明:使用 If 语句的嵌套时,内层的 If 语句必须完全包含在外层的 If 语句中,内外层结构不能交叉。多个 If 语句嵌套时,Else 总是与离它最近且尚未配对的 If 进行配对。除了行 If 语句外,每个 If 都必须有一个 End If 作为结束。

3.5　任务 5：成绩转换

3.5.1　要求和目的

1. 要求

建立如图 3-9 所示的窗体，输入百分制成绩，单击"转换"按钮，转换为相应的等级。

图 3-9　任务 5 窗体界面

2. 目的

（1）学习 Select Case 语句的语法格式。

（2）学习 Select Case 语句的执行过程。

3.5.2　操作步骤

1. 添加控件

新建一个名为 ch3_5 的 Windows 窗体应用程序，在窗体中添加两个标签控件和两个文本框控件，控件的名称（Name）分别为 Label1、Label2、TextBox1 和 TextBox2。再添加两个命令按钮控件，名称分别为 Button1 和 Button2。

2. 设置控件属性

将 Form1 窗体的 Text 属性设置为"成绩转换"，再分别设置各个控件的 Text 属性。将所有标签控件、文本框控件和命令按钮控件 Font 属性的字体大小设置为四号。

3. 编写事件处理代码

双击命令按钮以创建 Click 事件处理程序，并添加代码，如程序段 3-5 所示。

程序段 3-5

```
Private Sub Button1_Click(ByVal sender As System.Object, ByVal e As _
System.EventArgs) Handles Button1.Click
    Dim score As Integer
    score=Val(TextBox1.Text)
    Select Case score
        Case 90 To 100
```

```
        TextBox2.Text="优秀"
    Case 80 To 90
        TextBox2.Text="良好"
    Case 70 To 80
        TextBox2.Text="中等"
    Case 60 To 70
        TextBox2.Text="及格"
    Case 0 To 60
        TextBox2.Text="不及格"
    Case Else
        TextBox2.Text="输入错误"
    End Select
End Sub

Private Sub Button2_Click(ByVal sender As System.Object, ByVal e As _
System.EventArgs) Handles Button2.Click
    TextBox1.Text=""
    TextBox2.Text=""
End Sub
```

4. 运行代码

单击工具栏上的"启动调试"按钮▶运行该项目,输入成绩,单击"转换"按钮,运行结果如图 3-10 所示。

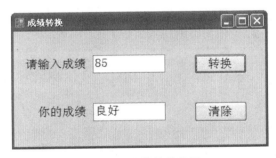

图 3-10　成绩转换结果

3.5.3　相关知识

1. Select Case 语句

1) 语法格式

```
Select Case 测试表达式
    Case 表达式列表 1
        语句块 1
    Case 表达式列表 2
```

```
          语句块 2
       ⋮
      Case 表达式列表 n
          语句块 n
      [Case Else
          语句块 n+1]
End Select
```

2）参数说明

（1）测试表达式：通常为算术表达式或字符串表达式。

（2）表达式列表：必须与测试表达式类型相同。表达式的形式可以采取以下 3 种：

① 表达式 1 To 表达式 2

指定匹配值范围的边界，其中表达式 1 的值必须小于或等于表达式 2 的值。例如：

```
Case "A" To "X"
```

② Is 关系运算符表达式

指定对匹配值的限制。可以使用的运算符有＝、<>、<、<=、>、>=。例如：

```
Case Is>=90
```

③ 表达式
例如：

```
Case 27
```

也可以使用以上 3 种形式的组合，中间用逗号隔开，表达式之间为"或"的关系。例如：

```
Case 1 To 4, 7 To 9, 11, 13, Is>maxNumber
```

（3）Case Else 子句通常位于其他 Case 子句的后面。

3）执行过程

首先计算测试表达式的值，然后依次与每个 Case 子句中的表达式列表进行比较，如果匹配，就执行相应的语句块。语句块执行完毕后，将接着执行 End Select 后面的语句。如果测试表达式的值与所有的表达式列表都不匹配，则执行 Case Else 子句的语句块，若没有 Case Else 子句，则直接执行 End Select 后面的语句。

测试表达式的值与 Case 子句中表达式列表的值比较时，即使有多个表达式的值匹配，程序也只执行第一个匹配的 Case 子句语句块。因此要注意表达式列表书写的顺序。

Select Case 语句和 If 语句的主要区别是：Select Case 语句只对一个表达式，即测试表达式求值，并根据求值结果执行不同的语句块，而 If 语句可以对不同的表达式求值。

2. Select Case 语句的嵌套

Select Case 语句可以相互嵌套。每个嵌套的 Select Case 必须有匹配的 End Select

语句,并且完整包含在外部 Select Case 语句的单个 Case 或 Case Else 语句块内。

3.6　任务6：判断正负数

3.6.1　要求和目的

1. 要求

建立如图 3-11 所示的窗体,输入一个数,单击"判断"按钮,判断数的正负。

图 3-11　任务 6 窗体界面

2. 目的

(1) 学习 IIf() 函数的使用。

(2) 学习 Choose() 函数的使用。

3.6.2　操作步骤

1. 添加控件

新建一个名为 ch3_6 的 Windows 窗体应用程序,在窗体中添加两个标签控件和两个文本框控件,控件的名称(Name)分别为 Label1、Label2、TextBox1 和 TextBox2。再添加一个命令按钮控件,名称为 Button1。

2. 设置控件属性

将 Form1 窗体的 Text 属性设置为"判断正负数",再分别设置各个控件的 Text 属性。将所有标签控件、文本框控件和命令按钮控件 Font 属性的字体大小设置为四号。

3. 编写事件处理代码

双击命令按钮以创建 Click 事件处理程序,并添加代码,如程序段 3-6 所示。

程序段 3-6

```
Private Sub Button1_Click(ByVal sender As System.Object, ByVal e As _
System.EventArgs) Handles Button1.Click
    Dim num As Integer
    num=Val(TextBox1.Text)
    TextBox2.Text=CStr(IIf(num>=0, "正数", "负数"))
End Sub
```

4. 运行代码

单击工具栏上的"启动调试"按钮 ▶ 运行该项目,运行结果如图 3-12 所示。

3.6.3　相关知识

针对简单的判断,Visual Basic.NET 提供了两个条件函数:IIf() 函数和 Choose() 函数。

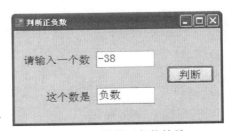

图 3-12　判断正负数结果

1. IIf()函数

1）语法格式

IIf(表达式, True 部分, False 部分)

2）参数说明

（1）表达式：布尔型表达式。

（2）True 部分、False 部分：Object 型表达式。

3）执行过程

首先计算表达式的值，计算结果为 True 时函数返回"True 部分"的值，计算结果为 False 时返回"False 部分"的值。

2. Choose 函数

1）语法格式

Choose(表达式, 选项列表)

2）参数说明

（1）表达式：Double 型数值表达式。产生一个介于 1 和在选项列表中的元素个数之间的值。

（2）选项列表：可以是以逗号分隔的 Object 变量或表达式列表。

3）执行过程

首先计算表达式的值，当表达式的值为 1 时，函数返回列表中第一项的值，以此类推。如果表达式的值大于或小于选项列表的元素个数，则返回 Nothing。如果表达式的值不是整数，则会先将其四舍五入为与其最接近的整数。例如：

```
Dim w As Double
w=Val(TextBox1.Text)
TextBox2.Text=Choose(w, "Monday", "Tuesday", "Wednesday", "Thursday", "Friday",
"Saturday", "Sunday")
```

如果 w 的值为 5，则函数的返回值为 Friday。

3.7　小　　结

本章的重点是介绍 Visual Basic.NET 中分支结构的程序设计，涉及的内容包括：

- 单分支 If 语句 If…Then。
- 双分支 If 语句 If…Then…Else。
- 多分支 If 语句 If…Then…ElseIf。
- Select Case 语句。
- If 语句的嵌套。

• 条件函数 IIf 和 Choose。

3.8　作　　业

（1）编写程序，将输入的任意 3 个数按从大到小的顺序输出。

（2）编写程序，判断输入的年份是否为闰年。符合下列条件之一的是闰年：

① 年份能被 4 整除，但是不能被 100 整除。

② 年份能被 400 整除。

（3）编写程序，计算一元二次方程 $ax^2+bx+c=0$ 的实根。有以下几种可能：

① $a=0$，不是一元二次方程。

② $b^2-4ac=0$，有两个相等的实根。

③ $b^2-4ac>0$，有两个不等的实根。

（4）编写程序，计算个人收入所得税。起征点为 2000 元，超过的部分按如表 3-1 所示的规则计算。

表 3-1　个人收入所得税规则

应纳税所得额	税　　率	速算扣除数
不超过 500 元（包括 500 元）	5％	0
超过 500 元至 2000 元	10％	25
超过 2000 元至 5000 元	15％	125
超过 5000 元至 20 000 元	20％	375
超过 20 000 元至 40 000 元	25％	1375
超过 40 000 元至 60 000 元	30％	3375
超过 60 000 元至 80 000 元	35％	6375
超过 80 000 元至 100 000 元	40％	10 375
超过 100 000 元	45％	15 375

提示：如收入为 3000 元，则所得税为：$(3000-2000)\times10\%-25=75$ 元。

（5）使用 Select Case 语句完成任务 3。

（6）编写程序，将一年中的 12 个月分成 4 个季节输出。

（7）编写程序，根据输入的 3 个边长值计算三角形面积。如果输入值不符合"任意两边之和大于第三边"，则给出错误提示。

第 4 章   循 环 结 构

学习提示

顺序、分支、循环是结构化程序设计的三种基本结构，程序设计中，掌握这三种结构是学好程序设计的基础。而循环结构是这三者中最复杂的一种结构，几乎所有的程序都离不开循环结构。本章主要任务是学习如何使用循环结构解决问题，通过几个案例掌握 Visual Basic. NET 的三种循环语句：For 循环、While 循环和 Do 循环。

在编写程序时，常遇到一些操作过程不太复杂，但又需要反复进行相同处理的问题。例如，统计本单位所有人员的工资，求全班同学各科的平均成绩，为所有用户生成电话账单，从磁盘中读取 10 个文件、求 100 的阶乘等。这些问题的解决逻辑上并不复杂，但如果单纯用顺序结构来处理，那将得到一个非常乏味且冗长的程序。

解决这类问题的最好办法就是循环结构。循环结构可以减少程序重复书写的工作量，用来描述重复执行某段算法的问题，这是程序设计中最能发挥计算机特长的程序结构。

把能够处理这类问题的语句称为循环语句。VC♯. NET 中的循环语句有 For 循环、While 循环和 Do 循环。

4.1   任务 1：计算 N 的阶乘，N 为自然数

4.1.1   要求和目的

1. 要求

建立如图 4-1 所示的窗体，单击"求 N!"按钮，输入 N 的值，在文本框中显示 N 的阶乘的运算结果，其中 N 为自然数。

2. 目的

（1）学习 For…Next 循环语句的基本格式。

（2）学习利用 For…Next 循环语句编程解决简单的问题。

（3）学习循环结构的 3 个要素：循环变量、循环体和循环终止条件。

图 4-1   任务 1 窗体界面

4.1.2 操作步骤

1. 添加控件

新建一个名为 ch4_1 的 Windows 窗体应用程序,在窗体中添加一个文本框控件和一个命令按钮控件。控件的名称(Name)分别为 TextBox1 和 Button1。

2. 设置控件属性

将窗体和命令按钮的 Text 属性设置为"求 N!"。

3. 编写事件处理代码

双击"求 N!"按钮以创建它的 Click 事件处理程序,并添加代码,如程序段 4-1 所示。

程序段 4-1

```
Private Sub Button1_Click(ByVal sender As Object, ByVal e As System.EventArgs) _
Handles Button1.Click
    Dim s As Double
    Dim n As Integer

    s=1
    n=InputBox("请输入 n(1~170):", "求 N 的阶乘", 10)

    Me.Text="求" & n & "!"
    Button1.Text="求" & n & "!"


    For i=1 To n
        s=s * i
    Next

    TextBox1.Text=s
End Sub
```

程序段 4-1 说明:利用 InputBox()函数输入 n 的值,在这里 n 的值只能在 1~170 之间,因为 Double 数据类型的最大正值为 1.79769313486231570E+308。当 n 为 171 时,便超过了 Double 数据类型的最大数值范围。

当 n 的值确定后,Me.Text 和 Button1.Text 的属性值也随着变化。Me 在这里指当前窗体。

4. 运行程序

按 F5 键运行该项目并单击"求 N!"按钮,输入的值为 170,运行结果如图 4-2 所示。

图 4-2 任务 1 运行结果

4.1.3 相关知识

1. For⋯Next 循环

1）语法格式

```
For 循环变量=初值 To 终值 [Step 步长]
    [循环体]
    [Exit For]
Next [循环变量]
```

2）参数说明

（1）循环变量：循环计数器，控制循环语句执行的次数。

（2）初值、终值：初值、终值都是数值类型的常量或变量，在循环过程中不能改变其值。

（3）步长：如果步长是 1，Step 1 可省略不写。

初值小于终值，步长值应大于 0，循环变量的值才能递增；初值大于终值，步长值应小于 0，循环变量的值才能递减；如果步长为 0，循环变量的值无递增无递减，永远无法跳出循环，该循环则是一个死循环。

（4）循环体：在 For 语句和 Next 语句之间的语句序列。

（5）Exit For：该语句的作用是中途提前退出循环，执行 Next 后面的第一条语句。

（6）循环次数：由于步长、初值、终值都是已知的，所以循环的次数可以求得。计算公式：循环次数＝Int（（终值－初值）/步长＋1）。

3）执行过程

（1）首先将初值赋给循环变量。

（2）判断循环变量的值是否超过终值，如果超出则转到第（6）步。这里所说的"超过"有两种含义：当步长为正值时，循环变量大于终值为"超过"；当步长为负值时，循环变量小于终值为"超过"。

（3）如果没有超过，则执行循环体。

（4）循环变量增加一个步长。

（5）重复步骤（2）～步骤（4）。

（6）循环停止，执行 Next 后面的第一条语句。

4.2 任务 2：生成随机数

4.2.1 要求和目的

1. 要求

建立如图 4-3 所示的窗体，单击"生成随机数"按钮，生成范围在 1～25 之间的随机整数，当产生的随机整数大于或等于 15 时，程序停止。

2. 目的

（1）学习 Do…Loop 循环语句的基本格式。

（2）学习利用 Do…Loop 循环语句编程解决简单的问题。

4.2.2 操作步骤

1. 添加控件

新建一个名为 ch4_2 的 Windows 窗体应用程序，在窗体中添加一个文本框控件和一个命令按钮控件，控件的名称分别为 TextBox1 和 Button1。

图 4-3　任务 2 窗体界面

2. 设置控件属性

将窗体和命令按钮的 Text 属性设置为"生成随机数"，将文本框的 Multiline 属性设置为 True，ScrollBars 属性设置为 Vertical。

3. 编写事件处理代码

创建"生成随机数"按钮的 Click 事件处理程序，如程序段 4-2 所示。

程序段 4-2

```
Private Sub Button1_Click(ByVal sender As System.Object, ByVal e As _
System.EventArgs) Handles Button1.Click
    Dim n As Integer=1
    Randomize()
    TextBox1.Text="产生的随机数"
```

```
    Do While n<15
        n=Int(25 * Rnd()+1)
        TextBox1.Text=TextBox1.Text & vbCrLf & n
    Loop
```

```
End Sub
```

利用 Rnd()函数产生随机数。

Int()函数的作用是为了取整。

vbCrLf 是 Visual Basic.NET 中的一个内部变量，作用是：回车换行。这样就可以实现文本框中一行显示一个随机数。

4. 运行程序

按 F5 键运行该项目并单击"生成随机数"按钮，运行结果如图 4-4 所示。每次单击"生成随机数"按钮，都会产生不同的随机数列，见图 4-4(a)的运行结果：产生 6 个随机数，第 6 个数是 19，大于 15，程序停止运行；图 4-4(b)的运行结果：产生 12 个随机数，第 12 个是 25，大于 15，程序停止运行。

(a) 第一次运行　　　　　　(b) 第二次运行

图 4-4　任务 2 运行结果

4.2.3　相关知识

For…Next 循环,它适合于解决循环次数事先能够确定的问题。

而对于只知道控制条件,但不能预先确定需要执行多少次循环体的情况,可以使用 Do…Loop 循环。

Do…Loop 循环具有更强的灵活性,它可以让循环一直运行,直到满足某一个特定条件时结束。Do…Loop 循环有许多变体。

1. Do While…Loop 循环

1) 语法格式

```
Do While <条件表达式>
    [<循环体>]
    [Exit Do]
Loop
```

2) 参数说明

(1) 条件表达式:可以是关系表达式或逻辑表达式。

(2) Exit Do:该语句的作用是中途提前退出循环,执行 Loop 后面的第一条语句。

3) 执行过程

当条件表达式的结果为 True 时,继续循环,直到条件为 False 时停止循环。

(1) 首先判断条件表达式是否为 True。

(2) 如果条件表达式结果为 True,执行循环体;否则,转到步骤(4)执行。

(3) 执行 Loop 语句,转到步骤(1)执行。

(4) 循环停止,执行 Loop 下面的第一条语句。

2. Do Until…Loop 循环

1）语法格式

```
Do Until <条件表达式>
    [<循环体>]
    [Exit Do]
Loop
```

2）执行过程

当条件表达式的结果为 False 时，继续循环，直到条件为 True 时停止循环。

(1) 首先判断条件表达式是否为 False。

(2) 如果条件为 False，执行循环体；否则，转到步骤(4)执行。

(3) 执行 Loop 语句，转到步骤(1)执行。

(4) 循环停止，执行 Loop 下面的第一条语句。

从概念上讲，Do While…Loop 循环正好与 Do Until…Loop 循环相反。前者是条件成立则执行循环体，直到条件不成立；后者是条件不成立则执行循环体，直到条件成立。但在实际应用中，两者可以互换。

例如，任务 2 也可以通过 Do Until…Loop 循环来实现，代码如程序段 4-3 所示。

程序段 4-3

```
Private Sub Button1_Click(ByVal sender As System.Object, ByVal e As _
System.EventArgs) Handles Button1.Click
    Dim n As Integer
    Randomize()
    TextBox1.Text="产生的随机数"
    Do Until n>=15
        n=Int(25 * Rnd()+1)
        TextBox1.Text=TextBox1.Text & vbCrLf & n
    Loop
End Sub
```

从两段代码可以看出，唯一不同的就是：条件表达式。一个是 n<15，另一个是 n>=15。

3. Do…Loop 的其他形式

Do…Loop 循环具有很强的灵活性，还有一些其他形式可以应用。

1）Do…Loop While

把 While <条件表达式>移到 Loop 后面

```
Do
    [<循环体>]
    [Exit Do]
Loop While <条件表达式>
```

例如,比较下面两个循环,看看结果有何不同。

```
n=4
Do While n<3
    n=n+1
Loop
```

和

```
n=4
Do
    n=n+1
Loop While n<3
```

初看起来,可能觉得这两个循环是等效的,但实际上有一些细微的差别。第一个循环根本不会执行,而第二个循环会执行一次,然后便退出。

2) Do…Loop Until

把 Until <条件表达式> 移到 Loop 后面:

```
Do
    [<循环体>]
    [Exit Do]
Loop Until <条件表达式>
```

例如,比较下面两个循环,看看结果有何不同?

```
n=1
Do Until n<3
    n=n+1
Loop
```

和

```
n=1
Do
    n=n+1
Loop Until n<3
```

同样,这两个循环的运行结果也不相同。第一个循环不会执行,因为条件表达式成立,退出循环。而第二个循环,首先执行一次循环体,n 递增为 2,执行 Loop Until n<3 时,条件成立,循环退出。

无论是 Loop While 还是 Loop Until,都至少执行一次循环体。一般来说,最好使用 Do While 或 Do Until,而不使用 Loop While 或者 Loop Until 循环。

4. While…End While 循环

Do While…Loop 循环的另一种变体是 While…End While。先判断条件是否成立,如果条件成立,执行循环体,直到条件不成立,退出循环。

语法格式如下：

```
While <条件表达式>
    [<循环体>]
    [Exit While]
End While
```

例如，下面两种循环是等效的。

```
Do While n<3
    n=n+1
Loop
```

和

```
While n<3
    n=n+1
End While
```

5. 死循环

死循环的特点是一旦执行，将不会停止。例如，下面的代码：

```
n=2
Do
    n=n+1
Loop Until n<3
```

首先执行一次循环体，n 递增为 3，执行 Loop Until n<3 时，条件不成立，于是再次返回循环的开始位置，n 递增为 4，以此类推，如果 n 永远不小于 3，循环会永远执行下去。

如果程序进入一个死循环，就必须强迫程序停止。在 Visual Basic. NET 环境中，选择菜单"调试"中的"停止调试"命令，即可停止程序的运行。

在某些情况下，允许故意创建一些死循环，例如，下面的循环形式：

```
Do
    [循环体]
Loop
```

在循环体中必须确保正确使用了 Exit For 或 Exit Do 或 Exit While，以便在某种条件下退出循环（用法见任务 3）。

4.3　任务 3：猜数游戏

4.3.1　要求和目的

1. 要求

设计一个"猜数游戏"程序，窗体界面如图 4-5 所示。单击"开始"按钮，计算机随机产生一个 1～100 以内的随机整数；单击"猜猜看"按钮，用户输入所猜的数后，计算机给出相应的提示：数大了、数小了或猜对了用了几次；单击"不玩了"按钮，结束程序的执行。

2. 目的

（1）学习如何提前退出循环。

（2）学习利用循环语句编写小游戏程序。

图 4-5　任务 3 窗体界面

4.3.2　操作步骤

1. 添加控件并设置控件属性

新建一个名为 ch4_3 的 Windows 窗体应用程序，在窗体中添加控件并设置控件属性，如表 4-1 所示。

表 4-1　控件及控件属性

控　件	Name	Text	MaximizeBox	FormBorderStyle
Form（窗体）	Form1	猜数游戏	False	FixedDialog
Label（标签）	Label1	计算机产生的数		
	Label2	你的猜数结果		
	Label3			
TextBox（文本框）	TextBox1			
	TextBox2			
Button（命令按钮）	Button1	开始		
	Button2	猜猜看		
	Button3	不玩了		

值得一提的是：程序在执行时，有时用户会最大化窗体、放大或缩小窗体，结果破坏了窗体的美观。为了禁止用户这样操作，设置了窗体的 MaximizeBox 和 FormBorderStyle 属性。

控件的属性可以在窗体"设计器"视图下设置，也可以在代码中设置。标签控件 Label3 的 Text 属性的设置即放在窗体的加载事件代码中（Form1_Load）。

2. 编写事件处理代码

双击窗体 Form1 以创建它的 Load 事件处理程序，并添加代码，如程序段 4-4 所示。

程序段 4-4

```
Private Sub Form1_Load(ByVal sender As System.Object, ByVal e As _
System.EventArgs) Handles MyBase.Load
    Label3.Text="随机产生一个 1~100 之间的数,看看你用几次能猜对?"
```

```
        Button2.Enabled=False
End Sub
```

程序段 4-4 说明：设置标签控件 Label3 的 Text 属性，并设置"猜猜看"按钮的 Enabled 属性为不可用。窗体加载后的运行界面如图 4-6 所示。

编写"开始"按钮的 Click 事件处理程序，如程序段 4-5 所示。

图 4-6　窗体加载后的运行界面

程序段 4-5

```
Private Sub Button1_Click(ByVal sender As System.Object, ByVal e As _
System. EventArgs) Handles Button1.Click
        Randomize()
        js=Int(100 * Rnd()+1)
        n=0
        TextBox1.Text=""
        TextBox2.Text=""
        Button1.Enabled=False
        Button2.Enabled=True
End Sub
```

程序段 4-5 说明：产生随机数，随机数放在 js 变量中。清除文本框 TextBox1 和 TextBox2 中的内容，设置命令按钮 Button1 和 Button2 的 Enabled 属性（主要是为了用户操作方便）。

编写"猜猜看"按钮的 Click 事件处理程序，如程序段 4-6 所示。

程序段 4-6

```
Private Sub Button2_Click(ByVal sender As System.Object, ByVal e As _
System.EventArgs) Handles Button2.Click
    Dim cs As Short
    Button1.Enabled=False
    Button2.Enabled=False
    Do
        n=n+1
        cs=Val(InputBox("请输入你猜的数", "猜数游戏", 400, 300))
        If js=cs Then
            TextBox1.Text=js
            TextBox2.Text="猜对了!" & "用了" & n & "次"
            Button1.Enabled=True
            Button2.Enabled=False
            Exit Do
        ElseIf cs<js Then
            TextBox2.Text="数小了"
        Else
```

```
            TextBox2.Text=" 数大了"
        End If
    Loop
End Sub
```

程序段 4-6 说明：变量 cs 用来存放用户输入的数，变量 n 用来存放用户猜数的次数。判断 js 和 cs 的比较结果：如果 cs＞js，在文本框 TextBox2 中显示"数大了"；如果 cs＜js，在文本框 TextBox2 中显示"数小了"；如果 cs 等于 js，在文本框 TextBox1 中显示计算机随机产生的数，在文本框 TextBox2 中显示"猜对了!"，并统计次数。

Val()函数的作用是将字符串转换为数值型数据。

双击"不玩了"按钮创建 Click 事件处理程序并添加代码，如程序段 4-7 所示。

程序段 4-7

```
Private Sub Button3_Click(ByVal sender As System.Object, ByVal e As _
System.EventArgs) Handles Button3.Click
        End
End Sub
```

程序段 4-7 说明：End 语句的作用是关闭窗体，结束程序的执行。

最后，还有一句非常关键的语句：Dim n 和 js As Short。

n 存放用户猜数的次数，js 存放计算机随机产生的数。这条语句的位置很重要，放在窗体模块的通用声明段如图 4-7 所示。因此 n 和 js 都是模块级的变量，这两个变量在窗体模块的所有过程中都可用。

```
Public Class Form1
    Dim n, js As Short

    Private Sub Form1_Load ...
    Private Sub Button1_Click ...

    Private Sub Button2_Click ...

    Private Sub Button3_Click ...
End Class
```

图 4-7   Dim n, js As Short 语句的位置

3. 运行程序

按 F5 键运行该项目。单击"开始"按钮，然后单击"猜猜看"按钮，在 InputBox 对话框中输入你猜的数，程序给出判断结果，运行结果如图 4-8 所示。

图 4-8   任务 3 运行结果

直到用户猜对，才能关闭 InputBox()对话框，如图 4-9 所示。

4.3.3 相关知识

1. 提前退出循环

当循环变量的值超过终值时，For…Next
循环自动退出；当条件表达式成立或不成立
时，Do…Loop 循环自动退出。

但在某些情况下，循环可以不按照预先
设计的那样执行。例如，浏览列表，查找到满

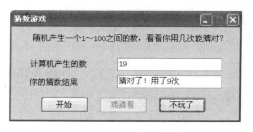

图 4-9 "猜数游戏"猜对结果

足条件的数据后，就没有必要再对列表中其他数据进行测试了；或者为了便于程序调试需
要提前强制退出循环。

这些特殊情况下，就需要利用 Exit For 语句提前退出 For…Next 循环，或利用 Exit
Do 语句退出 Do…Loop 循环，又或利用 Exit While 语句退出 While…End While 循环。

在命令按钮"猜猜看"（Button2）的 Click 事件代码中，采用了 Do…Loop 的特殊形式：

```
Do
    [循环体]
Loop
```

这是一个没有条件判断的循环，看起来是个死循环，但其实不然。在循环体中，设置
了下面的代码：

```
If js=cs Then
    ⋮
Exit Do
```

因此，在循环过程中，只要用户猜对了数，便可通过 Exit Do 语句退出循环，执行
Loop 下面的第一条语句。

2. 恰当使用 InputBox()函数的返回值

当运行"猜数游戏"程序时，还会发现一个问题：如图 4-8 所示，在 InputBox()对话框
中，如果用户不想继续猜下去，单击"取消"按钮，并不能关闭 InputBox()对话框。

如何实现按"取消"按钮关闭 InputBox()对话框呢？如果用户单击"取消"按钮，
InputBox()函数的返回值是一个零长度字符串。

可以利用 InputBox()函数的返回值和 Exit Do 语句来解决这个问题。通过判断
InputBox()函数的返回值是零长度字符串时，用 Exit Do 语句退出循环。

在程序段 4-6 的基础上，只需再加一个 If…End If 结构（带灰色底纹的语句），如程序
段 4-8 所示。

程序段 4-8

```
Private Sub Button2_Click(ByVal sender As System.Object, ByVal e As _
System.EventArgs) Handles Button2.Click
```

```
Dim cs As Short
Button1.Enabled=False
Button2.Enabled=False
Do
    n=n+1
    cs=Val(InputBox("请输入你猜的数", "猜数游戏", 400, 300))
    If cs=0 Then
        Button1.Enabled=True
        Exit Do
    Else
        If js=cs Then
            TextBox1.Text=js
            TextBox2.Text="猜对了!" & "用了" & n & "次"
            Button1.Enabled=True
            Button2.Enabled=False
            Exit Do
        ElseIf cs<js Then
            TextBox2.Text="数小了"
        Else
            TextBox2.Text=" 数大了"
        End If
    End If
Loop
End Sub
```

4.4 任务 4：有趣的三位数

4.4.1 要求和目的

1. 要求

设计一个程序,求有趣的三位数,这个三位数的各位数字的立方和等于该数字本身,它也叫水仙花数。例如,$153 = 1^3 + 5^3 + 3^3$,153 是水仙花数。窗体界面如图 4-10 所示。

2. 目的

(1) 学习循环的嵌套。
(2) 学习获得自然数中每位数字的方法。

图 4-10 任务 4 窗体界面

4.4.2　操作步骤

1．添加控件并设置控件属性

新建一个名为 ch4_4 的 Windows 窗体应用程序,在窗体中添加一个文本框控件和一个命令按钮控件,控件的名称(Name)分别为 TextBox1 和 Button1。

将窗体和命令按钮的 Text 属性设置为"水仙花数"。将文本框的 Multiline 属性设置为 True,ScrollBars 属性设置为 Vertical。

2．编写事件处理代码

"水仙花数"按钮的 Click 事件处理程序如程序段 4-9 所示。

程序段 4-9

```
Private Sub Button1_Click(ByVal sender As System.Object, ByVal e As _
System.EventArgs) Handles Button1.Click
    Dim i, j, k, m, n As Short
    TextBox1.Text="水仙花数是"
    For i=1 To 9
        For j=0 To 9
            For k=0 To 9
                m=i * 100+j * 10+k
                n=i ^ 3+j ^ 3+k ^ 3
                If m=n Then
                    TextBox1.Text=TextBox1.Text & vbCrLf & m
                End If
            Next
        Next
    Next
End Sub
```

3．运行程序

按 F5 键运行该项目。单击"水仙花数"按钮,运行结果如图 4-11 所示。

图 4-11　4 个水仙花数

4.4.3　相关知识

1．循环嵌套

在一个循环体内又包含了一个完整的循环,这样的结构称为多重循环或循环的嵌套。在程序设计时,许多问题要用二重或多重循环才能解决。

For 循环、While 循环、Do 循环都可以互相嵌套,如在 For…Next 循环体中可以使用 While 循环,而在 While…End While 循环体中可以使用 For 循环等。

例如,下面的嵌套形式是 Do 循环中嵌套 Do 循环:

```
Do While m>5
```

```
    ⋮
Do While n>5
    ⋮
Loop
    ⋮
Loop
```

下面的嵌套形式是 For 循环嵌套 For 循环：

```
For m=1 to 5
    ⋮
    For n=1 to 5
        ⋮
    Next n
    ⋮
Next m
```

下面的嵌套形式是 For 循环嵌套 Do 循环：

```
For m=1 to 5
    ⋮
    Do While n>5
        ⋮
    Loop
    ⋮
Next m
```

无论是哪种循环形式，都需要注意几点：

（1）外层循环要完整地包含内层循环，不能交叉。例如，下面的循环形式出现了错误的交叉：

```
For m=1 to 5
    ⋮
    Do While n>5
        ⋮
    Next
        ⋮
Loop
```

（2）在循环结构中，不能缺少配对的结束语句。For 不能缺少配对的 Next，Do 不能缺少配对的 Loop。

（3）二重循环的执行过程是外循环执行一次，内循环执行一次，在内循环结束后，再进行下一次外循环，如此反复，直到外循环结束。多重循环以此类推。

2. 获取自然数中的每位数字

在实际程序设计中，常常需要获取一个自然数中的个位、十位、百位、千位等单个数字，可以采用两种方法。

（1）由单个数字组合成一个自然数。

任务 4 便是采用这种方法。变量 i 存放百位数，变量 j 存放十位数，变量 k 存放个位数,然后由它们合成三位自然数并存放到变量 m 中。

例如,i＝2,j＝5,k＝8,那么自然数 m＝i＊100＋j＊10＋k

（2）由一个自然数拆成单个数字。

任务 4 还可以是采用另外一种方法,利用单重循环来实现,代码如程序段 4-10 所示。

程序段 4-10

```
Private Sub Button1_Click(ByVal sender As System.Object, ByVal e As _
System.EventArgs) Handles Button1.Click
        Dim m, n, i, j, k As Short
        TextBox1.Text="水仙花数"
        For m=100 To 999
            k=Int(m / 100)
            j=Int((m-k * 100) / 10)
            i=m-k * 100-j * 10
            If m=i ^ 3+j ^ 3+k ^ 3 Then
                TextBox1.Text=TextBox1.Text & vbCrLf & m
            End If
        Next
End Sub
```

利用循环产生自然数,然后再获取各位数字。在代码中,获取的个位数字存放在变量 i 中,获取的十位数字存放在变量 j 中,获取的百位数字存放在变量 k 中。

4.5　任务5：输入两个整数,求出它们之间所有的素数

4.5.1　要求和目的

1. 要求

设计一个程序,窗体界面如图 4-12 所示。在文本框中输入两个整数,单击"找素数"按钮,在文本框中显示两个数之间的所有素数。单击"清除"按钮,清除文本框中的内容。

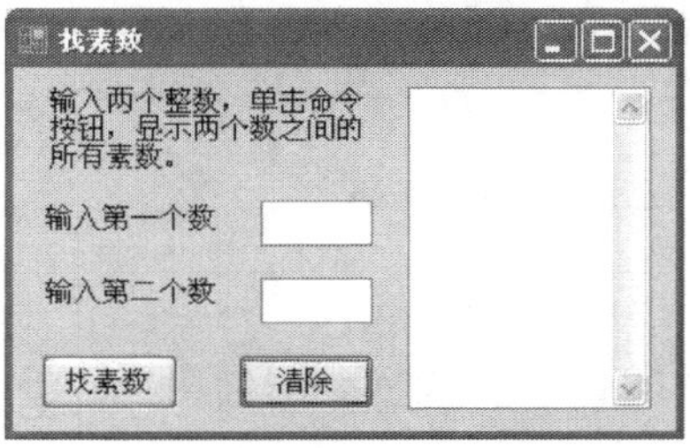

2. 目的

（1）学习 Goto 语句的使用。

（2）学习求素数的算法。

4.5.2　操作步骤

1. 添加控件并设置控件属性

新建一个名为 ch4_5 的 Windows 窗体应用程序,在窗体中添加控件并设置控件属性,如表 4-2 所示。

图 4-12　任务 5 窗体界面

表 4-2　控件及控件属性

控　　件	Name	Text	Multiline	ScrollBars
Form(窗体)	Form1	找素数		
Label(标签)	Label1	输入第一个数		
Label(标签)	Label2	输入第二个数		
Label(标签)	Label3	输入两个整数,单击命令按钮,显示两个数之间的所有素数		
TextBox(文本框)	TextBox1			
	TextBox2			
	TextBox3		True	Vertical
Button (命令按钮)	Button1	找素数		
	Button2	清除		

2. 编写事件处理代码

"找素数"按钮的 Click 事件处理程序如程序段 4-11 所示。

程序段 4-11

```
Private Sub Button1_Click(ByVal sender As System.Object, ByVal e As _
System.EventArgs) Handles Button1.Click
        Dim m, s, n1, n2 As Integer
        Dim mark As Boolean
        n1=Val(TextBox1.Text)
        n2=Val(TextBox2.Text)
        TextBox3.Text="两数之间的素数"

        For m=n1 To n2
            mark=True
            For s=2 To m-1
                If m Mod s=0 Then
                    mark=False
                    Exit For
                End If
            Next
            If mark=True Then
            TextBox3.Text=TextBox3.Text & vbCrLf & Str(m)
            End If
        Next
End Sub
```

程序段 4-11 说明:变量 n1 和 n2 分别存放第一个数和第二个数。

程序采用双重循环,外层循环变量 m 从 n1 循环到 n2,逐个判断是否是素数;内层循环变量 s 从 2 循环到 m−1,依次用 m 除以 2 到 m−1 之间的自然数,如果都不能整除,m 这个数就是素数。

当 m=10 时,m 依次除以 2,3,4,5,6,7,8,9,10 能整除 2,所以循环退出,10 不是素数。

当 m=11 时,m 依次除以 2,3,4,5,6,7,8,9,10,11 都不能被整除,所以 11 是素数。

代码中有一个很重要的标志性的变量 mark。当判断 m 是否为素数时,首先假定 m 是素数,mark 为 True。然后把 2 到 m−1 的所有整数试一遍,只要发现某一个数能被 m 整除,就把变量 mark 的值赋值为 False,表示 m 不再是素数。内层循环结束后,根据 mark 的值来判断 m 是否为素数,若 mark 为 True,则 m 是素数,否则不是素数。

"清除"按钮的 Click 事件处理程序如程序段 4-12 所示。

程序段 4-12

```
Private Sub Button2_Click(ByVal sender As System.Object, ByVal e As _
System.EventArgs) Handles Button2.Click
        TextBox1.Text=""
        TextBox2.Text=""
        TextBox3.Text=""
End Sub
```

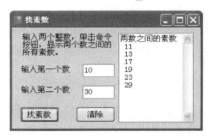

3. 运行程序

按 F5 键运行该项目,输入 10 和 30,单击"找素数"按钮,运行结果如图 4-13 所示。

图 4-13 10~30 之间的所有素数

4.5.3 相关知识

1. 求素数的算法

素数就是除了 1 和该数本身外,再不能被其他任何整数整除的自然数。其中 1 不是素数,2 是素数。

判断素数的简单算法是:对于自然数 m,依次用 m 除以 2 到 $m−1$ 之间的自然数,若都除不尽,则可判定 m 是素数。

这种算法简单,但是程序执行速度慢。其实代码可以优化,只需将程序段 4-11 中的语句:

```
For s=2 To m-1
```

修改为:

```
For s=2 To Math.Sqrt(m)
```

依次用 m 除以 2 到 m 的平方根之间的自然数,就可以减少循环的次数,以提高运行速度。

Sqrt()是 Visual Basic.NET 的求平方根函数。

2. 跳转语句 GoTo

图 4-14 显示了 1～25 之间的所有素数。有一个错误的结果，1 并不是素数。

当然可以要求使用者：不能输入 1。当然也可以站在使用者的角度，改变代码，而不是改变用户。改变其实很简单，只需要在程序段 4-11 中增加一条语句即可（带灰色底纹的语句），如程序段 4-13 所示。

图 4-14　1～25 之间的所有素数

程序段 4-13

```
Private Sub Button1_Click(ByVal sender As System.Object, ByVal e As _
System.EventArgs) Handles Button1.Click
        Dim m, s, n1, n2 As Integer
        Dim mark As Boolean
        n1=Val(TextBox1.Text)
        n2=Val(TextBox2.Text)
        TextBox3.Text="两数之间的素数"
        For m=n1 To n2
            If m=1 Then GoTo line1

            mark=True
            For s=2 To Math.Sqrt(m)
                If m Mod s=0 Then
                    mark=False
                    Exit For
                End If
            Next
            If mark=True Then
                TextBox3.Text=TextBox3.Text & vbCrLf & m
            End If
line1: Next

End Sub
```

GoTo 语句可以将程序的流程转换到标号处执行。

语句格式：

GoTo 标号

其中，标号是一个字符序列，首字符必须是字母。在转换到的标号后必须有冒号。

在程序段 4-13 中，只要输入的数为 1，就转到标号为 line1 的语句，执行 Next 语句，继续外层循环。

由于 GoTo 语句破坏了程序的结构化，所以有人认为应该尽量避免使用它。但是如果在适当的地方使用它，会使代码更清楚更自然。

4.6 小　结

本章的重点是介绍 Visual Basic. NET 的循环语句,通过案例介绍了常用的几种循环语句形式和一些编程小技巧。

在本章涉及的主要内容有:
- For…Next 循环。
- Do…Loop 循环。
- While…End While 循环。
- 死循环。
- 求素数算法。
- GoTo 语句。

4.7 作　业

(1) 编写程序:求 $S=1+2+3+\cdots+98+99+100$。

(2) 编写程序:已知 $S=1\times2\times3\times\cdots(N-1)\times N$,找出一个最大的整数 N,使得 S 不超过 50000。

(3) 编写程序:求 $S=1+(1+2)+(1+2+3)+\cdots+(1+2+3+\cdots+99+100)$。

(4) 编写程序:随机产生 20 个两位数,最后找出这 20 个数中的最大数和最小数以及 20 个数的平均值。

(5) 求两自然数 m、n 的最大公约数。设计思想:

① m 除以 n 得到余数 r。

② 若 $r=0$,则 n 为要求的最大公约数,算法结束;否则执行步骤③。

③ $n\to m,r\to n$,再转到步骤①执行。

(6) 编写程序:统计在 1～100 中,满足 3 的倍数、7 的倍数的数各为多少。

(7) 将输入的字符串以反序显示。例如,输入字符串 asdfghjkl,显示 lkjhgfdsa。

(8) 求 Fibonacci 数列的前 40 个数以及它们的和。该数列有如下特点:第 1,2 两个数为 1,从第 3 个数开始,每个数等于前 2 个数之和。

(9) 我国古代有一道经典数学题:"一只公鸡值 5 文钱,一只母鸡值 3 文钱,三只小鸡值 1 文钱,有钱 100 文,买鸡 100 只,问所买公鸡几只? 母鸡几只? 小鸡几只?"编写程序解决"百钱买百鸡"问题,求出它的所有解。

第 5 章 数组、结构和集合

学习提示

Visual Basic. NET 不仅提供了基本数据类型（如整型、字符型、布尔型等），而且还提供了复合数据类型，包括数组、结构和集合。

复合数据类型可以方便地组织和使用数据，可以让程序变得简单。本章通过案例讲解了数组、结构、集合的详细使用方法。

存储相关数据项组是大多数软件应用程序的一项基本要求，可以通过使用数组和集合这两种数据类型来实现。

在程序设计中，如果有一组相同数据类型的数据，例如有 10 个数字，如果用变量来存放它们，需要分别使用 10 个变量，而且要记住这 10 个变量的名字，这样会很麻烦。使用数组或集合会让程序变得简单，而且避免了定义多个变量的麻烦。

再如，输入 100 个学生的某门课程的成绩，打印出低于平均分的成绩。解决这个问题时，虽然可以通过读入一个数就累加一个数的办法来求学生的总分，进而求出平均分。但因为只有读入最后一个学生的分数以后才能求得平均分，且要打印出低于平均分的同学，所以必须把 50 个学生的成绩都保留下来，然后逐个和平均分比较，把低于平均分的成绩打印出来。如果用简单变量 a1,a2,…,a100 存放这些数据，程序会很长且繁。

简单的办法就是使用数组或集合。

5.1 任务 1：输出高于平均成绩的分数

5.1.1 要求和目的

1. 要求

建立如图 5-1 所示的窗体，单击"开始"按钮，输入 10 个学生的成绩（为了调试和输入方便，这里只输入 10 个成绩），在 3 个文本框中分别输出 10 个学生的成绩、平均成绩、高于平均成绩的分数。

图 5-1 任务 1 窗体界面

2. 目的

（1）学习数组的概念。

（2）学习一维数组的定义。

（3）学习一维数组的引用。

5.1.2 操作步骤

1. 添加控件

新建一个名为 ch5_1 的 Windows 窗体应用程序，在窗体中添加控件并设置控件属性，如表 5-1 所示。

表 5-1 控件及控件属性

控 件	Name	Text
Form（窗体）	Form1	成绩分析
Label（标签）	Label1	学生成绩
	Label2	平均成绩
	Label3	高于平均成绩的分数
TextBox（文本框）	TextBox1、TextBox2 、TextBox3	
Button（命令按钮）	Button1	开始

2. 编写事件处理代码

"开始"按钮的 Click 事件处理程序代码如程序段 5-1 所示。

程序段 5-1

```
Private Sub Button1_Click(ByVal sender As System.Object, ByVal e As _
System.EventArgs) Handles Button1.Click
    Dim i As Integer
    Dim score(9) As Single
    Dim avg As Single
    TextBox1.Text=""
    TextBox3.Text=""

    For i=0 To 9
        score(i)=Val(InputBox("请输入成绩","成绩统计"))
        avg=avg+score(i)
    Next

    For i=0 To 9
        TextBox1.Text=TextBox1.Text+Str(score(i))
    Next

    avg=avg / 10
    TextBox2.Text=avg
```

```
For i=0 To 9
    If score(i)>avg Then
        TextBox3.Text=TextBox3.Text+Str(score(i))
    End If
Next
```
End Sub

程序段 5-1 代码说明：

Dim score(9) As Single 语句的作用是：定义 score 为一个数组，包含 10 个数组元素 score(0)、score(1)、score(2)、score(3)、score(4)、score(5)、score(6)、score(7)、score(8) 和 score(9)。

第一段 For…Next 循环的作用：输入第一个学生的成绩，存放到数组元素 score(0) 中，并且累加到变量 avg 中；输入第二个学生的成绩，存放到数组元素 score(1) 中，并且累加到变量 avg 中，以此类推，10 个学生的成绩分别保存在 10 个数组元素中。

第二段 For…Next 循环的作用：在第一个文本框中输出 10 个学生成绩，Str() 函数的作用是将数字转换为字符串。

第三段 For…Next 循环的作用：将 10 个数组元素 score(0)，score(1)，…，score(9) 依次和变量 avg 比较，如果大于 avg，则输出在第三个文本框中。

3. 运行程序

按 F5 键运行该项目并单击"开始"按钮，输入 10 个学生的成绩，运行结果如图 5-2 所示。

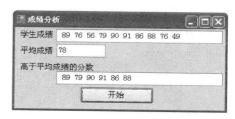

图 5-2　任务 1 运行结果

5.1.3　相关知识

1. 数组的概念

数组是具有名称的、包含一组具有相同类型的变量的集合。

1）数组元素

数组中的变量称为数组元素，每个数组元素使用一个称为"索引"或"下标"的数字来区分它们。

例如，score(2) 是一个数组元素，其中 score 称为数组名，2 是下标。在使用数组元素时，必须把下标放在一对紧跟在数组名之后的括号中。

这就好比一个足球队，队里有二十几个人，但是我们来认识他们的时候首先会把他们看做是某某队的成员，然后再利用他们的号码来区分每一个队员。球队就是一个数组，而号码就是数组的下标，当我们指明是几号队员的时候就找到了这个队员。

同样在编程中，如果有一组相同数据类型的数据，例如，有 10 个数字，这时如果要用变量来存放它们，就要分别使用 10 个变量，而且要记住这 10 个变量的名字，这会十分的麻烦，如果用一个数组来存放它们，程序将会变得十分简单。

2）数组维数

如果只用一个下标就能确定某个数组元素在数组中的位置，这样的数组称为一维数组。如果用两个或多个下标才能确定某个数组元素在数组中的位置，则数组分别称为二维数组或多维数组。

2．一维数组的定义

数组应当先定义后使用，数组的定义又称为数组的声明或说明。

一维数组的定义格式：

> 说明符 数组名(下标上界) [As 类型]

1）说明符

"说明符"为保留字，可以为 Dim、Public、Static 中的任意一个，不同的"说明符"将导致数组不同的有效范围。Dim 语句在模块或过程中建立模块级或过程内的数组，Public 语句在模块的声明部分建立一个公共数组，Static 语句声明一个过程内的静态数组。

2）数组名

数组名的命名遵守变量命名规则。在同一个过程中，数组名不能与变量名同名，否则会出错。

3）下标上界

Visual Basic. NET 定义数组时，数组下标的下界为 0，所以只需定义数组下标的上界。一个一维数组共有(上界值＋1)个元素。例如：Dim y(5)As Integer 定义了一个一维数组，该数组的名字为 y，类型为 Integer，占据 6 个(0～5)整型变量的空间。数组元素分别为 y(0)、y(1)、y(2)、y(3)、y(4)和 y(5)。

在使用时，要注意区分"可以使用的最大下标值"和"元素个数"，否则会出现"索引超出了数组界限"的错误。

4）数组元素类型

如果数组的类型是 Integer、Long、Single、Double、String 等基本类型，那么数组元素类型应该相同。但当数组类型被指定为 Object 时，它的各个元素就可以是不同的类型。

5）数组元素的初始值

定义数组后，数值型数组中的全部元素都初始化为 0，字符串型数组中的全部元素都初始化为空字符串，布尔型的数组中的全部元素都初始化为 False。

3．一维数组的引用

一维数组的元素引用格式为：

> 数组名(下标)

下标可以是整型常数、变量或整型表达式，但是下标的取值必须在指定范围内。例如：

```
Dim a(9) as Integer
```

```
a(0)=1
n=5
a(n)=1
a(n+1)=1
```

5.2 任务2：将输入的10个整数按逆序输出

5.2.1 要求和目的

1. 要求

建立如图5-3所示的窗体，单击"开始"按钮，在第一个文本框输出10个整数的原序列，在第二个文本框输出10个整数的逆序列。

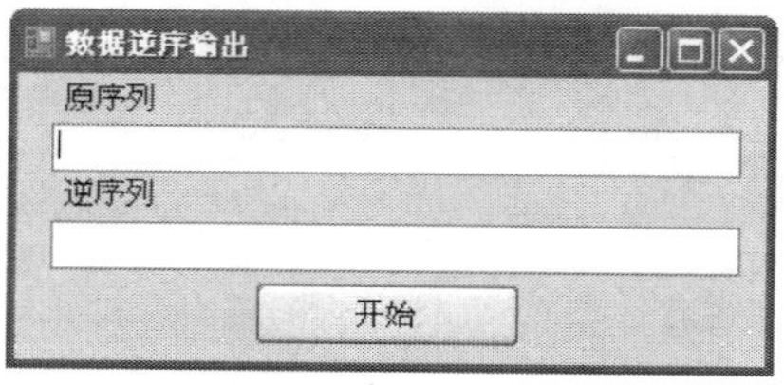

2. 目的

（1）学习数组的初始化。

（2）学习用 For Each…Next 遍历数组。

5.2.2 操作步骤

1. 添加控件

新建一个名为 ch5_2 的 Windows 窗体应用程序，在窗体中添加控件并设置控件属性，如表5-2所示。

图 5-3 任务2窗体界面

表 5-2 控件及控件属性

控　　件	Name	Text
Form（窗体）	Form1	数据逆序输出
Label（标签）	Label1	原序列
	Label2	逆序列
TextBox（文本框）	TextBox1、TextBox2	
Button（命令按钮）	Button1	开始

2. 编写事件处理代码

"开始"按钮的 Click 事件处理程序如程序段5-2所示。

程序段 5-2

```
Private Sub Button1_Click(ByVal sender As Object, ByVal e As _
System.EventArgs) Handles Button1.Click
        Dim a() As Integer={45, 23, 12, 3, 2, 89, 56, 1, 9, 67}
        Dim x As Integer
        TextBox1.Text=""
```

```
TextBox2.Text=""

    For Each x In a
        TextBox1.Text=TextBox1.Text+" "+Str(x)
    Next

    For i=9 To 0 Step-1
        TextBox2.Text=TextBox2.Text+" "+Str(a(i))
    Next
End Sub
```

程序段 5-2 代码说明：

Dim a() As Integer ＝ {45，23，12，3，2，89，56，1，9，67}语句的作用：定义了一个 Integer 型的数组 a，并指定了数组元素的初始值，一共 10 个整数，因此数组的上界为 9。数组元素的初始值分别为 a(0)＝45、a(1)＝23、a(2)＝12、a(3)＝3、a(4)＝2、a(5)＝89、a(6)＝56、a(7)＝1、a(8)＝9 和 a(9)＝67。

代码中利用 For Each…Next 循环将数组 a 中的数组元素按照原序列输出在第一个文本框中。

利用 For…Next 循环将数组元素按照逆序列输出在第二个文本框中，关键语句是 For i ＝ 9 To 0 Step −1，循环变量从 9 到 0，步长为−1，这样就实现了在数组中逆序读取数组元素。

3. 运行程序

按 F5 键运行该项目并单击"开始"按钮，运行结果如图 5-4 所示。

图 5-4　数据逆序输出

5.2.3　相关知识

1. 一维数组的初始化

数组定义后，就要给数组的各个元素赋初值，可以利用赋值语句或 InputBox()函数给数组元素赋值。Visual Basic. NET 还提供了一种方法：在定义数组时对各元素指定初始值，称为数组的初始化。

一维数组初始化的语法格式：

```
Dim 数组名() As 类型={值 1,值 2,值 3,…,值 n}
```

(1)"数组名"后面的括号中必须为空。

(2)数组元素的初值放在等号后面的花括号中，数据之间用逗号隔开。

(3)数组下标的上界根据花括号中数据的个数来确定。

例如：Dim b() As String ＝ {"Beijing"，"Shanghai"，"Guangzhou"}

该语句定义了一个字符串数组 b，数组有 3 个初值，因此数组的上界为 2。数组元素的初始值分别为：

```
b(0)="Beijing"
b(1)="Shanghai"
b(2)="Guangzhou"
```

2. 用 For Each…Next 循环遍历数组

For Each…Next 是 For…Next 循环派生出来的循环语句。For Each…Next 循环不需要指定循环变量,常常用在数组或集合中,用来遍历数组或集合中的每一个元素。

语法格式:

```
For Each 成员 In 数组
    [<循环体>]
    [Exit For]
Next
```

(1)"数组"就是数组名,没有括号和上界。

(2)"成员"是一个变量,用来存放数组中的每个元素,在 For Each…Next 结构中重复使用。在程序段 5-2 的 For Each…Next 结构循环中,"成员"是 x 变量,每循环一次,就将数组元素的值存放到 x 变量中。

(3)For Each…Next 结构循环中的循环体,它重复的次数由数组元素的个数来决定。

(4)因为不需要指明循环判定条件,所以在数组的查找、读取操作中,For Each…Next 循环语句比较方便。

例如,在数组中查找某数是否存在,如果存在就显示"找到",否则显示"未找到",代码如程序段 5-3 所示。

程序段 5-3

```
Private Sub Button2_Click(ByVal sender As System.Object, ByVal e As System.
EventArgs) Handles Button2.Click
    Dim a() As Integer={45, 23, 12, 3, 2, 89, 56, 1, 9, 67}
    Dim x As Integer
    Dim zs As Integer=89
```

```
    For Each x In a
        If zs=x Then
            MsgBox("找到")
            Exit Sub
        End If
    Next
    MsgBox("未找到")
End Sub
```

在数组遍历的过程中,如果找到则显示"找到",然后退出该过程。注意:不是 Exit For,而是 Exit Sub。Exit For 是退出循环,Exit Sub 是退出过程。

5.3　任务3：将学生成绩从小到大排序

5.3.1　要求和目的

1. 要求

建立如图5-5所示的窗体,单击"排序"按钮,在左边文本框中输出学生成绩的原序列,在右边文本框中输出从小到大的递增序列,文本框中每行输出5个数据。

2. 目的

(1) 学习 Ubound() 函数的用法。

(2) 学习在文本框中如何分行输出数据。

(3) 学习排序的算法。

图 5-5　任务3窗体界面

5.3.2　操作步骤

1. 添加控件并设置控件属性

新建一个名为 ch5_3 的 Windows 窗体应用程序,在窗体中添加控件并设置控件属性,如表5-3所示。

表 5-3　控件及控件属性

控　　件	Name	Text	Multiline
Form(窗体)	Form1	排序	
Label(标签)	Label1	原序列	
	Label2	从小到大排序	
TextBox(文本框)	TextBox1、TextBox2		True
Button(命令按钮)	Button1	排序	

2. 编写事件处理代码

"排序"按钮的 Click 事件处理程序如程序段5-4所示。

程序段 5-4

```
Private Sub Button1_Click(ByVal sender As System.Object, ByVal e As _
System.EventArgs) Handles Button1.Click
    Dim a() As Integer={98, 87, 65, 80, 75, 91, 53, 66, 49, 69}
    Dim i, j, t, n As Integer
    TextBox1.Text=""
    TextBox2.Text=""
    n=UBound(a)
```

'在第一个文本框输出原序列

```
For i=0 To n
    TextBox1.Text=TextBox1.Text+" "+Str(a(i))
    If (i+1) Mod 5=0 Then TextBox1.Text=TextBox1.Text+vbNewLine
Next
```

'用冒泡法将数组元素从小到大排序

```
For i=0 To n-1
    For j=i+1 To n
        If a(i)>a(j) Then t=a(i) : a(i)=a(j) : a(j)=t
    Next j
Next i
```

'在第二个文本框输出原序列

```
For i=0 To n
    TextBox2.Text=TextBox2.Text+" "+Str(a(i))
    If (i+1) Mod 5=0 Then TextBox2.Text=TextBox2.Text+vbNewLine
Next
```

```
End Sub
```

程序段 5-4 代码说明：首先数组初始化。定义了一个整型数组 a，一共有 10 个数组元素，并指定初始值。

n = Ubound(a)语句的作用：利用 Ubound()函数获得数组的上界值，并存放到变量 n 中。

第一段 For…Next 循环：在文本框中输出原序列。其中关键语句是：

```
If (i+1) Mod 5=0 Then TextBox1.Text=TextBox1.Text+vbNewLine
```

它的作用是当(i+1)是 5 的倍数时，就回车换行。当 i=4 时，从数组中读取了 5 个数组元素，回车换行；当 i=9 时，从数组元素中读取了 10 个数组元素，回车换行，这样就实现了在文本框中每行输出 5 个数据。vbNewLine 是 Visual Basic.NET 的系统常量，作用是回车换行。

第二段 For…Next 循环：用冒泡法将数组元素从小到大排序。

第三段 For…Next 循环：将排序好的数组元素输出在文本框中，每行输出 5 个。

3. 运行程序

按 F5 键运行该项目。单击"排序"按钮，运行结果如图 5-6 所示。

图 5-6　数据排序结果

5.3.3　相关知识

1. Ubound（）函数和 Lbound（）函数

语法格式：

Ubound(数组名)

该函数返回一维数组的上界,确定数组的大小。

在程序段 5-4 中,数组初始化后,用 Ubound()函数直接获得数组的上界,确定数组大小,而不需要逐个数个数。

另外,将 Ubound()的返回值存放到变量 n 中,代码中凡是需要写数组上界的地方,都用 n 来代替,而不是用具体的数字来代替,这样增加了程序的通用性。

Lbound()函数则是返回数组的下界。

2. 冒泡法排序

排序是将一组数据按递增或递减的次序排列。排序的算法有很多,常用的有冒泡法、选择法、插入法、合并法等。

假定有 n 个数的序列,要求按递增的次序排序,冒泡法的算法思想是:

(1) 在待排序的数据中,先找到最小的数据并将它放到最前面。

(2) 再从第二个数据开始,找到第二小的数据并将它放到第二个位置。

(3) 以此类推,直到只剩下最后一个数为止。

这种排序方法在排序的过程中,小的数如气泡一样逐层上浮,而使大的数逐个下沉,于是就形象地取名为冒泡排序,又名起泡排序。

注意:如果要由大到小排列,则在比较时前一个数比后一个数小就进行对调,方法相反。

假设 10 个数存放在 a 数组中,分别为 a(0)、a(1)、a(2)、a(3)、a(4)、a(5)、a(6)、a(7)、a(8)和 a(9)。

第 1 轮:先将 a(0)与 a(1)比较,若 a(0)＞a(1),则将 a(0)、a(1)的值互换,否则,不作交换;这样处理后,a(0)一定是 a(0)、a(1)中的较小者。

再将 a(0)分别与 a(2)…、a(9)比较,并且依次作出同样的处理。最后,10 个数中的最小者放入了 a(0)中。

第 2 轮:将 a(1)分别与 a(2)…、a(9)比较,并依次作出同第 1 轮一样的处理。最后,第 1 轮余下的 9 个数中的最小者放入 a(1)中,亦即 a(1)是 10 个数中的第二小的数。

照此方法,继续进行第 3 轮……

直到第 9 轮结束后,余下的 a(9)是 10 个数中的最大者。

至此,10 个数已从小到大顺序存放在 a(0)～a(9)中。

为了简单起见,我们以 7、5、3、1、2 五个数为例,再作说明:

(1) 将第 1 个数和后面的数依次比较,找出最小值作为第一个数组元素。

7 5 3 1 2 比较 7 和 5,7＞5,需要交换,交换后的序列为 5 7 3 1 2。

5 7 3 1 2 比较 5 和 3,5＞3,需要交换,交换后的序列为 3 7 5 1 2。

3 7 5 1 2 比较 3 和 1,3＞1,需要交换,交换后的序列为 1 7 5 3 2。

1 7 5 3 2 比较 1 和 2,1＜2,不需要交换,序列仍为 1 7 5 3 2。

(2) 将第 2 个数和后面的数依次比较,找出 4 个数中的最小值作为第二个数组元素。

1 7 5 3 2 比较 7 和 5,7＞5,需要交换,交换后的序列为 1 5 7 3 2。

1 5 7 3 2 比较 5 和 3,5＞3,需要交换,交换后的序列为 1 3 7 5 2。

1 3 7 5 2 比较 3 和 2,3＞2,需要交换,交换后的序列为 1 2 7 5 3。

(3) 将第 3 个数和后面的数依次比较,找出 3 个数中的最小值作为第三个数组元素。

1 2 7 5 3 比较 7 和 5,7＞5,需要交换,交换后的序列为 1 2 5 7 3。

1 2 5 7 3 比较 5 和 3,5＞3,需要交换,交换后的序列为 1 2 3 7 5。

(4) 将第 4 个数和后面的数依次比较,找出 2 个数中的最小值作为第四个数组元素。

1 2 3 7 5 比较 7 和 5,7＞5,需要交换,交换后的序列为 1 2 3 5 7。

至此,排序完成。

冒泡法需要两重循环来完成,如果对 n 个数进行排序,循环变量的设置如下:

```
For i=0 To n-2
    For j=i+1 To n-1
```

3. 选择法排序

假定有 n 个数的序列,要求按递增的次序排序,选择法的算法思想是:

(1) 从 n 数中选出最小数的下标,将最小数与第一个数交换位置。

(2) 除第 1 个数外,其余 n−1 个数按步骤(1)的方法选出次小的数,与第 2 个数交换位置。

(3) 除第 1、2 个数外,其余 n−2 个数按步骤(1)的方法选出小数,与第 3 个数交换位置。

步骤(1)重复 n−1 次后,最后构成递增序列。

为了简单起见,仍以 7、5、3、1、2 五个数为例,再作说明:

(1) 在 5 个数中找出最小的值,将它与第一个元素交换。

7 5 3 1 2 比较 7 和 5,7＞5,小数的下标为 2。

           比较 5 和 3,5＞3,小数的下标变为 3。

           比较 3 和 1,3＞1,小数的下标变为 4。

           比较 1 和 2,1＜2,小数的下标仍为 4。

将下标为 4 的数组元素和第 1 个数组元素交换,数据序列变为:

1 5 3 7 2

(2) 在剩下的 4 个数中找出最小的值,将它与第二个元素交换。

1 5 3 7 2 比较 5 和 3,5＞3,小数的下标为 3。

           比较 3 和 7,3＜7,小数的下标仍为 3。

           比较 3 和 2,3＞2,小数的下标变为 5。

将下标为 5 的数组元素和第 2 个数组元素交换,数据序列变为:

1 2 3 7 5

（3）在剩下的 3 个数中找出最小的值，将它与第三个元素交换。

1 2 3 7 5　比较 3 和 7,3＜7,小数的下标为 3。

　　　　　　比较 3 和 5,3＜5,小数的下标仍为 3。

（4）在剩下的 2 个数中找出最小的值，将它与第四个元素交换。

1 2 3 7 5　比较 7 和 5,7＞5,小数的下标为 5。

将下标为 5 的数组元素和第 4 个数组元素交换，数据序列变为:

1 2 3 5 7

至此，排序完成。

选择法也需要两重循环，内循环选择最小数，找到该数在数组中的位置;外循环确定所有元素的位置。

将任务 3 用选择法排序实现，代码如程序段 5-5 所示。

程序段 5-5

```
'用选择法将数组元素从小到大排序
    For i=0 To n-1
        imin=i
        For j=i+1 To n
            If a(j)<a(imin) Then
                imin=j
            End If
        Next j
        t=a(i)
        a(i)=a(imin)
        a(imin)=t
    Next i
```

代码中变量 imin 存放最小元素的下标。

5.4　任务 4：学生成绩表（1）

5.4.1　要求和目的

1. 要求

3 个学生参加 3 门课的考试，统计出每门课的最高分、最低分以及每个学生的平均成绩。建立如图 5-7 所示的窗体，单击"成绩统计"按钮，在文本框中输出 3 个学生的学号、3 门课程的成绩以及每个学生的平均成绩。单击"排序"按钮，将 3 个学生的 3 门课程成绩从小到大排序，并在文本框中输出。

图 5-7　任务 4 窗体界面

2. 目的

（1）学习二维数组的定义。

（2）学习二维数组的初始化。

（3）学习二维数组的引用。

（4）学习数组元素的复制。

5.4.2 操作步骤

1. 添加控件并设置控件属性

新建一个名为 ch5_4 的 Windows 窗体应用程序，在窗体中添加控件并设置控件属性，如表 5-4 所示。

表 5-4　控件及控件属性

控　　件	Name	Text	Multiline
Form(窗体)	Form1	成绩统计	
TextBox(文本框)	TextBox1		True
Button(命令按钮)	Button1	成绩统计	
	Button2	排序	

2. 编写事件处理代码

"成绩统计"按钮的 Click 事件处理程序如程序段 5-6 所示。

程序段 5-6

```
Private Sub Button1_Click(ByVal sender As System.Object, ByVal e As _
System.EventArgs) Handles Button1.Click
    Dim xh() As String={"1001", "1002", "1003"}
    Dim score(,) As Integer={{78, 91, 80}, {85, 56, 67}, {98, 76, 55}}
    Dim n, t, i, j As Integer
    Dim avg As Integer

    n=UBound(xh)
    t=UBound(score, 2)

    '在文本框中输出标题
    TextBox1.Text=Space(13)+"成绩统计表"+vbNewLine+vbNewLine
    TextBox1.Text=TextBox1.Text+"学号"+Space(3)+"科目 1"+Space(3)+"科目 2"+ Space(3)
    TextBox1.Text=TextBox1.Text+"科目 3"+Space(3)+"平均分"+vbNewLine

    '计算平均值,在文本框中输出数据
```

```
For i=0 To n
    TextBox1.Text=TextBox1.Text+xh(i)
    For j=0 To t
        TextBox1.Text=TextBox1.Text+Space(5)+Str(score(i, j))
        avg=avg+score(i, j)
    Next
    avg=avg / 3
    TextBox1.Text=TextBox1.Text+Space(5)+Str(avg)+vbNewLine
Next
End Sub
```

程序段 5-6 代码说明：首先初始化数组。定义一维字符串型数组 xh，一共有 3 个数组元素，用来存放 3 个学生的学号。

定义二维整型数组 score，用来存放 3 个学生的 3 门课程成绩，一共有 9 个数组元素，score(0,0)存放第 1 个学生的第 1 门成绩；score(0,1)存放第 1 个学生的第 2 门成绩，score(0,2)存放第 1 个学生的第 3 门成绩，score(1,0)存放第 2 个学生的第 1 门成绩，score(1,1)存放第 2 个学生的第 2 门成绩，…，score(2,2)存放第 3 个学生的第 3 门成绩。

变量 n 存放一维数组 xh 的上界，变量 t 存放二维数组 score 第二维的上界。

在文本框中输出标题，为了对齐格式，使用 Space()函数，Space(3)就是 3 个空格。

代码中利用两重循环来实现行、列的输出。

外循环控制学生的个数，即决定行数。当 i＝0时，先输出第一个学生的学号，然后进入内循环，计算平均分，输出 3 门课程成绩，退出内循环，最后输出平均分，回车换行。

外循环一共循环 3 次。

图 5-8　成绩统计结果

3. 运行程序

按 F5 键运行该项目。单击"成绩统计"按钮，运行结果如图 5-8 所示。

5.4.3　相关知识

1. 二维数组的定义

除了一维数组，Visual Basic.NET 还支持多维数组。一维数组有一个下标，二维数组有两个下标。

二维数组的定义格式：

说明符 数组名(第一维下标上界, 第二维下标上界) [As 类型]

例如：Dim y(2,3) As Integer
定义了一个二维数组，名字为 y，类型为 Integer，第一维下标上界为 2，第二维下标上界为 3,该数组有 3 行(0～2)4 列(0～3),占据 12(3×4)个整型变量的空间。

从概念上讲,一维数组由排列在一列中数组元素组成,而二维数组则像一个具有行和列的表格一样,如表 5-5 所示。

表 5-5　二维数组 y(2,3)

	第 0 列	第 1 列	第 2 列	第 3 列
第 0 行	y(0,0)	y(0,1)	y(0,2)	y(0,3)
第 1 行	y(1,0)	y(1,1)	y(1,2)	y(1,3)
第 2 行	y(2,0)	y(2,1)	y(2,2)	y(2,3)

数组是内存中的一块连续存储区域。二维数组在内存中的排列顺序是"按行存放",即先顺序地存放第一行的元素,再存放第二行的元素,以此类推,如表 5-6 所示。

表 5-6　数组元素的排列位置与顺序号

数 组 元 素	顺 序 号	数 组 元 素	顺 序 号
y(0,0)	0	y(1,2)	6
y(0,1)	1	y(1,3)	7
y(0,2)	2	y(2,0)	8
y(0,3)	3	y(2,1)	9
y(1,0)	4	y(2,2)	10
y(1,1)	5	y(2,3)	11

在表 5-6 中,数组元素的顺序号和元素所在的行列位置有一定的对应关系,在数组 y(2,3)中,数组元素 y(2,1)的顺序号为:

$$2×(3+1)+1=9$$

可以看出:一个 m×n 的二维数组 a,第 i 行第 j 列的元素 a(i,j)在数组中的顺序号的计算公式为:

$$顺序号=i×(n+1)+j$$

2. 二维数组的初始化

二维数组初始化的语法格式:

```
Dim 数组名( , ) As 类型={{第 1 行值},{第 2 行值},…,{第 n 行值}}
```

(1)"数组名"后面的括号中必须有一个逗号。

(2)等号后面是嵌套的花括号,每对内层花括号中的值为一行数据,数据之间用逗号隔开。内层花括号的对数确定了二维数组的行数,而内层每个花括号中值的个数确定二维数组的列数。

例如:

```
Dim score(,) As Integer={{78, 91, 80}, {85, 56, 67}, {98, 76, 55}}
```

定义了二维数组 score,内层嵌套 3 对花括号,确定数组的行数为 3;每个内层花括号中有 3 个数,确定了数组的列数。二维数组 score 有 3 行 3 列,即 score(2,2)。

各元素的值分别为 score(0,0)＝78、score(0,1)＝91、score(0,2)＝80、score(1,0)＝85、score(1,1)＝56、score(1,2)＝67、score(2,0)＝98、score(2,1)＝76 和 score(2,2)＝55。

(3) 如果利用 Ubound() 函数获得二维数组的下标,函数的格式是:

```
Ubound(数组名[, 维])
```

例如,Ubound(score,1) 的返回值是二维数组 score 第一维的下标上界,Ubound(score,2) 的返回值是二维数组 score 第二维的下标上界。

3. 二维数组的引用

二维数组的引用和一维数组基本相同,格式为:

```
数组名(下标 1,下标 2)
```

对二维数组进行赋值或输出时,一般采用两重循环来实现。例如,用键盘给 score 二维数组赋值。

```
For i=0 to 2
  For j=0 to 2
    Score(i,j)=InputBox("输入数据","二维数组赋值")
  Next
Next
```

4. 数组元素的复制

数组元素可以像简单变量一样从一个数组复制到另一个数组中。

任务 4 中,还有一个功能没有实现。单击"排序"按钮,将 3 个学生的 3 门课程成绩从小到大排序,并在文本框中输出。任务 3 实现了一维数组的排序,如果要对二维数组排序,我们可以将二维数组的各个元素存放到另一个一维数组中;然后利用冒泡法或选择法对一维数组排序;最后再将排序好的一维数组元素写回到二维数组中(这样做的结果即把学生成绩做了修改。注意,在这里只是为了说明数组元素的复制功能)。

"排序"按钮的 Click 事件处理程序如程序段 5-7 所示。

程序段 5-7

```
Private Sub Button2_Click(ByVal sender As System.Object, ByVal e As _
System.EventArgs) Handles Button2.Click
        Dim score(,) As Integer={{78, 91, 80}, {85, 56, 67}, {98, 76, 55}}
        Dim i, j As Integer
        Dim m, n, k, t As Integer

        m=UBound(score, 1)
        n=UBound(score, 2)
        k= (m+1) * (n+1)-1
        Dim a(k) As Integer
```

'输出原序列

```
TextBox1.Text="原序列"+vbNewLine
For i=0 To m
    For j=0 To n
        TextBox1.Text=TextBox1.Text+Str(score(i, j))
    Next
Next
```

'将二维数组 score 的元素存放到一维数组 a 中

```
For i=0 To m
    For j=0 To n
        a(i * (n+1)+j)=score(i, j)
    Next
Next
```

'用冒泡法对数组 a 从小到大排序

```
For i=0 To k-1
    For j=i+1 To k
        If a(i)>a(j) Then t=a(i) : a(i)=a(j) : a(j)=t
    Next j
Next i
```

'将一维数组 a 的元素写回到二维数组 score 中

```
For i=0 To m
    For j=0 To n
        score(i, j)=a(i * (n+1)+j)
    Next
Next
```

'输出排好序的二维数组

```
TextBox1.Text=TextBox1.Text+vbNewLine+"递增序列"+vbNewLine
For i=0 To m
    For j=0 To n
        TextBox1.Text=TextBox1.Text+Str(score(i, j))
    Next
Next
```

```
End Sub
```

程序段 5-7 代码说明：在程序段中，数组又一次初始化（只是为了让读者看到完整的程序段），其实语句 Dim score(,) As Integer = {{78, 91, 80}, {85, 56, 67}, {98, 76, 55}}应该放在窗体模块中。

变量 m 存放二维数组的第一维下标上界，变量 n 存放二维数组的第二维下标上界，变量 k 存放一维数组 a 的下标上界。

第一段 For…Next 循环：在文本框中输出数组元素的原序列。

第二段 For…Next 循环：将二维数组的各个元素存放到一维数组中。利用公式：

$$顺序号＝i×(n＋1)＋j$$

得出二维数组的元素与一维数组的对应关系：a(i * (n＋1)＋j)＝score(i, j)。

图 5-9 排序结果

第三段 For…Next 循环：用冒泡法对一维数组进行递增排序。

第四段 For…Next 循环：仍然利用公式：

$$顺序号＝i×(n＋1)＋j$$

将一维数组元素写回到二维数组中。

第五段 For…Next 循环：在文本框中输出二维数组。

运行结果如图 5-9 所示。

5.5 任务5：输出杨辉三角形

5.5.1 要求和目的

1. 要求

设计一个程序，窗体界面如图 5-10 所示。单击"输出杨辉三角形"按钮，用键盘输入一个数字（杨辉三角形的行数），在文本框中输出杨辉三角形。

杨辉三角是一个由数字排列成的三角形数表，一般形式如图 5-10 所示。杨辉三角形最本质的特征是：它的两条斜边都是由数字 1 组成的，而其余的数则是等于它肩上的两个数之和。

图 5-10 输出杨辉三角形

2. 目的

（1）学习动态数组的概念。

（2）学习动态数组的定义。

5.5.2 操作步骤

1. 添加控件并设置控件属性

新建一个名为 ch5_5 的 Windows 窗体应用程序，在窗体中添加控件并设置控件属性，如表 5-7 所示。

2. 编写事件处理代码

"输出杨辉三角形"按钮的 Click 事件处理程序如程序段 5-8 所示。

表 5-7　控件及控件属性

控件	Name	Text	Multiline	WordWrap	ScrollBars
Form(窗体)	Form1	输出杨辉三角形			
TextBox(文本框)	TextBox1		True	True	Both
Button(命令按钮)	Button2	输出杨辉三角形			

程序段 5-8

```
Private Sub Button1_Click(ByVal sender As System.Object, ByVal e As _
System.EventArgs) Handles Button1.Click
    Dim n, i, j As Integer
    Dim ss(,) As Integer
    TextBox1.Text=""

    '输入杨辉三角形的行数,重新定义数组 ss
    n=Val(InputBox("请输入杨辉三角形的行数", "aaa"))
    n=n-1
    ReDim ss(n, n)

    '将两条斜边的数组元素赋值为 1
    For i=0 To n
        ss(i, 0)=1
        ss(i, i)=1
    Next

    '计算其余数组元素的值
    For i=2 To n
        For j=1 To i-1
            ss(i, j)=ss(i-1, j-1)+ss(i-1, j)
        Next
    Next

    '在文本框输出
    For i=0 To n
        For j=0 To i
            TextBox1.Text=TextBox1.Text+Str(ss(i, j))
        Next
        TextBox1.Text=TextBox1.Text+vbNewLine
    Next
End Sub
```

程序段 5-8 代码说明：在代码中,二维数组的行数和列数在编写程序时不确定,所以用 Dim ss(,) As Integer 语句定义了一个二维动态数组。

当利用 InputBox() 函数输入行数后,再用 ReDim ss(n, n) 语句定义二维数组的下标的上界。

3. 运行程序

按 F5 键运行该项目,单击"输出杨辉三角形"按钮,在 InputBox() 对话框中输入 8,单击"确定"按钮,如图 5-11 所示。运行结果如图 5-10 所示。

图 5-11 输入杨辉三角形的行数

5.5.3 相关知识

1. 动态数组的概念

数组的定义是为数组分配相应的存储空间,并且在应用程序运行期间,数组一直占据这块内存区域,这样的数组称为静态数组。

在任务 5 中,杨辉三角形输出几行是由 InputBox() 函数值决定的,即程序执行时,用键盘输入行数,杨辉三角形就输出几行。因此,在编写代码时,事先无法确定数组应定义多大。如何解决呢?

一是将数组声明的很大,例如:

```
Dim a(10000) as Integer
```

但是如果定义的数组如果过大,就会造成内存空间的浪费。

二是利用动态数组,动态数组提供了一种灵活有效的管理内存机制,能够在程序运行期间可以根据用户的需要随时改变数组的大小及维数。

2. 动态数组的定义

动态数组的定义分为两步:

(1) 定义一个没有下标的数组。语句格式:

```
说明符 数组名() [As 类型]
```

对于一维数组,数组名后面有一对圆括号;对于二维数组,数组名后面的圆括号中有一个逗号。例如:

```
Dim a() As Integer
```

```
Dim b( , ) As Integer
```

（2）在程序执行过程中，用 ReDim 语句重新定义带下标的数组。语句格式：

```
ReDim [Preserve] 数组名(下标上界)
```

在程序执行过程中，当确定了下标上界时，就用 Redim 语句重新定义数组。可以多次使用 Redim 语句定义同一个数组，随时修改数组中元素的个数。当然，只能改变数组元素的个数，不能改变数组的维数。

每次使用 ReDim 语句都会使原来数组中的值丢失，可以在 ReDim 后加 Preserve 参数来保留数组中的数据。

例如，利用 InputBox() 的函数值来确定数组下标上界。

```
Private Sub Button1_Click()
  Dim a() As Integer
  Dim n As Integer
   ⋮
  n=Val(InputBox("input n"))
  ReDim a(n)
   ⋮
End Sub
```

再例如，两次用 Redim 语句定义数组元素的个数，Preserve 参数将 b(3,2) 数组中的数据传送到新建立的 b(4,6) 数组中。

```
Private Sub Button1_Click()
  Dim b( , ) As Integer
   ⋮
  ReDim b(2,3)
   ⋮
  ReDim Preserve b(4,6)
End Sub
```

5.6 任务 6：学生成绩表(2)

5.6.1 要求和目的

1. 要求

表 5-8 是一张学生成绩表。设计程序，定义一个结构类型，存储表 5-8 的相关数据，即学号、姓名、性别、成绩 1、成绩 2 和成绩 3。

窗体界面如图 5-12 所示。单击"输入数据"命令按钮，用键盘输入每个学生的学号、姓名、性别和 3 科成绩，然后在文本框中输出学生的学号、姓名、性别、3 科成绩和总分。

图 5-12 任务 6 窗体界面

在任务 4 中,利用数组类型解决了类似的问题。但在该任务中,我们将使用 Visual Basic. NET 的另一种复合数据类型,即结构类型。

表 5-8 学生成绩表

学 号	姓 名	性 别	成绩 1	成绩 2	成绩 3	总 分
10001	李安迪	女	95	90	86	
10002	江海潮	男	88	80	67	
10003	杨柳依	女	90	91	90	
10004	梅笑寒	女	81	80	83	

2. 目的

(1)学习结构类型的概念。
(2)学习结构类型的定义。
(3)学习结构类型变量的定义。
(4)学习结构类型变量的引用。
(5)学习结构数组。

5.6.2 操作步骤

1. 添加控件并设置控件属性

新建一个名为 ch5_6 的 Windows 窗体应用程序,在窗体中添加控件并设置控件属性,如表 5-9 所示。

表 5-9 控件及控件属性

控 件	Name	Text	ReadOnly	Multiline
Form(窗体)	Form1	学生成绩		
Label(标签)	Label1	学号		
	Label2	姓名		
	Label3	性别		
	Label4	成绩 1		

续表

控 件	Name	Text	ReadOnly	Multiline
Label(标签)	Label5	成绩 2		
	Label6	成绩 3		
	Label7	总分		
TextBox(文本框)	TextBox1		True	True
Button(命令按钮)	Button1	输入数据		

2. 编写事件处理代码

"输入数据"按钮的 Click 事件处理程序如程序段 5-9 所示。

程序段 5-9

```
Public Class Form1
    Public Structure xscj
        Public xh As String
        Public xm As String
        Public xb As String
        Public score() As Single
    End Structure

Private Sub Button1_Click_1(ByVal sender As System.Object, ByVal e As _
System.EventArgs) Handles Button1.Click
    Dim student As xscj
    Dim n, sum As Integer

    n=5
    ReDim student.score(n)

    student.xh=InputBox("请输入学号:")
    TextBox1.Text=TextBox1.Text+student.xh

    student.xm=InputBox("请输入姓名:")
    TextBox1.Text=TextBox1.Text+Space(4)+student.xm

    student.xb=InputBox("请输入性别:")
    TextBox1.Text=TextBox1.Text+Space(4)+student.xb

    For i=0 To n
        student.score(i)=InputBox("请输入成绩 " & i+1)
        sum=sum+student.score(i)
        TextBox1.Text=TextBox1.Text+Space(5)+Str(student.score(i))
    Next
```

```
        TextBox1.Text=TextBox1.Text+Space(5)+Str(sum)+vbNewLine
    End Sub
End Class
```

程序段 5-9 代码说明：

在窗体模块声明段，用 Public Structure xscj…End Structure 语句定义了一个结构类型：xscj。该结构类型包含变量 xh（存放学号）、变量 xm（存放姓名）、变量 xb（存放性别）和一维数组 score（存放 3 科成绩）。

因为 score 是动态数组，所以在命令按钮的 Click 事件处理程序中，必须用 Redim 语句重新定义数组，确定下标上界。

在代码中，二维数组的行数和列数在编写程序时不确定，所以用 Dim ss(,) As Integer 语句定义了一个二维动态数组。

3. 运行程序

按 F5 键运行该项目，单击命令按钮，在 InputBox() 对话框中依次输入表 5-8 中的数据，运行结果如图 5-13 所示。

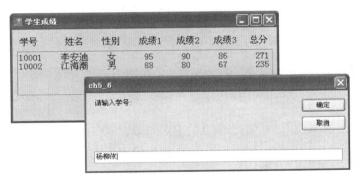

图 5-13　用键盘输入学生的相关数据

5.6.3　相关知识

1. 结构类型的概念

数组是一种复合数据类型，包含一组相同类型的数据。结构也是一种复合数据类型，但是它可以包含不同数据类型的数据。

在实际应用中，所处理的对象往往由一些互相联系的、但类型不同的数据组合而成。例如，学生成绩表包含学号、姓名、性别、成绩等数据，虽然数据内容和类型不同，但都描述了学生成绩方面的相关属性；雇员通讯录包含姓名、通信地址、电话、邮政编码等数据，但都反映出雇员有关通信方面的信息。

结构就是将不同类型的数据组合成一个整体，以便于利用。

2. 结构类型的定义

结构类型在使用前，必须定义。定义语句的格式：

```
[Public|Private] Structure 结构类型名
    成员变量声明
End Structure
```

（1）结构类型的定义必须放在模块的声明部分，不能放在过程内部。

（2）Public 表示声明全局结构类型，Private 声明模块级结构类型。结构类型名与变量名的命名规则相同。

（3）使用 Structure 语句作为结构声明的开始，并使用 End Structure 语句作为结构声明的结束。在这两条语句之间必须至少声明一个成员，成员可以是任何数据类型。

（4）结构中的成员如果是数组类型，不能预先指定上界，所以应该使用动态数组。

例如在程序段 5-9 中，定义了一个名为 xscj 的结构类型，该结构类型包含 4 个成员变量：字符串变量 xh、字符串变量 xm、字符串变量 xb 和单精度数组 score。

```
Public Structure xscj
    Public xh As String
    Public xm As String
    Public xb As String
    Public score() As Single
End Structure
```

3. 结构类型变量的定义

当结构类型定义后，只是指定了这个类型的组织结构。只有将一个变量定义为这个结构类型，系统才会为各个成员提供内存单元。我们把这个变量称为结构类型变量。

定义结构类型变量的语句格式：

```
[Dim|Public|Private] 结构类型变量名 As 结构类型名
```

例如在程序段 5-9 中，在过程中定义了一个结构类型变量 student。

```
Dim student As xscj
```

4. 结构类型变量的引用

在定义了结构类型变量后，就可以引用这个变量，进行赋值、输入输出、运算等操作。结构类型变量的引用主要是对其成员的引用，引用格式：

```
结构类型变量名.成员名
```

例如在程序段 5-9 中，用 InputBox() 函数为成员赋值。

```
student.xh=InputBox("请输入学号:")
student.xm=InputBox("请输入姓名:")
student.score(i)=InputBox("请输入成绩 " & i+1)
```

5. 结构数组

一个结构变量只能存放一组数据,例如,一个学生的学号、姓名、性别、成绩等。如果想保存所有学生的数据,应该使用结构数组。结构数组的每个元素都是结构类型的数据,包含各个成员。

定义结构数组的格式为:

```
Dim 数组名(上界) As 结构类型名
```

例如在程序段 5-10 中,可以用下面的语句定义一个结构数组,存放 10 个数组元素。

```
Dim student(9) As xscj
```

5.7　任务 7:学生成绩表(3)

5.7.1　要求和目的

1. 要求

表 5-8 是一张学生成绩表。设计程序,定义一个集合类型,存储表 5-8 的相关数据:学号、姓名、性别、成绩 1、成绩 2 和成绩 3。

窗体界面如图 5-14 所示。单击"输入数据"按钮,用键盘输入每个学生的学号、姓名、性别和 3 科成绩,然后在文本框中输出学生的学号、姓名、性别和 3 科成绩(不输出总分)。

在任务 6 中,利用结构类型解决了类似的问题。但在该任务中,我们将使用 Visual Basic.NET 的复合数据类型,即集合类型。

图 5-14　窗体界面

2. 目的

(1) 学习集合类型的概念。

(2) 学习集合类型的定义。

(3) 学习集合类型的方法。

5.7.2　操作步骤

1. 添加控件并设置控件属性

新建一个名为 ch5_7 的 Windows 窗体应用程序,在窗体中添加控件并设置控件属性(参照任务 6)。

2. 编写事件处理代码

命令按钮的 Click 事件处理程序如程序段 5-10 所示。

程序段 5-10

```
Private Sub Button1_Click(ByVal sender As System.Object, ByVal e As _
System.EventArgs) Handles Button1.Click
        Dim xscj As New Collection()
        Dim x As Object
        Dim i As Integer

        For i=1 To 4
            MsgBox("输入学生信息")
            x=InputBox("请输入学号:")
            xscj.Add(x)
            x=InputBox("请输入姓名:")
            xscj.Add(x)
            x=InputBox("请输入性别:")
            xscj.Add(x)
            x=InputBox("请输入成绩1:")
            xscj.Add(x)
            x=InputBox("请输入成绩2:")
            xscj.Add(x)
            x=InputBox("请输入成绩3:")
            xscj.Add(x)
        Next

        i=1
        TextBox1.Text=""
        For Each a In xscj
            If i Mod 6=0 Then
                TextBox1.Text=TextBox1.Text+a+vbNewLine
                i=1
            Else
                TextBox1.Text=TextBox1.Text+a+Space(5)
                i=i+1
            End If
        Next
End Sub
```

程序段 5-10 代码说明：语句 Dim xscj As New Collection() 的作用：建立一个集合类型 xscj。

第一段 For…Next 循环：循环 4 次，输入 4 个学生的相关信息。每次循环，利用 InputBox() 函数输入学生的学号，然后用 Add 方法将学号添加到集合 xscj 中；再输入学生的姓名,用 Add 方法将姓名添加到集合 xscj 中。

第二段 For…Next 循环:利用 For Each…Next 循环,遍历集合 xscj 中的各个数据项,将它们输出到文本框中,每行输出 6 个数据项。集合中数据项的索引值从 1 开始,依次递增 1。

3. 运行程序

按 F5 键运行该项目,单击"输入数据"按钮,在 InputBox()对话框中依次输入表 5-8中的数据,运行结果如图 5-15 所示。

图 5-15   输出学生成绩

5.7.3 相关知识

1. 集合类型的概念

集合也是一种复合数据类型,是存储在某种列表中一组相关信息,可以混用多种不同的数据类型。集合一般是用来处理 Object 数据类型的,但它也可以用来处理任何数据类型。

有时用集合存取数据比用数组更加有效。如果需要更改数组的大小,必须使用ReDim 语句。当这样做时,Visual Basic.NET 会创建一个新数组并释放以前的数组以便处置,这需要一定的执行时间。因此,如果处理的数据项数经常更改,或者无法预测所需的最大项数,则可以使用集合来获得更好的性能。

当然,如果不更改或很少更改大小,数组很可能更有效。

2. 集合类型的定义

集合是一个预定义的对象,为了建立一个集合,必须先建立一个 Collection 类的实例。格式为:

```
Dim 集合名 As New Collection()
```

例如,语句 Dim xscj As New Collection()建立了一个集合 xscj。

3. 集合类型的方法

对集合可以执行 3 种操作:添加数据项、删除数据项和查找集合中的数据项。这些操作可以通过方法来实现。

1) Add 方法

```
集合名.Add 数据项
```

用 Add 方法可以把一个新成员添加到集合中。例如下面的语句:

```
x=InputBox("请输入学号:")
xscj.Add(x)
```

用键盘输入学号,将其添加到集合 xscj 中。

2) Remove 方法

用 Remove 方法可以删除集合中的一个成员。格式:

集合名.Remove index

index 是索引值。集合中的每个成员都有一个索引值,相当于数组中的下标,集合的下标从 1 开始。例如下面的语句:

xscj.Remove 2

删除集合中的第 2 个成员,即第一个学生的姓名。

3) Item 方法

用 Item 方法可以指向集合中某个具体的成员。

集合名.Item index

例如下面的语句:

a=xscj.Item 3

把集合中的第 3 个成员赋给变量 a。

5.8 小   结

本章的重点是介绍 Visual Basic.NET 的复合数据类型:数组、结构和集合,通过案例介绍了数组、结构和集合的具体使用方法。

在本章涉及的主要内容有:

- 数组的用法。
- 结构的用法。
- 集合的用法。
- 排序算法。

5.9 作   业

(1) 随机产生 10 个两位整数,找出其中最大值、最小值和高于平均值的数。

(2) 随机产生 15 个不重复的英文字母。

(3) 随机产生 20 个学生的成绩,统计各分数段的人数,即 0~59、60~69、70~79、80~89、90~199,并显示结果。

(4) 数组中元素的插入。在已排好序的数组中插入一个元素,插入后还是有序的序列。

（5）数组中元素的删除。在已排好序的数组中删除一个元素，删除后还是有序的序列。

（6）编程输出 Fibonacci 数列：$1,1,2,3,5,8\cdots$ 的前 n 项（用动态数组）。

（7）参照任务 6，编写一个简单的"通讯录"程序，输出姓名、住址、家庭电话、邮编、手机号码等信息。

（8）在任务 7 的基础上，计算每个学生的总分并在文本框中输出。

第6章 过　　程

学习提示

　　过程的使用可以使程序更简洁、易于调试和维护。Visual Basic.NET 中的过程分为事件过程和通用过程。本章主要介绍通用过程的定义和使用。

　　在设计较复杂的程序时，往往可以将程序分割成较小的、相对独立的程序段来简化程序设计，这些程序段称为过程。Visual Basic.NET 应用程序就是由过程构成的。

　　在前面各章中已经使用过一种过程，即事件过程。事件过程是当某个事件（如单击按钮）发生时，对该事件作出响应的程序段。除此之外，在 Visual Basic.NET 中还有另外一种过程，即通用过程。当多个不同的事件过程需要使用同一段程序代码时，可以将这段程序独立出来作为一个过程，这种过程称为通用过程。通用过程可以单独建立，供事件过程或其他通用过程使用。Visual Basic.NET 中的通用过程主要包括 Sub 过程和 Function 过程，也可以分别称为子过程和函数过程。

6.1　任务1：统计字符个数

6.1.1　要求和目的

1. 要求

建立如图 6-1 所示的窗体，统计给定字符在一个字符串中出现的次数。

2. 目的

（1）学习通用 Sub 过程的定义、建立和调用方法。

（2）学习事件过程的定义、建立和调用方法。

6.1.2　操作步骤

1. 添加控件

新建一个名为 ch6_1 的 Windows 窗体应用程序，在窗体中添加两个标签控件、两

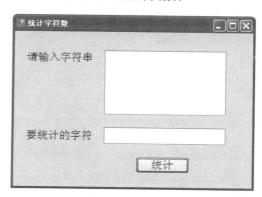

图 6-1　任务 1 窗体界面

个文本框控件和一个命令按钮控件。控件的名称分别为 Label1、Label2、TextBox1、TextBox2 和 Button1。

2. 设置控件属性

将 Form1 窗体的 Text 属性设置为"统计字符数",分别将 Label1、Label2 和 Button1 控件的 Text 属性设置为"请输入字符串"、"要统计的字符"和"统计"。将所有标签控件和文本框控件 Font 属性的字体大小设置为四号。

再将 TextBox1 控件的 Multiline 属性设置为 True。

3. 编写事件处理代码

双击 Button1 命令按钮以创建它的 Click 事件处理程序,并添加代码,如程序段 6-1 所示。

程序段 6-1

```
Imports System.Math
Public Class Form1
    '统计字符数的过程
    Public Sub CharCount(ByVal x As String, ByVal z As Char)
        Dim i As Integer
        Dim j As Integer
        Dim sum As Integer
        sum=0
        j=Len(x)-1
        '将字符串 x 中的每个字符和统计字符 z 进行比较
        For i=0 To j
            If x.Chars(i)=z Then sum=sum+1
        Next
        MsgBox(z & "在字符串中共出现" & Str(sum) & "次", _
        MsgBoxStyle.Information, "统计结果")
    End Sub

    Private Sub Button1_Click(ByVal sender As System.Object, ByVal e As _
    System.EventArgs) Handles Button1.Click
        Dim s As String
        Dim c As Char
        s=TextBox1.Text
        c=TextBox2.Text
        Call CharCount(s, c)            '调用 CharCount 过程
    End Sub
End Class
```

4. 运行代码

单击工具栏上的"启动调试"按钮 ▶ 运行该项目,输入字符串和统计字符,运行结果如图 6-2 所示。

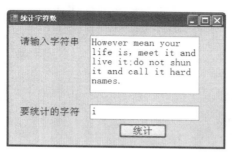

(a) 输入字符串   (b) 显示结果

图 6-2   字符数统计结果

6.1.3   相关知识

1. 通用 Sub 过程

1) 定义 Sub 过程

定义 Sub 过程的语法格式如下：

```
[Public|Private] Sub 过程名（[参数列表]）
    [ 语句块 ]
    [ Exit Sub ]
    [ 语句块 ]
End Sub
```

参数说明：

（1）Sub 过程从 Sub 语句开始，至 End Sub 语句结束，中间是过程所执行操作的语句块，也称为过程体。

（2）Public|Private：可选项。Public 表示定义的 Sub 过程为公有过程，可以从应用程序的任何地方调用它。该选项为默认选项。Private 表示定义的过程为私有过程，只能被本模块中的其他过程调用，不能被其他模块中的过程调用。

（3）过程名：命名规则与变量名相同。

（4）参数列表：可选项。指定在调用该过程时所需的参数个数和类型，这些参数也称为形式参数（简称形参）。多个参数之间以逗号分隔，也可以没有参数，但括号必须保留。每个参数的语法格式如下：

```
[ByVal|ByRef] 参数名 [()] [As 类型] [=默认值]
```

其中，ByVal 表示参数按值传递，ByRef 表示参数按地址传递，默认该项时参数按值传递。参数传递的问题将在本章后面的内容中进行介绍。"参数名"可以是变量名或数组名，如果是数组名，则要在后面加上一对括号。

（5）Exit Sub：使用 Exit Sub 语句可立即从 Sub 过程中退出。Exit Sub 语句可以出

现在过程的任何地方。另外也可以使用 Return 语句退出过程,在一个过程中,Exit Sub 和 Return 语句可以混合使用。

（6）End Sub：当执行 End Sub 语句时,程序将返回到调用 Sub 过程的语句,接着执行该语句的下一条语句。

注意：Sub 过程不能嵌套定义,即在一个 Sub 过程内不能定义另一个 Sub 过程或 Function 过程。

2）建立 Sub 过程

可以在模块、类和结构中建立 Sub 过程。如果要在窗体类中建立通用 Sub 过程,可使用如下方法：

选择“视图”→“代码”命令,打开“代码”窗口。在“类名”下拉列表中选择窗体名称,例如 Form1,在“方法名称”下拉列表中选择“声明”。然后在代码编辑区输入过程名,例如 Sub Test,按 Enter 键,系统会自动添加 End Sub 语句,在这两条语句间即可输入过程体代码,如图 6-3 所示。

图 6-3　建立 Sub 过程

3）调用 Sub 过程

要执行 Sub 过程中的语句,就必须调用该过程。调用 Sub 过程的语法格式如下：

[Call] 过程名（[参数列表]）

参数说明：

（1）Call：可选项。在调用过程时不要求必须使用 Call,使用它可以提高代码的可读性。

（2）“参数列表”：可选项。变量和表达式列表,表示当调用过程时传递给该过程的参数,这些参数也称为实际参数（简称实参）。必须将参数放在括号内,多个参数之间以逗号分隔。当使用不带 Call 的语句则调用 Sub 过程,而且过程没有参数时,可以省略括号。

执行调用语句时,程序的控制传送到 Sub 过程,Sub 过程执行相应的操作,再将控制权返回给调用代码,但是不返回值给调用代码。

2. 事件过程

1）定义事件过程

事件过程是一种特殊的 Sub 过程,它附加在窗体或控件上。定义事件过程的语法格式如下：

```
[Public|Private] Sub 窗体名或控件名_事件名（[参数列表]）
    语句块
End Sub
```

参数说明：窗体名或控件名：窗体或控件的 Name 属性值。

2）建立事件过程

建立事件过程，可使用下列几种方法：

（1）在设计的窗体中双击窗体或控件，即可打开"代码"窗口，并出现该窗体或控件的默认过程代码。例如，双击窗体会出现如图 6-4 所示的 Load 事件过程代码。

图 6-4　窗体 Load 事件过程代码

（2）选择"视图"→"代码"命令，打开"代码"窗口。在"类名"下拉列表中选择一个对象，例如"Form1 事件"，在"方法名称"下拉列表中选择一个事件，例如 Load，同样会出现如图 6-4 所示的 Load 事件过程代码。

3）调用事件过程

调用事件过程的语法格式与调用通用 Sub 过程的格式相同。

通常，在某个对象的事件发生时，相应的事件过程自动被调用，也可以在其他过程中使用调用语句来调用事件过程。

通用过程之间、事件过程之间、通用过程和事件过程之间都可以相互调用。

6.2　任务 2：进制转换

6.2.1　要求和目的

1. 要求

建立如图 6-5 所示的窗体，输入十进制数，转换为相应的二进制数。

2. 目的

（1）学习 Function 过程的定义和建立方法。

（2）学习 Function 过程的调用方法。

6.2.2　操作步骤

1. 添加控件

新建一个名为 ch6_2 的 Windows 窗体应用程序，在窗体中添加两个标签控件、两个文本框控件和

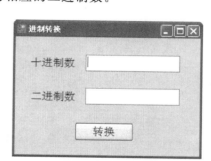

图 6-5　任务 2 窗体界面

一个命令按钮控件。控件的名称分别为 Label1、Label2、TextBox1、TextBox2 和 Button1。

2. 设置控件属性

将 Form1 窗体的 Text 属性设置为"进制转换",分别将 Label1、Label2 和 Button1 控件的 Text 属性设置为"十进制数"、"二进制数"和"转换"。将所有标签控件和文本框控件 Font 属性的字体大小设置为四号。

3. 编写事件处理代码

双击按钮 Button1 以创建它的 Click 事件处理程序,并添加代码,如程序段 6-2 所示。

程序段 6-2

```
Private Sub Button1_Click(ByVal sender As System.Object, ByVal e As _
System.EventArgs) Handles Button1.Click
    Dim d As Integer
    d=Val(TextBox1.Text)
    TextBox2.Text=Trans(d)                    '调用 Trans 过程
End Sub
```

```
'十进制转换为二进制的过程
Private Function Trans(ByVal x As Integer) As String
    Dim m As Integer
    Dim b As String
    b=""
    Do
        m=x Mod 2
        b=Trim(Str(m)) & b
        x=x \ 2
    Loop Until x=0
    Return b                 '返回结果值
End Function
```

4. 运行代码

单击工具栏上的"启动调试"按钮 ▶ 运行该项目,输入十进制数,运行结果如图 6-6 所示。

6.2.3 相关知识

1. Function 过程基本知识

在 Visual Basic.NET 中,不仅可以使用系统提供的内部函数,还可以自己编写 Function()函数过程。Function 过程与 Sub 过程有许多相似之处,主要区别在于,Sub 过程不直接返回值,而 Function 过

图 6-6 进制转换结果

程则返回一个值。

2. 定义 Function 过程

定义 Function 过程的语法格式如下：

```
[Public|Private] Function 过程名（[参数列表]）[As 返回类型]
    [ 语句块 ]
    [ Exit Function ]
    [ 语句块 ]
End Function
```

参数说明：

（1）Function 过程从 Function 语句开始，至 End Function 语句结束，中间是过程所执行操作的语句块，也称为过程体。

（2）As 返回类型：可选项。用于指定 Function 过程返回值的类型。如果省略该子句，则过程返回值为 Object 型。

（3）Exit Function：使用 Exit Function 语句可立即从 Function 过程中退出。Exit Function 语句可以出现在过程的任何地方。

（4）Function 过程发送回调用代码的值称为它的返回值。在过程体中可以使用以下两种方式之一返回此值：

- 给自己的函数名赋值，语法格式如下：

```
函数名称=表达式
```

- 使用 Return 语句指定返回值，并直接将控制返回调用程序，语法格式如下：

```
Return 表达式
```

如果使用 Exit Function 退出但还未赋值，则过程会返回在 As 子句中指定的数据类型的默认值。

（5）End Function：当执行 End Function 语句时，程序将返回到调用 Function 过程的语句，接着执行该语句的下一条语句。

注意：Function 过程不能嵌套定义，即在一个 Function 过程中不能定义另一个 Function 过程或 Sub 过程。

3. 建立 Function 过程

可以在模块、类或结构中建立 Function 过程。选择"视图"→"代码"命令，打开"代码"窗口。然后在代码编辑区输入过程名，例如 Function Test，按 Enter 键，系统会自动添加 End Function 语句，在这两条语句间即可输入过程体代码。

4. 调用 Function 过程

调用 Function 过程和调用内部函数一样，可以放在赋值语句的右边或表达式中。调用 Function 过程的语法格式如下：

过程名（[参数列表]）

参数说明：参数列表必须用括号括起来。如果无任何参数，也可以省略括号。

也可以使用 Call 关键字调用 Function 过程，这种方式会执行函数过程的所有操作，而忽略返回值。

6.3 任务3：数字排序

6.3.1 要求和目的

1. 要求

建立如图 6-7 所示的窗体，单击"排序"按钮，在第一个文本框中输出数字原序列，在第二个文本框中输出从小到大的递增序列。

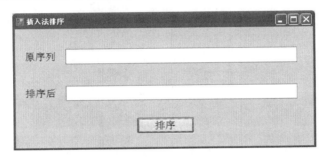

图 6-7 任务3窗体界面

2. 目的

（1）掌握形参和实参的概念。

（2）学习按值传递参数的方法。

（3）学习按地址传递参数的方法。

（4）学习数组参数的使用。

6.3.2 操作步骤

1. 添加控件

新建一个名为 ch6_3 的 Windows 窗体应用程序，在窗体中添加两个标签控件、两个文本框控件和一个命令按钮控件。控件的名称分别为 Label1、Label2、TextBox1、TextBox2 和 Button1。

2. 设置控件属性

将 Form1 窗体的 Text 属性设置为"插入法排序"，分别将 Label1、Label2 和 Button1 控件的 Text 属性设置为"原序列"、"排序后"和"排序"。将所有标签控件和文本框控件 Font 属性的字体大小设置为四号。

3. 编写事件处理代码

双击按钮 Button1 以创建它的 Click 事件处理程序，并添加代码，如程序段 6-3 所示。

程序段 6-3

```
Private Sub Button1_Click(ByVal sender As System.Object, ByVal e As _
System.EventArgs) Handles Button1.Click
    Dim a() As Integer={98, 87, 65, 30, 75, 91, 53, 26, 42, 69}
    Dim n As Integer
    n=UBound(a)

    '在第一个文本框输出原序列
    For i=0 To n
        TextBox1.Text=TextBox1.Text+" "+Str(a(i))
    Next

    Call InsertSort(a, n)                   '调用排序过程

    '在第二个文本框输出排序后序列
    For i=0 To n
        TextBox2.Text=TextBox2.Text+" "+Str(a(i))
    Next
End Sub


'排序过程 InsertSort
Private Sub InsertSort(ByRef x() As Integer, ByVal y As Integer)
    Dim i, j As Integer
    Dim t As Integer

    '用插入法将数组元素从小到大排序
    For j=1 To y
        t=x(j)
        For i=j-1 To 0 Step-1
            If x(i)>t Then
                x(i+1)=x(i)
            Else
                Exit For
            End If
        Next
        x(i+1)=t
    Next
End Sub
```

4. 运行代码

单击工具栏上的"启动调试"按钮 ▶ 运行该项目，单击"排序"按钮，运行结果如图 6-8

所示。

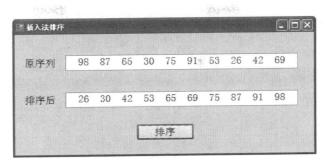

图 6-8　排序结果

6.3.3　相关知识

1. 形参与实参

形参是定义 Sub 或 Function 过程时出现在过程名后面括号中的参数,实参是调用 Sub 或 Function 过程时出现在过程名后面括号中的参数。形参可以是变量或数组,实参可以是常量、变量、表达式、数组或对象。

过程在被调用前,形参只表明过程执行所需要的参数个数、类型和作用,没有被分配内存空间,没有具体的值。调用过程时,把实参传递给过程,完成实参和形参的结合,形参被分配内存空间,具有执行操作的值。

在 Visual Basic.NET 中,可以通过以下两种方式传递参数:

1) 通过位置

按参数出现在过程定义中的顺序进行传递。形参列表和实参列表中对应参数的名字可以不同,但类型必须一致,参数的个数也必须相同。例如,定义了下面一个 Sub 过程:

```
Sub Info(ByVal name As String, ByVal age As Short, ByVal birth As Date)
    MsgBox("Name=" & name & "; age=" & CStr(age) & "; birth date=" & CStr(birth))
End Sub
```

可以使用下面的语句调用该过程:

```
Call Info("Jane", 19, #9/21/1990#)
```

在参数传递时,第一个实参"Jane"传递给第一个形参 name,第二个实参 19 传递给第二个形参 age,第三个实参♯9/21/1990♯传递给第三个形参 birth。参数的类型和个数都相同。

2) 通过名称

可以按照任意的顺序传递参数,只要在实参前加上"形参：＝(冒号＋等号)"即可。例如可以使用下面的语句调用 Info 过程:

```
Call Info(age:=19, birth:=#9/21/1990#, name:="Jane")
```

注意：不能通过名称传递数组参数。因为当调用过程时,为数组参数提供的参数数量不确定时且以逗号分隔,而编译器无法将多个参数与单个名称关联。

2. 按值传递参数

在 Visual Basic.NET 中,实参和形参结合的参数传递有两种:按值传递和按地址传递。

按值传递通过 ByVal 关键字来实现,在 Visual Basic.NET 中,按值传递是默认方式。在定义过程的语句中,如果形参前有 ByVal,表示参数按值传递。如果没有输入参数的传递方式,Visual Basic.NET 会自动在参数前加上 ByVal。

按值传递参数是一种单向的传递方式。在调用过程时,系统为形参分配一个临时的内存单元,然后将实参的值传递给形参,存放到该内存单元中。如果在被调用过程中改变形参值,则只是该临时单元中的值发生变化,由于不涉及实参的内存单元,因此实参的值不会改变。当被调用过程执行结束时,系统将释放形参的内存单元,如程序段 6-4 所示。

程序段 6-4

```
Private Sub Swap(ByVal x As Single, ByVal y As Single)
    Dim t As Single
    t=x
    x=y
    y=t
End Sub
Private Sub Button1_Click(ByVal sender As System.Object, ByVal e As _
System.EventArgs) Handles Button1.Click
    Dim a As Single
    Dim b As Single
    a=3.14
    b=-7.2
    Call Swap(a, b)
    MsgBox("a=" & Str(a) & Chr(10) & Chr(13) & "b=" & Str(b), "运行结果")
End Sub
```

在调用 Swap 过程时,实参 a 和 b 的值分别为 3.14 和 −7.2。系统为形参 x 和 y 分配临时内存单元,并使用按值传递的方式,将 a 的值传递到 x 的内存单元中,b 的值传递到 y 的内存单元中。Swap 过程实现两个数值的交换,三条语句执行后 x 的值为 −7.2,y 的值为 3.14。当执行到 End Sub 语句过程结束时,系统释放为形参 x 和 y 分配的内存单元,并返回到 Button1_Click 过程中,因为 a、b 和 x、y 使用不同的内存单元,所以此时 a 和 b 的值依然为 3.14 和 −7.2。程序运行结果如图 6-9 所示。

图 6-9　运行结果界面

3. 按地址传递参数

按地址传递参数也称为引用。按地址传递通过 ByRef 关键字来实现。

按地址传递参数是一种双向的传递方式。调用过程时,系统将实参的内存地址传递给形参,即实参和形参使用相同的内存单元。如果在被调用过程中改变形参值,则实参的值也随之改变。

例如,将程序段 6-4 中的 Swap 过程进行如下修改:

程序段 6-5

```
Private Sub Swap(ByRef x As Single, ByRef y As Single)
        Dim t As Single
        t=x
        x=y
        y=t
End Sub
```

在调用 Swap 过程时,按地址传递的方式,将 a 的内存地址传递给 x,b 的地址传递给 y。Swap 过程实现两个数值的交换,3 条语句执行后 x 的值为 −7.2,y 的值为 3.14,此时 a 和 b 的值也变化为 −7.2 和 3.14。程序运行结果如图 6-10 所示。

图 6-10　运行结果界面

在按地址传递参数时,如果实参是常量或表达式,则会按值传递的方式进行处理,给相应的形参分配一个临时内存单元,将常量或表达式的值传递到这个内存单元中。

在定义过程时,如果有多个形参,Visual Basic.NET 允许采取不同的参数传递方式。按地址传递参数的优点是过程可以通过该参数将值返回给调用代码,按值传递参数的优点是它可防止变量被过程更改。

4. 数组参数

Visual Basic.NET 允许将数组作为参数进行传递。数组作为形参时,只需列出数组的名字,可以省略数组的下标上界,但括号不能省略,且要用逗号指明数组的维数。例如,定义如下过程:

```
Private Sub ArrTest(ByVal x() As String, ByVal y(,) As Integer)
    ⋮
End Sub
```

该过程有一个一维数组形参 x 和一个二维数组形参 y。

在调用过程时,作为实参的数组不能带括号。例如,调用以上的过程 ArrTest 可使用如下语句:

```
Dim a(3) As String
Dim b(3, 2) As Integer
Call ArrTest(a, b)
```

由于数组本身是引用类型的变量,即使在定义过程时数组参数前使用了 ByVal,参数传递也会采取按地址方式。因此在以上的过程调用中,数组 x 和 a 使用同一段内存单元,y 和 b 也使用相同的内存单元。

　　如果只传递数组中的元素,而不是整个数组,则需要在调用过程时,在数组名后的括号中指明元素的下标,使用方法与传递普通变量相同。

5. 插入排序算法

　　插入排序的工作原理是通过构建有序序列,对于未排序的数据,在已排序序列中从后向前扫描,找到相应位置并插入。具体算法描述如下:

　　(1)从第一个数开始,该数可以认为已经被排序。

　　(2)取出下一个数,在已排序的数据序列中从后向前扫描。如果已排序数据大于新数据,将已排序数据移到下一个位置。重复以上步骤,直到找到已排序的数据小于或者等于新数据的位置,然后将新数据插入到该位置。

　　(3)重复步骤(2),直到完成所有数据的排序。

　　为了简单起见,我们仍以 7、5、3、1 和 2 五个数为例,再作说明:

　　(1)从第一个数 7 开始,认为 7 已经被排序。取出下一个数 5,从后向前扫描。

　　比较 7 和 5,7>5,将 7 移到下标为 2 的位置。将 5 插入到下标为 1 的位置,数据序列变为:

5 7 3 1 2

　　(2)取出下一个数 3,从后向前扫描。

　　比较 7 和 3,7>3,将 7 移到下标为 3 的位置。

　　比较 5 和 3,5>3,将 5 移到下标为 2 的位置。

　　将 3 插入到下标为 1 的位置,数据序列变为:

3 5 7 1 2

　　(3)取出下一个数 1,从后向前扫描。

　　比较 7 和 1,7>1,将 7 移到下标为 4 的位置。

　　比较 5 和 1,5>1,将 5 移到下标为 3 的位置。

　　比较 3 和 1,3>1,将 3 移到下标为 2 的位置。

　　将 1 插入到下标为 1 的位置,数据序列变为:

1 3 5 7 2

　　(4)取出下一个数 2,从后向前扫描。

　　比较 7 和 2,7>2,将 7 移到下标为 5 的位置。

　　比较 5 和 2,5>2,将 5 移到下标为 4 的位置。

　　比较 3 和 2,3>2,将 3 移到下标为 3 的位置。

　　比较 1 和 2,1<2,将 2 插入到下标为 2 的位置,数据序列变为:

1 2 3 5 7

　　至此,排序完成。

　　插入法需要两重循环完成,如果对 n 个数进行排序,循环变量的设置如下:

```
For j=1 To n
    For i=j-1 To 0 Step-1
```

6.4　任务4：计算 Fibonacci 数列

6.4.1　要求和目的

1. 要求

建立如图 6-11 所示的窗体，单击"输出 Fibonacci 数列"按钮，输入要计算的项数，在文本框中显示 Fibonacci 数列。

2. 目的

（1）学习递归过程的使用。
（2）学习过程的嵌套调用。

6.4.2　操作步骤

1. 添加控件

新建一个名为 ch6_4 的 Windows 窗体应用程序，在窗体中添加一个文本框控件和一个命令按钮控件，控件的名称分别为 TextBox1 和 Button1。

图 6-11　任务 4 窗体界面

2. 设置控件属性

将 Form1 窗体的 Text 属性设置为"Fibonacci 数列"，然后将 Button1 按钮控件的 Text 属性设置为"输出 Fibonacci 数列"。再将文本框控件和命令按钮控件 Font 属性的字体大小设置为小四号。

将 TextBox1 控件的 Multiline 属性设置为 True。

3. 编写事件处理代码

双击按钮 Button1 以创建它的 Click 事件处理程序，并添加代码，如程序段 6-6 所示。

程序段 6-6

```
Private Sub Button1_Click(ByVal sender As System.Object, ByVal e As _
System.EventArgs) Handles Button1.Click
    Dim i As Integer
    Dim n As Integer
    Dim g As Long
    n=Val(InputBox("请输入要计算的 Fibonacci 数列的项数：", "输入"))
    For i=1 To n
        g=Fib(i)                       '调用过程 Fib
        TextBox1.Text=TextBox1.Text & Str(g) & " "
        If i Mod 3=0 Then TextBox1.Text=TextBox1.Text+vbNewLine
    Next
End Sub
```

```
Private Function Fib(ByVal f As Integer)
    '计算 Fibonacci 数列
    If f=1 Or f=2 Then
        Fib=1
    Else
        Fib=Fib(f-1)+Fib(f-2)                '递归调用过程 Fib
    End If
End Function
```

4. 运行代码

单击工具栏上的"启动调试"按钮▶运行该项目,单击命令按钮,输入项数,运行结果如图 6-12 所示。

(a) 输入项数　　　　　　　　　　　　(b) 输出结果

图 6-12　显示 Fibonacci 数列

6.4.3　相关知识

1. 过程的嵌套调用

在 Visual Basic.NET 中,过程不允许嵌套定义,但是可以嵌套调用,即在一个过程中调用另一个过程。例如:

```
Private Sub a()
    ⋮
    b()
    ⋮
End Sub
Private Sub b()
    ⋮
    c()
    ⋮
End Sub
Private Sub c()
    ⋮
End Sub
```

这是两层嵌套,具体执行过程如下:

(1) 执行过程 a 的开始部分,直到调用过程 b 的语句,程序流程转向执行过程 b。

(2) 执行过程 b 的开始部分,直到调用过程 c 的语句,程序流程转向执行过程 c。

(3) 执行过程 c 的全部操作。

(4) 程序流程返回到过程 b 中的调用语句,继续执行过程 b 中尚未执行的部分。

(5) 程序流程返回到过程 a 中的调用语句,继续执行过程 a 中尚未执行的部分,直到过程结束。

2. 递归

递归是程序设计中经常使用的一种方法,很多数学模型和算法设计本身就是递归的,如阶乘运算、快速排序算法等,采用递归过程来描述能使程序变得简洁和清晰。

1) 递归的定义

在 Visual Basic. NET 中,递归是指一个过程直接或间接调用它自身。例如以下过程:

```
Private Function Rec(ByVal x As Integer)
    ⋮
    y=Rec(x)
    ⋮
End Function
```

在 Rec 过程中直接调用了 Rec 自身,这就是一个递归过程。

2) 递归的执行过程

递归过程在执行时分为两个阶段:递推(逐次调用)和回推(逐次返回)。下面以程序段 6-6 为例具体说明,设 f 的值为 6。

(1) 递推。要计算 Fib(6) 的值必须先得到 Fib(5) 和 Fib(4) 的值,而计算 Fib(5) 的值又必须先得到 Fib(4) 和 Fib(3) 的值,以此类推,直到 Fib(2) 和 Fib(1),Fib(2) 和 Fib(1) 的值都为 1,递推结束。

(2) 回推。根据 Fib(2) 和 Fib(1) 的值计算出 Fib(3),再根据 Fib(3) 和 Fib(2) 的值计算出 Fib(4),以此类推,直到计算出 Fib(6)。

由以上的分析可以看出,在设计递归过程时,必须至少包含一个可以终止此递归的条件,如果没有一个在正常情况下可以满足的条件,则过程将无限次地执行。在程序段 6-6 中,f=1 Or f=2 就是递归结束的条件。

另外,过程在每次调用它自身时,都会将局部变量等信息保存到堆栈中,而应用程序的局部变量所使用的空间有限,如果这个进程无限持续下去,最终会导致堆栈溢出错误。

注意:当 Function 过程以递归方式调用它自身时,必须在过程名称后加上括号,即使不存在参数列表。否则,函数名就会被视为表示函数的返回值。

3. Fibonacci 数列

Fibonacci(斐波那契)数列指的是这样一个数列:

$$1,1,2,3,5,8,13,21\cdots$$

这个数列从第三项开始,每一项都等于前两项之和。表示如下:

$$\begin{cases} F_1 = 1 \\ F_2 = 1 \\ F_n = F_{n-1} + F_{n-2} \qquad n \geqslant 3 \end{cases}$$

6.5 任务5:用户信息验证(2)

6.5.1 要求和目的

1. 要求

建立如图 6-13 所示的窗体,对第 3 章的任务 4 进行完善,将学号和密码输入错误的次数限制为 3 次。

2. 目的

(1) 学习变量范围的使用。

(2) 学习静态变量的使用方法。

6.5.2 操作步骤

1. 添加控件

新建一个名为 ch6_5 的 Windows 窗体应用程序,在窗体中添加两个标签控件和两个文本框控件,控件的名称分别为 Label1、Label2、TextBox1 和 TextBox2。再添加一个命令按钮控件,名称为 Button1。

图 6-13　任务 5 窗体界面

2. 设置控件属性

将 Form1 窗体的 Text 属性设置为"信息验证",再分别设置各个控件的 Text 属性。将所有标签控件、文本框控件和命令按钮控件 Font 属性的字体大小设置为四号。

设置文本框 TextBox2 的 PasswordChar 属性为"∗",使文本框中输入的每个字符都显示为"∗"。

3. 编写事件处理代码

双击按钮 Button1 以创建 Click 事件处理程序,并添加代码,如程序段 6-7 所示。

程序段 6-7

```
Dim N As Integer                    '声明 N 为模块范围变量,用于统计密码输入错误的次数
Private Sub Button1_Click(ByVal sender As System.Object, ByVal e As _
    System.EventArgs) Handles Button1.Click
    Dim sno As String
    Dim psw As String
    Dim mes As String
    Static M As Integer             '声明 M 为静态变量,用于统计学号输入错误的次数
```

```
        sno=TextBox1.Text
        psw=TextBox2.Text
        If IsNumeric(sno) Then
            If psw="MYPASS" Then
                MsgBox("输入正确,欢迎使用本系统!", "欢迎")
            Else
                N=N+1
                If N<3 Then
                    mes="密码输入错误,请重新输入!" & vbNewLine & "你还有" & Str(3-N) _
                    & "次机会!"
                    MsgBox(mes, MsgBoxStyle.Exclamation, "提示")
                    TextBox2.Text=""
                Else
                    MsgBox("你的机会已经用完,系统即将关闭!", MsgBoxStyle.Critical, _
                    "提示")
                    End
                End If
            End If
        Else
            M=M+1
            If M<3 Then
                mes="输入错误,学号不能有非数字字符,请重新输入!" & vbNewLine & _
                "你还有" & Str(3-M) & "次机会!"
                MsgBox(mes, MsgBoxStyle.Exclamation, "提示")
                TextBox1.Text=""
            Else
                MsgBox("你的机会已经用完,系统即将关闭!", MsgBoxStyle.Critical, _
                "提示")
                End
            End If
        End If
End Sub
```

4. 运行代码

单击工具栏上的"启动调试"按钮▶运行该项目,输入学号和密码,单击"确定"按钮,
运行结果如图 6-14 所示。

    (a) "信息验证"对话框   (b) 提示 1   (c) 提示 2

图 6-14　信息验证结果

6.5.3　相关知识

1. 变量的作用域

在 Visual Basic.NET 中,声明变量的区域(如块、过程、模块、类或结构)或包含变量声明的命名空间不同,变量可以被访问的范围也不同。变量可以被访问的范围也称为变量的作用域。变量在声明它的整个区域内都可用。Visual Basic.NET 具有下列范围级别:

1) 块范围

块是初始声明语句与终止声明语句之间的一组语句。例如,Do 和 Loop、For [Each]和 Next、If 和 End If、Select 和 End Select、While 和 End While 等。在某个块声明的变量只能在该块中使用。

示例:

```
If n<10 Then
    Dim x As Integer
    x=n^2
End If
```

变量 x 的范围是 If 和 End If 之间的块,在该块执行结束后便不能再引用 x。

2) 过程范围

在某过程内声明的变量在该过程外不可用,只有包含变量声明的过程才能使用该变量。该级别的变量也称为"局部变量"。

示例:

```
Private Sub Test()
    Dim y as String
      ⋮
End Sub
```

变量 y 的范围是过程 Test,在该过程执行结束后就不能再引用 y。

注意:不能在过程中使用 Public 关键字来声明任何变量。

3) 模块范围

模块级别应用于模块、类和结构。可以通过将声明语句放在模块、类或结构中的任一过程或块的外部来声明该级别的变量。

当在模块级声明时,由所选的访问级别来确定范围,包含模块、类或结构的命名空间也影响范围。声明为 Private 访问级别的变量可用于该模块内的每个过程,但不能用于其他模块中的任何代码。如果不使用任何访问级别关键字,则模块级 Dim 语句默认为 Private。

例如:

```
Private msg As String
Sub a()
```

```
    msg="This is a test."
End Sub
Sub b()
    MsgBox(msg)
End Sub
```

所有在模块中定义的过程 a 和 b 均可以引用变量 msg。

4）命名空间范围

如果使用 Friend 或 Public 关键字声明模块级变量，则该变量变为可用于在其中声明该变量的整个命名空间内的所有过程。

示例：

```
Public msg As String
Sub a()
    msg="This is a test."
End Sub
Sub b()
    MsgBox(msg)
End Sub
```

进行以上更改后，变量 msg 可由它的声明命名空间内任意位置的代码来引用。命名空间范围包括嵌套命名空间。可在命名空间内使用的变量同样可在该命名空间中的任何嵌套命名空间内使用。

在程序中声明了不同范围的同名变量时，范围小的变量通常有优先访问权。例如：

程序段 6-8

```
Dim x As Integer                     '模块范围变量 x
Private Sub s1()
    Dim y As Integer                 '过程 s1 范围变量 y
    x=x+1
    y=y+1
    MsgBox("x=" & Str(x) & vbNewLine & "y=" & Str(y),, "结果")
End Sub
Private Sub s2()
    Dim x As Integer                 '过程 s2 范围变量 x
    Dim y As Integer                 '过程 s2 范围变量 y
    x=50
    x=x+1
    y=y+1
    MsgBox("x=" & Str(x) & vbNewLine & "y=" & Str(y), "结果")
End Sub
Private Sub Form1_Click(ByVal sender As Object, ByVal e As _
System.EventArgs) Handles Me.Click
    x=10
    Call s1()
```

```
        Call s2()
        Call s1()
End Sub
```

运行结果如图 6-15 所示。

(a) 结果 1   (b) 结果 2   (c) 结果 3

图 6-15   运行结果

执行过程如下：

（1）变量 x 是模块范围变量，可以在模块中的每个过程使用。当第一次调用过程 s1 时，x 的值为 10，y 的值为 0。经过计算，变量 x 和 y 的值分别为 11 和 1，过程结束后，过程 s1 范围变量 y 的内存单元被释放。

（2）调用过程 s2 时，过程范围变量 x 优先于同名的模块范围变量 x，所以在过程 s2 中使用的是过程范围变量 x，值为 50，y 为过程 s2 范围变量，值为 0。经过计算，变量 x 和 y 的值分别为 51 和 1，过程结束后，过程 s2 范围变量 x 和 y 的内存单元都被释放。

（3）第二次再调用过程 s1 时，使用的依然是模块范围变量 x，经过第一次调用，x 的值为 11，内存单元没有被释放过。因此经过计算，变量 x 和 y 的值分别为 12 和 1，过程结束后，过程 s1 范围变量 y 的内存单元被释放。

一般情况下，在声明任何变量或常量时，应使其范围尽可能小，这有助于保留内存，并可减少代码错误地引用错误变量的机会。

2. 静态变量

通常，只有在一个过程运行时，其中的局部变量才被分配内存单元，过程结束返回到调用代码时，会释放此过程中所有局部变量占用的内存。如果再次调用该过程，系统则重新为局部变量分配内存单元。

如果要在过程结束后保留局部变量的值，在 Visual Basic.NET 中可以将其声明为静态变量。声明静态变量的语法格式如下：

```
Static 变量名 As 数据类型
```

过程结束后，静态变量继续存在并保留其最新值。当代码下次调用该过程时，此变量不会重新初始化，仍然保存已赋给它的最新值。只有在第一次调用过程时，系统才对静态变量进行初始化。例如：

```
Function S (ByVal t As Integer) As Integer
    Static x As Integer
    x+=t
```

```
    Return x
End Function
```

在上面的过程中,Static 变量 x 只初始化为 0 一次。每次调用过程 S 时,x 仍然保留为其计算的最新值。

注意:只能对局部变量使用 Static。这意味着 Static 变量的声明上下文必须是一个过程或过程中的块,而不能是源文件、命名空间、类、结构或模块。

Static 变量在应用程序停止运行前将一直占用内存资源,因此,仅在必要时使用这些变量。

6.6 小 结

本章的重点是介绍 Visual Basic. NET 中的过程,通过案例介绍了过程的定义和调用方法以及变量的使用范围。

本章涉及的内容包括:

- Sub 过程。
- Function 过程。
- 参数传递。
- 递归过程。
- 变量的作用域。

6.7 作 业

(1) 编写过程,计算 1!+2!+3!+…+N!,N 的值由用户输入。

(2) 输入某一天的年、月、日,编写过程计算这一天是该年的第几天。

(3) 编写过程,计算两个自然数的最大公约数和最小公倍数。

(4) 编写过程,计算三角形的面积。

(5) 编写过程,求一维数组中的最大值及其在数组中的位置。

(6) 编写过程,计算输入的英文句子中单词的平均长度。例如,句子 All things are difficult before they are easy. 中单词的平均长度为 4.75。

第 7 章　面向对象的概念

学习提示

　　Visual Basic. NET 是面向对象的程序设计语言,面向对象的软件开发和相应的面向对象的问题求解是当今计算机技术发展的重要成果和趋势之一。本章将系统地介绍面向对象程序设计中的基本概念和基本方法。本章内容是读者需要重点掌握的内容之一。

　　在程序设计发展过程中有两种重要的方法,即面向过程程序设计方法和面向对象程序设计方法。面向过程的程序设计是以具体解题过程为研究和实现的主体,而面向对象的程序设计是以要解决问题中所涉及的各种对象为主体。

　　面向对象技术很好地解决了在软件开发过程普遍存在的面向过程语言难以解决的各种问题,如软件开发的规模不断扩大、升级加快、维护量增加、在软件开发过程中分工日趋精细等。

　　面向对象技术的核心是以更接近于人类思维的方法建立计算机逻辑模型,利用类和对象机制将数据与其上的操作封装在一起,并通过统一的接口对外交互,使反映现实世界实体的各个类在程序中能够独立、自治、继承。面向对象方法可大大提高程序的可维护性和可重用性,也大大提高了程序开发的效率和程序的可管理性。

　　Visual Basic. NET 是面向对象的程序设计语言,而面向对象技术是程序设计技术发展的重要成果和趋势之一。

　　在面向对象程序设计中有 3 个重要的概念,分别是封装、继承和多态。本章通过 5 个示例简单介绍面向对象程序设计中的基本概念和方法。

7.1　任务 1：类定义示例

7.1.1　要求和目的

1. 要求

　　建立如图 7-1 所示的界面,定义一个描述"人"的类,该类名为 Person,分别有 name 和 age 两个属性,有一个 sayHello 方法。创建属于该类的对象,执行时,单击 sayHello 按钮,显示如图 7-1 所示的结果。

2. 目的

　　(1) 学习面向对象程序设计的基本概念。

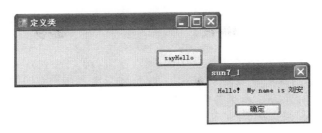

图 7-1　类定义示例

（2）了解对象的基本概念。

（3）了解类的基本概念。

（4）学习类和对象的定义方法。

7.1.2　操作步骤

1. 创建界面

新建名为 ch7_1 的 Windows 窗体应用程序，将默认窗体文件名由 Form1 改为 ch7_1。如图 7-1 所示，在窗体中插入一个命令按钮，并将其 Text 属性设置为 sayHello。

2. 编写代码

编写如程序段 7-1 所示的代码，该段代码中阴影部分定义了一个名为 Person 的类，并且定义了一个名为 p 的属于 Person 类的对象。该程序的执行结果是输出"刘安"。

程序段 7-1

```
Public Class ch7_1
    Public Class Person                            '定义了一个名为 Person 的类;
        Public name As String
        Public age As Integer
        Public Sub sayHello()
            MsgBox("Hello!My name is"+name)
        End Sub
        Public Sub New(ByVal n As String,ByVal a As Integer)
            Me.name=n
            Me.age=a
        End Sub
    End Class
    Private Sub Button1_Click(ByVal sender As System.Object,ByVal e As _
    System.EventArgs) Handles Button1.Click
        Dim p As New Person("刘安",25)              '定义名为 p 的 Person 类对象
        p.sayHello()
    End Sub
End Class
```

7.1.3 相关知识

1. 对象

对象是具有唯一对象名和固定对外接口的一组属性和操作的集合。其中,对象名用于区别于其他对象,对外接口是对象在约定好的运行框架和消息传递机制中与外界通信的通道,属性表示对象所处的状态,而对象的操作则用来改变对象的状态。

对象最主要的特点是以数据为中心,它是一个集成了数据及对数据操作的独立的、自恰的逻辑单位。

通过对象将数据和对数据的操作封装在一起,消除了传统方法中数据和操作分离所带来的各种问题,从而提高了程序的可复用性和可维护性。

对象作为独立的整体具有良好的自恰性。即它可以通过自身定义的操作来管理自己。一个对象的操作可以有两种类型:一是修改自身的状态;二是对外界发布消息。

2. 类的概念

将具有相同特征的对象抽象形成了一种新的数据类型,这种数据类型就被称为类。即类是同类对象的集合,类是同类对象的抽象;而一个对象是其所属类的一个实例。类可以视为是生成对象的模板。

3. 定义类

Visual Basic. NET 程序是由类构成的,类是域和相关方法的集合,域也被称为属性、成员变量、域变量等,域表示对象的状态,方法也被称为函数表明对象所具有的行为。

类的定义通过 Class 关键字开始,通常要指定类名称,定义成员变量和方法。本例中 Class 前的 Public 称为访问修饰符,访问修饰符可以省略。类定义的具体格式如程序段 7-2 所示。该程序段中定义了两个成员变量和一个名为 sayHello 的方法。

在下面示例中,程序段 7-2、程序段 7-3 和程序段 7-9 是程序片段,不能被单独执行。

程序段 7-2

```
Public Class Person                      '定义了一个名为 Person 的类;
    Public name As String
    Public age As Integer

    Public Sub sayHello()
        MsgBox("Hello!My name is"+name)
    End Sub
End Class
```

4. 访问修饰符

访问修饰符描述了类及类中成员的可访问性,即一个类的内部成员是否允许其他类存取可以通过访问修饰符来设置,访问修饰符如表 7-1 所示。

表 7-1 类的访问修饰符

名　称	别　名	描　述
Public	公有成员	提供了类的外部接口,允许类的使用者从外部访问类
Protected	保护成员	仅允许类的成员和其派生类的成员访问
Private	私有成员	仅该类的成员可以访问,类外部的成员不能访问
Friend	内部成员	仅允许相同组件内的其他类存取

访问修饰符可以省略,若类内的属性的修饰符省略,默认为 Private。若方法的访问修饰符省略,默认为 Public。

5. 构造函数

构造函数也称构造方法,是一种特殊的方法,属于 Sub 方法,专门用于创建对象,完成新对象的数据成员初始化工作,不需要返回值。构造函数的名称必须是 New。在本例中构造函数如程序段 7-3 所示。

程序段 7-3

```
Public Sub New(ByVal n As String,ByVal a As Integer)
    Me.name=n
    Me.age=a
End Sub
```

6. 创建、使用对象

Visual Basic. NET 定义类的目的是使用它,像使用系统提供的类一样,用户可以自己定义类并通过构造函数创建属于该类的对象,同时给对象的属性赋值,具体格式如下:

Dim 对象名 AS New 类名(参数)

例如:

Dim p As New Person("刘安",25)

使用对象是通过访问或调用对象的属性或方法来实现的,要访问或调用一个对象的属性或方法,需要用“.”运算符,“.”运算符用于成员访问。例如:

```
p.age
p.sayHello()
```

7.2　任务 2：封装示例

7.2.1　要求和目的

1. 要求

建立如图 7-2 所示的界面,定义一个描述“人”的类,该类有姓名和年龄属性,且年龄只能在 0～120 之间,创建属于该类的对象,执行时,单击 SayAge 按钮当年龄在 0～120

范围内时,得到如图 7-2 所示的结果。当年龄不在 0~120 范围内时,得到如图 7-3 所示的结果。

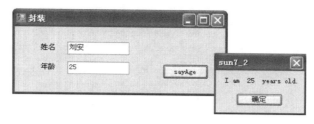

图 7-2　封装示例 1

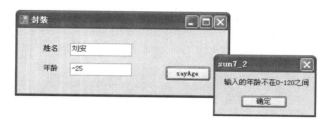

图 7-3　封装示例 2

2. 目的

(1) 了解类封装的概念。

(2) 掌握类封装的方法。

7.2.2　操作步骤

1. 创建界面

新建名为 ch7_2 的 Windows 窗体应用程序,将默认窗体文件名由 Form1 改为 ch7_2。

如图 7-3 所示,在窗体中插入两个标签、两个文本框和一个命令按钮,并将标签和命令按钮的 Text 属性分别设置为姓名、年龄和 SayAge。

2. 编写代码

编写如程序段 7-4 所示代码,该段代码定义了一个名为 Person 的类,并且定义了一个名为 p 的属于 Person 类的对象。该程序的执行结果如图 7-2 和图 7-3 所示。

程序段 7-4

```
Public Class Person                    '定义 Person 类
    Public name As String
    Private age As Integer
    Public Sub sayAge()                '定义 SayAge 方法
        MsgBox("I am "+age.ToString()+"years old.")
```

```
        End Sub
        Public Function setAge(ByVal a As Integer)As Boolean    '定义 SetAge 方法
            If a>0 And a<=120 Then
                age=a
                Return True
            Else
                Return False
            End If
        End Function

    End Class

    Private Sub Button1_Click(ByVal sender As System.Object,ByVal e As _
    System.EventArgs) Handles Button1.Click
        Dim p As New Person()            '定义属于 Person 类的对象 p
        If(p.setAge(Convert.ToInt16(TextBox2.Text)))Then
            p.sayAge()
        Else
            MsgBox("输入的年龄不在 0~120 之间")
        End If
    End Sub
```

7.2.3 相关知识

1. 问题分析

如程序段 7-5 所示,该程序段同样定义了一个名为 Person 的类,该程序段在类定义部分和程序段 7-4 的第一个不同是访问修饰符不同,如两程序段中阴影部分所示。

一个大型项目通常是由多人协作完成,若如程序段 7-5 所示,将 age 属性的访问修饰符指定为 Public,即意味着其他开发人员可以直接对 age 属性赋值,而 age 属性又不是由他定义的,他未必完全了解 age 属性的应用背景,很可能出现将—100 赋值给 age 属性的情况,显然如此设计存在一定的风险。

要解决上述问题,可将 age 属性的访问修饰符指定为 Private,这样 age 属性就只能被 Person 类成员访问,本例中又定义了一个名为 setAge 的方法,令该方法的访问修饰符为 Public,非 Person 类成员可以通过该方法为 age 属性赋值。由于 setAge 是方法,可以在方法内设置对 age 的赋值是否正确地进行校验,如程序段 7-4 所示,这样可以很好地避免类似将—100 赋值给 age 属性的风险。在该示例中还令 setAge 方法返回了一个逻辑值,以表示对 age 的赋值是否成功。

上述避免属性值被错误地访问风险的方法称为封装。封装是面向对象重要的特点之一。

程序段 7-5

```
Public Class Person
    Public name As String
    Public age As Integer
    Public Sub sayAge()
        MsgBox("I am"+age.ToString()+"years old.")
    End Sub
End Class
Private Sub Button1_Click(ByVal sender As System.Object,ByVal e As _
System.EventArgs) Handles Button1.Click
    Dim p As New Person()
    p.age=Convert.ToInt16(TextBox2.Text)
    p.sayAge()
End Sub
```

说明：在程序段 7-4 中，由于 age 属性的访问修饰符被指定为 Private，不能再使用 p.age 直接获取或设置 age 的值，本例中定义了 setAge 方法用以给 age 赋值，但未定义获取 age 属性值的方法，参照作业要求，定义一个名为 getAge 的方法，用以获取 age 的属性值，若获取成功返回 true，否者返回 false。

2. 对象的封装

通过前面的分析可以看到通过封装使一部分成员充当类与外部的接口，而将其他的成员隐蔽起来，这样就达到了对成员访问权限的合理控制，使不同类之间的相互影响减少到最低限度。

封装的目的是增强安全性和简化编程。使用者不必了解具体的实现细节，而只是要通过具有特定的访问权限的外部接口来使用类的成员，进而增强数据的安全性，并且简化了程序的编写工作。

封装的总体原则是：在定义类时，把尽可能多的成员隐藏起来，只对外提供明确、简捷的接口。

7.3　任务 3：继承示例

7.3.1　要求和目的

1. 要求

建立如图 7-4 所示的界面，定义一个描述"学生"的类，该类名为 Student，该类除了具有任务 1 中所有的属性和方法外，还有 Major 属性，用以描述学生的专业，有 sayMajor 方法。创建属于该类的对象，单击 sayMajor 按钮时，显示如图 7-4 所示的结果。

2. 目的

（1）学习继承的基本概念。

图 7-4 类定义示例

（2）掌握继承的方法。

7.3.2 操作步骤

1. 创建界面

新建一个名为 ch7_3 的 Windows 窗体应用程序，将默认窗体文件名由 Form1 改为 ch7_3。

如图 7-4 所示，在窗体中插入一个命令按钮，并将该命令按钮的 Text 属性设置为 sayMajor。

2. 编写代码

编写如程序段 7-6 所示的代码，该段代码中阴影部分定义了一个名为 Student 的类。该程序的执行结果如图 7-4 所示。

程序段 7-6

```
Public Class Person              '定义 Person 类
    Public name As String
    Private age As Integer
    Public Sub sayAge()
        MsgBox("I am"+age.ToString()+"years old.")
    End Sub
    Public Function setAge(ByVal a As Integer) As Boolean
        If a>0 And a<=120 Then
            age=a
            Return True
        Else
            Return False
        End If
    End Function
End Class
Public Class Student             '定义 Student 类
    Inherits Person              'Student 类是 Person 类的派生类
    Public Major As String
    Public Sub sayMajor()
        MsgBox("My Major is"+Major.ToString())
    End Sub
End Class
```

```
Private Sub Button1_Click(ByVal sender As System.Object,ByVal e As _
System.EventArgs) Handles Button1.Click
    Dim s As New Student
    s.Major="Computer"
    s.sayMajor()
End Sub
```

7.3.3 相关知识

1. 问题分析

从本例要求中可以看出,Student 类包含了 Person 类中所有的成员,显然若能在 Person基础上定义 Student,可以事半功倍。在面向对象的程序设计中,这种在一个类的基础上定义新类的方法称为类的继承。

如程序段 7-6 所示,阴影部分定义了一个名为 Student 的类,该类继承了 Person 类的方法和属性。

2. 继承的概念

继承是面向对象程序设计中最为重要的特征之一,继承可以大大提高程序的可重用性和可扩充性。

由继承得到的类被称为子类或派生类,而被继承的类称为基类、父类或超类。Visual Basic.NET 中仅支持单继承,即一个基类可以有多个子类,但一个子类仅有一个直接的基类。

子类继承基类的属性、方法,同时也可以修改基类的属性或重载基类的方法。基类实际上是所有子类的公共属性和公共方法的集合,而每一个子类则是基类的一个特例,是对基类功能的拓展。

定义子类的格式为:

```
访问修饰符 class 子类名
    Inherits 基类名
    ⋮
End Class
```

示例如程序段 7-6 中阴影部分所示,在该程序段中,定义了一个新的名为 Student 的类,该类继承了 Person 类的所有属性和方法,同时也定义自己的属性和方法,分别是 Major 和 sayMajor。

3. 方法的改写

子类可以继承基类的方法,也可以覆盖基类中的方法,即子类的方法和基类中方法名字相同,但功能不同,方法的覆盖也称为方法的改写,示例如程序段 7-7 所示,其中阴影部分改写了基类中的 sayAge 方法。执行结果如图 7-5 所示。

程序段 7-7

```
Public Class Person
```

```
     Public name As String
     Public age As Integer
     Public Overridable Sub sayAge()
            MsgBox("I am"+age.ToString()+"years old.")
        End Sub

End Class
Public Class Student
    Inherits Person
    Public Major As String

    Public Overrides Sub sayAge()
        MsgBox("我忘记了我的年龄")
    End Sub

End Class
Private Sub Button1_Click(ByVal sender As System.Object,ByVal e As _
System.EventArgs) Handles Button1.Click
    Dim s As New Student
    s.sayAge()
End Sub
```

若要改写基类的方法,在定义基类方法时需要加上 Overridable 关键字,在子类中改写方法时需要加上 Overrides 关键字,如程序段 7-7 中阴影所示。

4. Me 和 MyBase

在子类中若需要访问被重载的基类的成员要使用 MyBase 关键字。若要访问所在类本身的成员则要使用 Me 关键字。如将程序段 7-7 中 Student 类的定义改为如程序段 7-8 所示。在程序段 7-8 中访问了基类中的成员,执行结果分别弹出两个对话框,如图 7-6 所示。

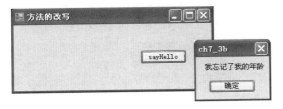

图 7-5　方法改写示例

(a) 对话框 1　　　(b) 对话框 2

图 7-6　基类成员访问示例

程序段 7-8

```
Public Class Student
    Inherits Person
    Public Major As String

    Public Overrides Sub sayAge()
        MsgBox("我忘记了我的年龄")
```

```
            Me.age=100
            MyBase.sayAge()
        End Sub

End Class
```

7.4　任务4：方法重载示例

7.4.1　要求和目的

1. 要求

建立如图7-7(a)所示的界面,定义一个描述"人"的类,该类名为Person,该类具有sayHello方法,当单击按钮sayHello时,若在"输入姓名"文本框中未输入姓名,则直接输出"Hello!",如图7-7(a)所示。若在"输入姓名"文本框中输入了姓名,则输出如图7-7(b)所示的结果。

(a) 未输入姓名

(b) 输入姓名后

图 7-7　重载示例

2. 目的

(1) 学习重载的基本概念。

(2) 掌握重载的使用方法。

7.4.2　操作步骤

1. 创建界面

新建一个名为ch7_4的Windows窗体应用程序,将默认窗体文件名由Form1改为ch7_4。

如图 7-7 所示,在窗体中插入一个标签、一个文本框、一个命令按钮,并将标签的 Text 的属性改为输入姓名,将命令按钮的 Text 属性设置为 sayHello。

2. 编写代码

编写如程序段 7-9 所示的代码,该段代码中阴影部分定义了两个同名的方法,这两个方法都被命名为 sayHello,但参数形式不同、功能也不相同。该程序的执行结果如图 7-7 所示。

程序段 7-9

```
Public Class Person
    Public name As String
    Public age As Integer
    Public Sub sayHello()
        MsgBox("Hello!")
    End Sub
    Public Sub sayHello(ByVal na As String)
        MsgBox("Hello!My name is"+na)
    End Sub
End Class
Private Sub Button1_Click(ByVal sender As System.Object,ByVal e As _
System.EventArgs) Handles Button1.Click
    Dim p As New Person
    If TextBox1.Text.Length=0 Then
        p.sayHello()
    Else
        p.sayHello(TextBox1.Text)
    End If
End Sub
```

7.4.3　相关知识

在 Visual Basic.NET 中,在一个类中可能存在这样一些方法,这些方法的作用基本相同,但带有不同的参数,这些方法使用相同的名字,这就叫方法的重载。

如程序段 7-9 所示,类 Person 中有两个同名的 sayHello 方法,都用来表示问候,但一个不带参数,而另一个带参数。

7.5　任务 5：多态的示例

7.5.1　要求和目的

1. 要求

建立如图 7-8 所示的界面,参照任务 3 定义一个描述"人"和一个描述学生的类,类名

分别为 Person 和 Student,Student 为 Person 类的
子类,Student 重载了 Person 类的 sayHello 方法,
创建一个属于 Person 类的对象,创建两个属于
Student 类的对象,单击图 7-8 中的 sayHello 命令
按钮时,依次执行 3 个对象的 sayHello 方法,结果
如图 7-9 所示。

图 7-8　多态示例

　(a) 对象 1　　　　　　(b) 对象 2　　　　　　(c) 对象 3

图 7-9　执行结果

2. 目的

(1) 学习多态的基本概念。
(2) 掌握使用多态的方法。

7.5.2　操作步骤

1. 创建界面

新建一个名为 ch7_5 的 Windows 窗体应用程序,将默认窗体文件名由 Form1 改为 ch7_5。
如图 7-8 所示,在窗体中插入一个命令按钮,并将该命令按钮的 Text 属性设置为
sayHello。

2. 编写代码

编写如程序段 7-10 所示代码,该段代码中阴影部分定义了一个名为 Student 的类。
该程序的执行结果如图 7-9 所示。

程序段 7-10

```
Public Class Person                  '定义 Person 类
    Public name As String
    Public age As String
    Public Overridable Sub sayHello() '定义 SayHello 方法,指明该方法可在子类中重载
        MsgBox("Hello!")
    End Sub
End Class
Public Class Student                 '定义 Student 类
    Inherits Person
    Public Major As String
    Public Overrides Sub sayHello()   '在子类中重载 SayHello 方法
        MsgBox("Hello!I am a Student,My major is"+Major)
    End Sub
End Class
```

```
Private Sub Button1_Click(ByVal sender As System.Object,ByVal e As _
System.EventArgs) Handles Button1.Click
    Dim p(5)As Person
    Dim p1 As New Person
    Dim p2,p3 As New Student
    p2.Major="Chinese"
    p3.Major="English"
    p(1)=p1
    p(2)=p2
    p(3)=p3
    For i=1 To 3
        p(i).sayHello()
    Next
End Sub
```

7.5.3 相关知识

多态是面向对象的程序设计的是第三种基本特征,所谓多态是指一个程序中相同的名字表示不同含义的情况。面向对象的程序中多态的情况有多种,如通过子类对基类方法的改写来实现多态,或通过重载来实现多态。

多态可大大提高程序的抽象程度和简洁性,可最大限度地降低类和程序模块间的耦合性,从而提高类模块的封闭性,降低程序设计、开发和维护的难度,提高效率。

7.6 小　　结

本章的重点是面向对象的基本概念和方法。在本章中涉及了对象、类的概念及其定义和使用方法,讲述了面向对象程序设计中封装、继承、重载、多态等概念,并通过 5 个任务系统给出了具体的使用方法的示例。

7.7 作　　业

(1) 简述封装、继承、重载的优点。

(2) 简述什么是基类,什么是子类。

(3) 简述访问修饰符的作用。

(4) 简述什么是方法的改写,方法的改写和方法的重载有什么区别?

(5) 定义一个描述学生情况的类,包括学号、姓名、性别和年龄 4 个属性,以及获得学号、获得姓名、获得性别、获得年龄和修改年龄 5 个方法,在修改年龄方法中进行校验令年龄不能小于 1。定义一个名为 sayHello 的方法,调用该方法时输出"我是一名学生,我的名字是×××"。

（6）定义一个描述研究生的类，继承上题学生类中的全部属性和方法，并添加研究方向和指导教师两个新属性，改写基类中 sayHello 方法，调用该方法时输出"我是一名研究生学生，我的名字是×××"。

（7）定义一个类，类中包含适当的属性和一个方法，该方法的参数为点的坐标值，当有一个点时，该方法画一个点，当有两个点时，在两个点间画一条线，当有 3 个点时，画一个三角形。

第 8 章　 .NET 类库

学习提示

　　.NET 类库内容非常丰富,提供了包罗万象的处理功能,通过引用.NET 类库可以方便、高效地完成各种程序设计工作,对.NET 类库的学习是 Visual Basic.NET 的重点内容之一。

　　本章以 6 个任务为线索,介绍了.NET 常用的几个命名空间以及其所包含的类。本章所涉及的内容仅仅是.NET 类库巨大冰山的一角。但读者可以通过本章的示例,以及相关的知识讲授,学习到.NET 类库的组织方式、特点以及一般的使用方法。在本章建议读者将学习重点放在培养进一步学习.NET 类库的方法和熟悉常用资源上。

　　.NET 类库庞大的内容体系给初学者学习.NET 带来了很多困难,鉴于.NET 类库的特点,本章建议读者采用"以任务为中心,按需学习"的方式学习,即从模仿示例入手,仅学习任务所需的内容,在学习过程中逐步培养自学能力,待具有一定基础后,再将所涉及的内容系统化,进而全面掌握.NET 类库的内容。

8.1　 .NET 类库概述

　　.NET 类库也称.NET Framework 类库或基类库,是一个由类、结构、委托、接口和枚举值类型组成的库,它提供对系统功能的访问,是.NET 最重要的基础之一。

　　.NET 类库是以命名空间的方式,以树状结构组织的。命名空间也称名字空间。表 8-1 给出了一个命名空间组织方式的示例,并非是整个命名空间。一个命名空间下面可以有下一级的命名空间。

　　.NET 类库中包含了大量常用的代码段,使用类库是高效、方便的编程方法。通过类库开发者可以直接使用.NET 提供的各种功能,如使用.NET 控件,可帮助开发者方便地创建程序界面。有效地使用类库,可大大减少了程序开发的工作量,同时也大大降低了难度。

　　在.NET 中最重要的、也是最基础的命名空间是 System,它是.NET Framework 中基本类型的根命名空间,包含了表示基本数据类型的类、接口、结构,如 Object、Byte、Char、Array、Int32、String 等。System 命名空间还包含上百个类、接口、结构,涉及多种重要的基本处理功能。System 命名空间还包含许多二级命名空间。

　　要使用命名空间所包含的类,首先要导入该命名空间,具体方法是:

```
Imports 命名空间
```

表 8-1　.NET 命名空间组织示例

System	Web	Services		
		Caching		
		Security		
		UI	WebControls	
			Adapters	
			Design	
			HtmlControls	
			MobileControls	
		WebControls		Adapters
				WebParts

例如：

```
Imports System.Web.Security;
```

在建立一个 Window 窗体应用程序时,Visual Studio 2008 会自动地将一些必需的命名空间导入。若开发者还需要其他的类,则需要手工将相应的命名空间导入。表 8-2 中列出了一些重要的命名空间,每个命名空间中都包含解决某一方面问题的类。

表 8-2　.NET 类库

命 名 空 间	说　　明
System.CodeDom	包含可以用于表示源代码文档的元素和结构的类,可用来建立源代码文档结构的模型
System.Collections	包含接口和类,这些接口和类定义各种对象的集合,如列表、队列、位数组、哈希表和字典
System.ComponentModel	提供用于实现组件和控件运行时和设计时行为的类。用于实现属性和类型转换器、绑定到数据源以及授权组件的基类和接口
System.Configuration	提供用于处理配置数据的编程模型的类型
System.Data	提供对表示 ADO.NET 结构的类的访问。通过 ADO.NET 可以生成一些组件,用于有效管理多个数据源的数据
System.Diagnostics	提供与系统进程、事件日志和性能计数器进行交互的类
System.Drawing	提供了对 GDI＋基本图形功能的访问
System.IO	包含允许读写文件和数据流的类型以及提供基本文件和目录支持的类型
System.Media	包含用于播放声音文件和访问系统提供的声音的类
System.NET	该名字空包含了网络应用相关的类
System.Security	提供公共语言运行库安全系统的基础结构,包括权限的基类
System.Text	提供了表示 ASCII、Unicode、UTF-7 和 UTF-8 字符编码的类;用于将字符块转换为字节块和将字节块转换为字符块的抽象基类
System.Threading	提供了进行多线程编程的类和接口
System.Timers	提供 Timer 组件,用于指定的间隔引发事件
System.Web	提供使得可以进行浏览器与服务器通信的类和接口
System.Xml	提供 Xml 应用相关功能

8.2 任务 1：小学生算术测验

8.2.1 要求和目的

1. 要求

建立如图 8-1 所示的界面,编写代码使其具备如下功能:

- 单击"新题"按钮时,可出新题。
- 新题中参与运算的数以及运算符随机产生。
- 测试题仅包括加、减、乘、除运算。
- 单击"提交"按钮时,可以将答案提交,并给出答案是否正确。

图 8-1　小学生算术测验题示例

2. 目的

(1) 了解 System 命名空间的主要功能。

(2) 学习 math 类的使用方法。

(3) 学习 Random 类的使用方法。

(4) 学习 String 类的使用方法。

(5) 学习 Convert 类的使用方法。

(6) 学习 DateTime 结构的使用方法。

8.2.2 操作步骤

1. 建立界面

新建一个名为 ch8_1 的 Windows 窗体应用程序,将默认窗体文件名由 Form1 改为 ch8_1。

如图 8-1 所示,在窗体中插入 3 个文本框、3 个标签和 2 个命令按钮,并按照图 8-1 所示设置上述 8 个控件的 Text 属性。

2. 编写代码

本例中需为两个命令按钮编写代码,双击"新题"按钮,切换到 ch8_1.vb 文件中,即进入代码编写环境,具体代码如程序段 8-1 和程序段 8-2 所示。

程序段 **8-1**

```
Protected Sub Button1_Click(ByVal sender As Object,ByVal e As _
System.EventArgs) Handles Button1.Click
    Dim n,m,op As Integer
    Dim x As New Random
    Label3.Text=""
```

```
        n=Convert.ToInt16(100 * x.NextDouble())
        m=Convert.ToInt16(100 * x.NextDouble())
        TextBox1.Text=n.ToString()
        TextBox2.Text=m.ToString()
        op=Convert.ToInt16(1+3 * x.NextDouble())
        Select Case(op)
            Case 1
                Label1.Text="+"
            Case 2
                Label1.Text="- "
            Case 3
                Label1.Text=" * "
            Case 4
                Label1.Text="/"
        End Select
    End Sub
```

程序段 8-2

```
Protected Sub Button2_Click(ByVal sender As Object,ByVal e As _
System.EventArgs) Handles_Button2.Click
    If(Convert.ToInt16(TextBox1.Text)+Convert.ToInt16(TextBox2.Text)= _
    Convert.ToInt16(TextBox3.Text))Then
        Label3.Text="正确"
    Else
        Label3.Text="错误"
    End If
End Sub
```

3. 执行说明

本例在某些情况下虽然能正确运行,但是一个存在显著缺陷的示例程序,请读者仔细阅读代码,找出本例中存在的问题,并结合后面作业要求完善该示例代码。

8.2.3　相关知识

1. System 命名空间

System 命名空间包含基本类和基类,这些类定义常用的值和引用数据类型、事件和事件处理程序、接口、属性和异常处理等。

System 命名空间中的类还支持数据类型转换、数学运算、远程和本地程序调用、应用程序环境管理以及对托管与非托管应用程序的监控等功能。

System 命名空间所包含的内容非常丰富,包含 123 个类、13 个接口、31 个结构、22 个委托和 27 个枚举值类型。

表 8-3 中列出了 System 命名空间的部分重要成员。

表 8-3 System 命名空间部分重要成员

类 别	名 称	说 明
类	Array	提供创建、操作、搜索和排序数组的方法,因而在公共语言运行库中用作所有数组的基类
	Console	表示控制台应用程序的标准输入流、输出流和错误流
	Convert	将一个基本数据类型转换为另一个基本数据类型
	Exception	表示在应用程序执行期间发生的错误
	Math	为三角函数、对数函数和其他通用数学函数提供常数和静态方法
	Random	表示伪随机数生成器,一种能够产生满足某些随机性统计要求的数字序列的设备
	String	表示文本,即一系列 Unicode 字符
	SystemException	为 System 命名空间中的预定义异常定义基类
	Type	表示类型声明:类类型、接口类型、数组类型、值类型、枚举类型、类型参数、泛型类型定义,以及开放或封闭构造的泛型类型
	Uri	提供统一资源标识符(URI)的对象表示形式和对 URI 各部分的访问
结构	Boolean	表示布尔值
	Byte	表示一个 8 位无符号整数
	Char	表示一个 Unicode 字符
	DateTime	表示时间上的一刻,通常以日期和当天的时间表示
	Double	表示一个双精度浮点数字
	Enum	为枚举提供基类
	Int16	表示 16 位有符号的整数
	Single	表示一个单精度浮点数字
枚举	ConsoleKey	指定控制台上的标准键
	ConsoleColor	定义控制台前景色和背景色的常数
	DayOfWeek	指定一周的某天

2. Math 类

Math 类提供了大量的数学函数,几乎涉及数学运算的所有方面。表 8-4 中是 Math 类中定义的两个常数。

表 8-4 Math 类中定义的常数

常 数 名 称	说 明
E	表示自然对数的底,值为 2.718 281 828 459 05
PI	表示圆周率,值为 3.141 592 653 589 79

例如：

```
MsgBox(Math.E)                    '输出 E 值
MsgBox(Math.PI)                   '输出 PI 的值
```

表 8-5 中列出部分最常用的函数供读者参考。

表 8-5   Math 类中主要数学函数

类 型	名 称	说 明	示 例	示例的返回值
方法	Abs	返回制定参数的绝对值	Abs(−10)	10
	Acos	返回值	Acos(−1)	3.14.15926
	Ceiling	返回大于或等于参数的最小整数	Ceiling(1.2)	2
	Cos	返回求 cos 值	Cos(−1)	0.540 302 305 868 14
	Exp	返回 e 的指定次幂	Exp(2)	7.389 056 098 930 65
	Log	返回参数的对数，以 e 为底	Log(E)	1
	Max	返回两个参数中大的值	Max(3,6)	6
	Pow	返回指定数值的指定次幂	Pow(2,3)	8
	Round	取整，有较多的参数形式，请见相关手册	Round(2.4)	2
	Sign	返回数值的符号，正数为1，负数为−1	Sign(−2)	−1
	Sqrt	开平方	Sqrt(5)	2.236 067 977 499 79

例如：

```
MsgBox(Math.Cos(-1))              '输出 cos(-1)的值
MsgBox(Math.Exp(2))               '输出 e² 的值
MsgBox(Math.Log(Math.E))          '输出 log(E)的值
MsgBox(Math.Max(3,6))             '输出函数 Max(3,6)的值
```

3. Random 类

Random 类提供了一个伪随机数生成器，其可以按照用户要求产生一个符合某种伪随机算法的一个数字序列。

使用 Random 类首先要定义一个属于该类的对象，如本例中的 x。Random 类的常用方式如表 8-6 所示。

表 8-6   Random 类的常用方法

类 别	方法名称	说 明
方法	Next	返回一个在指定范围的随机整数，有 3 种参数形式
	NextDouble	返回一个在(0,1)范围内的随机数

例如：

```
Dim x=new Random                  '定义 x 为属于 Random 类的对象
```

```
MsgBox(x.Next(-8,8))              '随机生成一个处于(-8,8)区间的数,并输出
MsgBox(x.NextDouble())           '随机生产一个处于(0,1)区间的数,并输出
```

4. DateTime 结构

.NET 中提供了大量的和时间日期相关的属性和方法,由于篇幅所限,表 8-7 中仅列出部分最常用的供读者参考。

表 8-7　与时间日期相关的主要属性和方法

类　别	名　　称	说　　明
属性	Date	获取 DateTime 对象的日期部分
	Day	获取 DateTime 对象的日部分
	Hour	获取 DateTime 对象的小时部分
	Minute	获取 DateTime 对象的分钟部分
	Second	获取 DateTime 对象的秒部分
	Year	获取 DateTime 对象的年部分
方法	AddDays	将指定的天数加到 DateTime 对象的值上
	AddHour	将指定的小时数加到 DateTime 对象的值上
	IsLeapYear	是否是闰年
	ToLocalTime	将 UTC 时间转换为本地时间
	ToLongTimeString	转换为长时间格式表示时间
	ToLongDateString	转换为长日期格式表示日期
	ToShortTimeString	转换为短时间格式表示时间
	ToShortDateString	转换为短日期格式表示日期
	ToString	转换为字符串表示

例如:

```
Dim t As New DateTime()              '定义 t 为属于 DateTime 的对象
t=DateTime.Now                       '将系统时间、日期赋给 t
MsgBox(t.ToString())                 '将系统的时间、日期输出
MsgBox(t.Date.ToShortDateString())   '将系统的日期以短格式输出
MsgBox(t.Day.ToString())             '将系统日期中的日输出
```

5. String 类

String 类提供了大量和字符串操作相关的属性和方法。表 8-8 中仅列出部分最常用的供读者参考。

表 8-8   String 类的常用属性和方法

类 别	名 称	说 明
属性	Length	返回字符串的长度
方法	CompareTo	两字符串进行比较
	Contains	判断是否包含指定字符串,返回 True 或 False
	Equals	判断两字符串是否相等,返回 True 或 False
	IndexOf	在字符串中查找指定的字符串,返回位置值,位置从 0 开始
	Insert	将指定的字符串插入到字符串中
	Remove	删除字符串中从指定位置开始到字符串结束的所有字符
	Replace	用指定的字符串替代字符串

例如:

```
Dim s AS String                          '定义一个字符串 s
s="this is a text"                       '给 s 赋值
MsgBox(s.Length)                         '获取并输出 s 的长度,并输出
MsgBox((s.Contains("is")))               '判断 s 中是否包含"is",并输出
s=s.ToUpper()                            '将 s 中所有字母变为大写字母
MsgBox(s.Equals("this is a text"))       's 和"this is a text"是否相等
MsgBox(s.CompareTo("this is a text"))
        '将字符串"this is a text"和 s 比较,按字典顺序相同返回 0,s 大返回 1,s 小返回-1
MsgBox(s.IndexOf("is"))
                    '查找字符串"is"在 s 中的位置,第 1 位为 0,未找到返回-1
s=s.Insert(3,"aa")                       '"aa"字符串插入到 s 第 4 个字符位置
s=s.Replace("text","test")              '用字符串"test"替代 s 字符串中的"text"
```

6. Convert 类

Convert 类提供了多种方法,用于进行各种数据类型的转换,主要方法如表 8-9 所示。

表 8-9   Convert 类的主要方法

类 别	属 性 名 称	说 明	类 别	属 性 名 称	说 明
方法	ToBoolean	转换为布尔类型	方法	ToInt32	转换为 32 位整型
	ToChar	转换为字符型		ToInt64	转换为 64 位整型
	ToDateTime	转换为日期类型		ToSingle	转换为单精度浮点型
	ToDouble	转换为双精度浮点型		ToString	转换为字符串
	ToInt16	转换为 16 位整型			

例如：

```
Convert.ToInt32(100 * x.NextDouble())      '将双精度浮点型转换为 32 位整型
MsgBox(Convert.ToDateTime("05/25/2007"))   '将字符串转换为日期时间类型并输出
MsgBox(Convert.ToChar(65))                 '将整型转换字符型并输出
```

7. DayOfWeek 枚举

DayOfWeek 枚举定义了 7 个描述星期的成员，其成员如表 8-10 所示。

表 8-10 DayOfWeek 枚举的成员

类 别	成 员 名 称	说 明	类 别	成 员 名 称	说 明
成员	Sunday	表示星期日	成员	Thursday	表示星期四
	Monday	表示星期一		Friday	表示星期五
	Tuesday	表示星期二		Saturday	表示星期六
	Wednesday	表示星期三			

例如：

```
MsgBox(DayOfWeek.Friday+1)        '输出结果为 6
Dim dw As New DayOfWeek          '定义名为 dw 的枚举类型变量
dw= 6                            '为 dw 赋值
MsgBox(dw.ToString())            '将 dw 转换为字符类型并输出,结果为 Saturday
```

8.3 任务 2：绘制花瓣图案

8.3.1 要求和目的

1. 要求

编写 Visual Basic.NET 程序执行后，显示如图 8-2 所示的花瓣图案，并将该图案以 Gif 格式保存到 D 盘根目录下，文件名为ch8_2.Gif。

2. 目的

（1）了解绘图相关的几个命名空间及其主要功能。

（2）学习使用 Graphics 类。

（3）学习使用 Pen 类。

（4）学习使用 Color 结构。

（5）学习使用 Point 结构。

（6）学习使用 Bitmap 类。

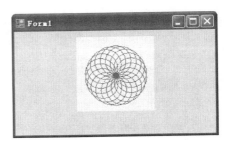

图 8-2 花瓣图案示例

8.3.2 操作步骤

1. 导入命名空间

新建一个名为 ch8_2 的 Windows 窗体应用程序,将默认窗体文件名由 Form1 改为 ch8_2。

在其设计视图中双击,切换到 ch8_2.vb 文件中,即进入代码编写环境。在本例中,需要导入和绘图相关的命名空间,如程序段 8-3 所示。

程序段 8-3

```
Imports System.Drawing
Imports System.Drawing.Drawing2D
Imports System.Drawing.Imaging
```

2. 编写代码

本例不需要在窗体中添加任何控件,直接将代码写入 Paint 事件下,当窗体打开时该事件被触发,代码即被执行,具体代码如程序段 8-4 所示。

程序段 8-4

```
Private Sub ch8_2_Paint(ByVal sender As System.Object,ByVal e As _
System.Windows.Forms.PaintEventArgs) Handles MyBase.Paint
    Dim i As Integer
    Dim X,Y As Single
    Dim c As New Color()
    Dim pe As New Pen(Color.Green)
    Dim s As New Bitmap(125,125)
    Dim g As Graphics=Graphics.FromImage(s)
    c=Color.Yellow
    g.Clear(c)
    For i=1 To 360 Step 20
        X=38+25 * Math.Sin(i * 3.14/180)
        Y=40+25 * Math.Cos(i * 3.14/180)
        g.DrawEllipse(pe,X,Y,50,50)
    Next
    s.Save("D:\ch8_2.gif",ImageFormat.Gif)
    Dim formGraphics As System.Drawing.Graphics
    formGraphics=Me.CreateGraphics()
    formGraphics.DrawImage(s,100,10)
    s.Dispose()
    formGraphics.Dispose()
    pe.Dispose()
End Sub
```

8.3.3 相关知识

1. System. Drawing 命名空间

.NET 中的绘图功能是通过 GDI＋来实现的,GDI＋(Graphics Device Interface)提供了一系列的类,具有强大的二维绘图功能。

命名空间 System. Drawing 提供对 GDI＋各种绘图功能强大的支持,该命名空间包含多种类、结构、枚举、接口和委托。表 8-11 中列出了该命名空间的部分重要成员。

表 8-11　System. Drawing 命名空间部分成员

类　别	名　　称	说　　明
类	Bitmap	用于处理由像素数据定义的图像
	Brush	定义填充图形形状(如矩形、椭圆、饼形、多边形和封闭路径)内部的对象
	Font	处理特定的文本格式,包括字体、字号和字形属性
	Graphics	提供 GDI＋主要的绘图功能
	Icon	用来处理 Windows 图标
	Image	为源自 Bitmap 和 Metafile 的类提供功能的抽象基类
	Pen	定义画笔对象
结构	Color	表示 ARGB 颜色
	Point	表示在二维平面中定义点的、整数 X 和 Y 坐标的有序对
	Rectangle	存储一组整数,共 4 个,表示一个矩形的位置和大小
	Size	存储一个有序整数对,通常为矩形的宽度和高度
枚举	FontStyle	指定应用到文本的字形信息
	Graphicchit	指定给定数据的度量单位
	KnownColor	指定已知的系统颜色

除了 System. Drawing 命名空间外,还有 System. Drawing. Drawing2D、System. Drawing. Imaging、System. Drawing. Design、System. Drawing. Printing 和 System. Drawing. Text 5 个命名空间提供了更高级的绘画功能。

2. Point 结构

Point 是 System. Drawing 命名空间中定义的一个结构,它描述了平面上一个点的状况。Point 结构的主要属性和方法如表 8-12 所示。

表 8-12　Point 结构对象的主要属性

类　别	名　　称	说　　明
属性	X	获取或设置此 Point 的 X 坐标
	Y	获取或设置此 Point 的 Y 坐标
方法	op_Equality	比较两个 Point 对象。此结果返回两个 Point 对象的 X 和 Y 属性值是否相等

具体示例如程序段 8-5 所示，该程序段不是一个完整程序，仅仅是个程序片段。

程序段 8-5

```
Dim p1 As New Point          '定义一个名为 p1 的点
Dim p2 As New Point          '定义一个名为 p2 的点
p1.X=100                     '令 p1 的横坐标给 100
p1.Y=50                      '令 p1 的纵坐标给 50
p2.X=100                     '令 p2 的横坐标给 100
p2.Y=0                       '令 p2 的纵坐标给 0
```

3. Color 结构

Color 是 System. Drawing 命名空间中定义的一个结构，它描述了颜色的状况。构成颜色有多种方法，可以通过系统已经定义好的 KnownColor 来获得，表 8-13 中阴影部分列出了以字母 A 开头的 KnownColor；也可以通过设置 ARGB 值来定义颜色，在这里 A 表示alpha，是指颜色的透明度，RGB 分别表示红、绿、蓝分量，Color 结构的主要属性和方法如表 8-13 所示。

表 8-13　Color 结构对象的主要属性和方法

类　别	名　称	说　明
属性	A	获取此颜色的 alpha 分量值
	B	获取此颜色的蓝色分量值
	G	获取此颜色的绿色分量值
	R	获取此颜色的红色分量值
	Name	获取此颜色的名称
	AliceBlue	将颜色设置为艾丽丝蓝
	AntiqueWhite	将颜色设置为古董白
	Aqua	将颜色设置为浅绿色
	Aquamarine	将颜色设置为碧绿色
	Azure	将颜色设置为天蓝色
方法	FromArgb	用 4 个 8 位分量 ARGB(alpha、红色、绿色和蓝色)来定义颜色
	FromKnownColor	用指定的预定义颜色创建来定义颜色
	FromName	用预定义颜色的指定名称来定义颜色
	GetBrightness	获取颜色的"色调-饱和度-亮度"(HSB) 的亮度值
	GetSaturation	获取颜色的"色调-饱和度-亮度"(HSB) 的饱和度值
	op_Equality	测试两个指定的 Color 结构是否等效

具体示例如程序段 8-6 所示,该程序段不是一个完整程序,仅仅是个程序片段。

程序段 8-6

```
Dim c As New Color()                  '定义一个名为 c 的颜色
c=Color.Green                         '令 c 为 Green 色
MsgBox(c.ToKnownColor.ToString())     '获得并输出 c 颜色的名称,输出结果为 Green
c=Color.FromArgb(100,255,0,0)         '以 ARGB 方式为 c 定义颜色
MsgBox(c.R)                           '获取并输出 c 的颜色的 R 分量,输出结果为 255
```

4. Pen 类

Pen 类用来定义画笔,主要属性和方法如表 8-14 所示。

表 8-14   Pen 类对象的主要属性和方法

类 别	名 称	说 明
属性	Color	获取或设置此 Pen 的颜色
	DashStyle	获取或设置用于通过此 Pen 绘制的虚线的样式,有 6 种样式可选,分别是 Custom、Dash、DashDot、DashDotDot、Dot 和 Solid
	PenType	获取用此 Pen 绘制的直线的样式
	Width	获取或设置此 Pen 的宽度
方法	Dispose	释放该 Pen 对象使用的所有资源

具体示例如程序段 8-7 所示,该程序段不是一个完整程序,仅仅是个程序片段。

程序段 8-7

```
Dim pe=New Pen(Color.Green)
                  '定义一个名为 pe 的 Pen 类对象,并令其颜色初值为 Color.Green
pe.Width=15                           '令 pe 的宽度为 15
pe.Color=Color.FromArgb(100,185,0,0)  '令 pe 对象的颜色值为 (100,185,0,0)
pe.DashStyle=System.Drawing.Drawing2D.DashStyle.DashDotDot
                  '令 pe 对象的线条样式为点划线
```

说明:若在程序开始时导入过 System. Drawing. Drawing2D 命名空间,则:

```
pe.DashStyle=System.Drawing.Drawing2D.DashStyle.DashDotDot
```

可以直接写作:

```
pe.DashStyle=DashStyle.DashDotDot
```

5. Bitmap 类

该类提供了对位图的处理的功能,主要属性方法如表 8-15 所示。

具体示例如程序段 8-8 所示,该程序段不是一个完整程序,仅仅是个程序片段。

表 8-15　Bitmap 类的主要属性和方法

类　别	名　　称	说　　明
属性	Height	获取此 Image 的高度(以像素为单位)
	HorizontalResolution	获取此 Image 的水平分辨率(以"像素/英寸"为单位)
	PhysicalDimension	获取此图像的宽度和高度
	PixelFormat	获取此 Image 的像素格式
	Size	获取此图像以像素为单位的宽度和高度
	VerticalResolution	获取此 Image 的垂直分辨率(以"像素/英寸"为单位)
方法	Save	将此图像以指定的格式保存到指定的流中
	FromFile	从指定的文件创建 Image
	Dispose	释放由 Image 使用的所有资源

程序段 8-8

```
Dim s As New Bitmap(150,200)        '定义一个名为 s,高为 200,宽为 150 的 Bitmap 类对象
MsgBox(s.PixelFormat.ToString())    '获取并输出 s 的像素格式
MsgBox(s.Size.ToString())           '获取并输出 s 的大小
MsgBox(s.HorizontalResolution)      '获取并输出 s 的水平分辨率
s.Save("f:\ch.jpeg",ImageFormat.Jpeg)  '将 s 以 jpeg 格式输出到"f:\ch.jpeg"文件中
```

6. Graphics 类

　　Graphics 类提供了丰富的绘图功能,程序设计者可以通过该类提供的方法来实现各种图形的绘制。表 8-16 中列出了 Graphic 类提供的部分常用方法和属性。

表 8-16　Graphic 类的主要方法和属性

类　别	名　　称	说　　明
属性	DpiX	获取 Graphics 的水平分辨率
	DpiY	获取 Graphics 的垂直分辨率
	CompositingQuality	获取或设置 Graphics 图像的质量等级,共有 6 个等级,分别是 Assume-Linear、Default、GammaCorrected、HighQuality、HighSpeed 和 Invalid
方法	Clear	清除整个绘图区并以指定背景色填充
	Dispose	释放由 Graphics 对象使用的所有资源
	DrawArc	绘制一段弧线,它表示由一对坐标、宽度和高度指定的椭圆部分
	DrawBezier	绘制由 4 个 Point 结构定义的贝塞尔样条
	DrawEllipse	绘制一个由边框(该边框由一对坐标、高度和宽度指定)定义的椭圆
	DrawLine	绘制一条连接由坐标对指定的两个点的线条

类　别	名　　称	说　　明
方法	DrawPie	绘制一个扇形,该形状由一个坐标对、宽度、高度以及两条射线所指定的椭圆定义
	DrawPolygon	绘制由一组 Point 结构定义的多边形
	DrawRectangle	绘制由坐标对、宽度和高度指定的矩形
	DrawString	在指定位置并且用指定的 Brush 和 Font 对象绘制指定的文本字符串
	FillClosedCurve	填充由 Point 结构数组定义的闭合基数样条曲线的内部
	FillEllipse	填充边框所定义的椭圆的内部,该边框由一对坐标、一个宽度和一个高度指定
	FillPie	填充由一对坐标、一个宽度、一个高度以及两条射线指定的椭圆所定义的扇形区的内部
	FillPolygon	填充 Point 结构指定的点数组所定义的多边形的内部
	FillRectangle	填充由一对坐标、一个宽度和一个高度指定的矩形的内部
	FillRectangles	填充由 Rectangle 结构指定的一系列矩形的内部
	FillRegion	填充 Region 的内部
	FromImage	从指定的 Image 创建新的 Graphics

具体示例如程序段 8-9 所示,该程序段不是一个完整程序,仅仅是个程序片段。

程序段 8-9

```
Dim p1 As New Point(100,0)          '定义一个名为 p1 的点,令其坐标为(100,0)
Dim p2 As New Point(0,100)          '定义一个名为 p2 的点,令其坐标为(0,100)
Dim c As New Color()                '定义一个名为 c 的 Color 对象
c=Color.Green                       '令 c 的值为 Green
Dim pe As New Pen(c,10)             '定义一个名为 pe 的画笔,令其颜色为 c,宽度为 10
Dim s As New Bitmap(100,100)        '定义一个名为 s 的位图图像
Dim g As Graphics=Graphics.FromImage(s)
                '由 s 图像创建一个名为 g 的 Graphics 对象,s 可视为是为 g 设置的绘图区域
g.Clear(Color.Blue)                 '清除整个绘图区并以 Blue 做背景填充
g.DrawLine(pe,p1,p2)                '在 g 绘图区中用 pe 画笔,在 p1,p2 两点间画线
g.DrawRectangle(pe,0,0,40,50)
          '在 g 绘图区中用 pe 画笔,以(0,0)为顶点,以 40 为高度,以 50 为宽度绘制一个矩形
g.FillRectangle(Brushes.Gold ,0,0,40,40)
              'Gold 色填充以(0,0)为顶点,以 40 为高度,以 50 为宽度的矩形
s.Save("D:\ch8_2.gif",ImageFormat.Gif)
          '将 s 以 ImageFormat.Gif 格式输出到 D 盘根目录下 ch8_2.gif 文件中
g.CompositingQuality=Drawing2D.DrawingCompositingQuality.GammaCorrected
                  '将 g 对象的质量设置为 GammaCorrected
```

8.4 任务 3：简单端口扫描器

8.4.1 要求和目的

1. 要求

建立如图 8-3 所示的程序，通过该程序可以对某目标计算机进行端口扫描，从而获得该计算机各端口的状况。

2. 目的

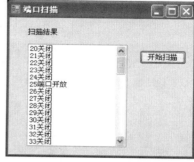

（1）了解 System. NET 命名空间的主要功能。

（2）了解 System. NET. Sockets 命名空间的主要功能。

（3）学习 TcpClient 类的主要方法和属性。

（4）学习 Dns 类的主要方法和属性。

8.4.2 操作步骤

图 8-3 简单端口扫描器示例

1. 建立界面

新建一个名为 ch8_3 的 Windows 窗体应用程序，将默认窗体文件名由 Form1 改为 ch8_3。

如图 8-3 所示，将一个 Label 控件、一个 ListBox 控件和一个 Button 控件置入窗体中。将 Label 控件的 Text 属性设置为"扫描结果"，将 Button 控件的 Text 属性设置为"开始扫描"。

至此，建立了如图 8-3 所示的界面。

2. 编写代码

本例中需为命令按钮编写代码，双击命令按钮，切换到 ch8_3. vb 文件中，进入代码编写环境，具体代码如程序段 8-10 和程序段 8-11 所示。

在本程序段中检测某一个端口是否开放是通过调用 TcpConnect()函数来实现的，该函数是由用户自己定义的，具体代码如程序段 8-10 所示。

程序段 8-10

```
Public Function TcpConnect(ByVal IP As String,ByVal port As Integer) As Boolean
    Dim t As New TcpClient()
    Try
        t.Connect(IP,port)
        If(t.Connected)Then
            Return True
        Else
```

```
            Return False
        End If
    Catch
        Return False
    Finally
        t.Close()
    End Try
End Function
```

程序段 8-11 的功能是扫描 127.0.0.1 主机的 20 号到 80 号端口,将端口的状况显示在列表框中,127.0.0.1 是特殊 IP 地址,表示本机,有关 IP 地址方案详细的内容读者可参见文献[1]。

程序段 8-11

```
Protected Sub Button1_Click(ByVal sender As Object,ByVal e As _
System.EventArgs) Handles Button1.Click
    Dim i As Integer
    For i=20 To80
        If(TcpConnect("127.0.0.1",i))Then
            ListBox1.Items.Add(i.ToString()+"端口开放")
        Else
            ListBox1.Items.Add(i.ToString()+"关闭")
        End If
    Next
End Sub
```

3. 导入命名空间

在本例中需要导入相应的命名空间,如程序段 8-12 中阴影部分所示。在程序段 8-12 中可以看到程序段 8-10 和程序段 8-11 两者的关系。

程序段 8-12

```
Imports System.Net
Imports System.Net.Sockets

Public Class sun8_3

    Public Function TcpConnect ...

    Private Sub Button1_Click ...

End Class
```

8.4.3　相关知识

1. System. NET 命名空间

System. NET 命名空间包含了一系列的类、接口、枚举、委托,提供了强大的网络功能。表 8-17 中列出了该命名空间的部分成员。

表 8-17　System. NET 命名空间的主要成员

类　别	名　　称	说　　明
类	Authorization	包含 Internet 服务器的身份验证消息
	Dns	提供简单的域名解析功能
	FileWebRequest	提供 WebRequest 类的文件系统实现
	FtpWebRequest	实现文件传输协议（FTP）客户端
	HttpListener	提供一个简单的、可通过编程方式控制的 HTTP 协议侦听器
	HttpWebRequest	提供 WebRequest 类的 HTTP 特定的实现
	IPAddress	提供 IP 地址
	WebClient	提供向 URI 标识的资源发送数据和从 URI 标识的资源接收数据的公共方法
	WebException	通过可插接协议访问网络期间出错时引发的异常
	WebProxy	包含 WebRequest 类的 HTTP 代理设置
	WebRequest	发出对统一资源标识符（URI）的请求
枚举	FtpStatusCode	指定为文件传输协议（FTP）操作返回的状态代码
	HttpStatusCode	包含为 HTTP 定义的状态代码的值
	NetworkAccess	指定网络访问权限
	SecurityProtocolType	指定 Schannel 安全包支持的安全协议

2. System. NET. Sockets 命名空间

System. NET. Sockets 命名空间包含了一系列和套接字相关的类、结构、枚举。表 8-18 中列出了该命名空间的部分成员。

表 8-18　System. NET. Sockets 命名空间的主要成员

类　别	名　　称	说　　明
类	IrDAClient	为红外连接提供连接服务
	IrDAListener	将套接字置于侦听状态，以监视来自指定服务或网络地址的红外连接
	NetworkStream	提供用于网络访问的基础数据流
	Socket	实现 Berkeley 套接字接口
	SocketException	发生套接字错误时引发的异常
	TcpClient	为 TCP 网络服务提供客户端连接
	TcpListener	从 TCP 网络客户端侦听连接
	UdpClient	提供用户数据报（UDP）网络服务

类　别	名　　称	说　　明
枚举	AddressFamily	指定 Socket 类的实例可以使用的寻址方案
	ProtocolFamily	指定 Socket 类的实例可以使用的协议类型
	ProtocolType	指定 Socket 类支持的协议
	SocketError	定义 Socket 类的错误代码
	SocketType	指定 Socket 类的实例表示的套接字类型
	IrDAClient	为红外连接提供连接服务

3. TcpClient 类

表 8-19 列出了 TcpClient 类的主要属性和方法。

表 8-19　TcpClient 类的主要属性和方法

类　别	名　　称	说　　明
属性	Available	获取已经从网络接收且可供读取的数据量
	Client	获取或设置基础 Socket
	Connected	获取一个值,该值指示 TcpClient 的基础 Socket 是否已连接到远程主机
	ExclusiveAddressUse	获取或设置 Boolean 值,该值指定 TcpClient 是否只允许一个客户端使用端口
	LingerState	获取或设置有关套接字逗留时间的信息
	NoDelay	获取或设置一个值,该值在发送或接收缓冲区未满时禁用延迟
	ReceiveBufferSize	获取或设置接收缓冲区的大小
	ReceiveTimeout	获取或设置 TcpClient 接收超时的时间
	SendBufferSize	获取或设置发送缓冲区的大小
	SendTimeout	获取或设置 TcpClient 发送超时的时间
	Active	获取或设置一个值,该值指示是否已建立连接
方法	Close	释放此 TcpClient 实例,不关闭基础连接
	Connect	使用指定的主机名和端口号将客户端连接到 TCP 主机
	Dispose	释放由 TcpClient 占用的非托管资源

具体示例如程序段 8-13 所示,该程序段不是一个完整程序,仅仅是个程序片段。

程序段 8-13

```
Dim t As New TcpClient()           '定义一个名为 t 的 TcpClient 对象
t.Connect("127.0.0.1",25)          '使用 t 对象和 127.0.0.1 的 25 号端口发起 TCP 连接
MsgBox(t.Client.Ttl)               '获取并输出 t 对象建立连接的 Ttl
```

```
MsgBox(t.Client.ProtocolType.ToString())    '获取并输出连接使用的协议名称
MsgBox(t.SendBufferSize)                     '获取并输出发送缓冲区的大小
MsgBox(t.Connected)                          '输出是否连接成功
```

4．Dns 类

表 8-20 列出了 Dns 类的主要方法。

表 8-20　Dns 类的主要方法

类　别	名　　称	说　　明
方法	GetHostAddresses	返回指定主机的 IP 地址
	GetHostByAddress	获取 IP 地址的 DNS 主机信息
	GetHostByName	获取指定 DNS 主机名的 DNS 信息
	GetHostEntry	将主机名或 IP 地址解析为 IPHostEntry 实例
	GetHostName	获取本地计算机的主机名

例如：

```
MsgBox(Dns.GetHostEntry("www.btbu.edu.cn").AddressList(0).ToString())
                                             '将域名解析为 IP 地址并输出
MsgBox(Dns.GetHostName())                    '获得本地主机的主机名
```

8.5　任务 4：简单邮件发送系统

8.5.1　要求和目的

1．要求

建立如图 8-4 所示的界面，通过该界面可以实现简单的邮件发送功能，具体要求如下：

- 界面中包含收件人、邮件主题、抄送和内容 4 个项目。
- 能发送附件。

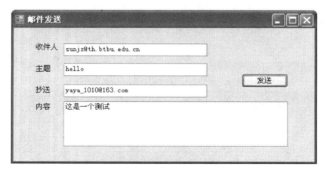

图 8-4　简单邮件发送示例

2. 目的

（1）学习 System. NET. Mail 命名空间的基本功能。

（2）学习 MailMessage 类的主要方法和属性。

（3）学习 Attachment 类的主要方法和属性。

（4）学习 SmtpClient 类的主要方法和属性。

8.5.2 操作步骤

1. 建立界面

新建一个名为 ch8_4 的 Windows 窗体应用程序，将默认窗体文件名由 Form1 改为 ch8_4。

将 4 个 Label 控件、4 个 TextBox 控件和 1 个 Button 控件置于窗体中。

将 Label 控件的 Text 属性分别改为"收件人"、"主题"、"抄送"和"内容"，并将 Button 控件的 Text 属性改为"发送"，将 TextBox4 控件的 TextMode 属性改为 MultiLine。

至此，建立了如图 8-4 所示的界面。

2. 编写代码

本例中仅需为名为"发送"的命令按钮编写代码，双击该命令按钮，切换到 ch8_4. vb 文件中，即进入代码编写环境，具体代码如程序段 8-14 所示。

除程序段 8-14 所示的代码外，还需导入如下命名空间：

```
Imports System.NET
Imports System.NET.Mail
```

程序段 8-14

```
Private Sub Button1_Click(ByVal sender As System.Object,ByVal e As _
System.EventArgs) Handles Button1.Click
    Dim m As New MailMessage()
    Dim f As New MailAddress("chjz@ th.btbu.edu.cn")
    Dim AttaFile As New Attachment("D:\ch.txt")
    Dim c As New SmtpClient("mail.btbu.edu.cn")
    m.From=f
    m.Body=TextBox4.Text
    m.To.Add(TextBox1.Text)
    m.Subject=TextBox2.Text
    m.CC.Add(TextBox3.Text)
    m.Attachments.Add(AttaFile)
    c.Credentials=CredentialCache.DefaultNetworkCredentials
    c.Send(m)
    MsgBox("发送成功")
End Sub
```

8.5.3 相关知识

1. System. NET. Mail 命名空间

System. NET. Mail 命名空间提供了发送邮件的基本功能,该命名空间包含用于将电子邮件发送到简单邮件传输协议（SMTP）服务器所需的所有的类,表 8-21 列出了 System. NET. Mail命名空间成员。

表 8-21　System. NET. Mail 命名空间成员

类　别	名　　称	说　　明
类	Attachment	表示电子邮件的附件
	AttachmentCollection	存储将作为电子邮件的一部分发送的附件
	LinkedResource	表示电子邮件附件中嵌入的外部资源,如 HTML 附件中的图像
	LinkedResourceCollection	存储将作为电子邮件的一部分发送的链接资源
	MailAddress	表示电子邮件发件人或收件人的地址
	MailAddressCollection	存储与电子邮件关联的电子邮件地址
	MailMessage	表示可以使用 SmtpClient 类发送的电子邮件
	SmtpClient	允许应用程序使用简单邮件传输协议（SMTP）来发送电子邮件
枚举	MailPriority	指定 MailMessage 的优先级
	SmtpStatusCode	指定使用 SmtpClient 类发送电子邮件的结果

要成功发送一个邮件需涉及 MailMessage 类,该类用来定义邮件,包括内容、主题、收发件人等信息。要使用 MailAddress 类,该类用来定义收发件人的地址。还需涉及 SmtpClient 类,该类来发送由 MailMessage 类定义好的邮件,若有附件还需使用 Attachment 类。

2. MailMessage 类

表 8-22 列出了 MailMessage 类的主要属性。

表 8-22　MailMessage 类的主要属性

类　别	名　　称	说　　明
属性	Attachments	指定随电子邮件一起传送的附件集合
	Bcc	获取或设置以分号分隔的电子邮件地址列表,这些地址接收电子邮件的匿名副本(BCC),即常说的密送或暗送
	Body	获取或设置电子邮件的正文
	BodyEncoding	获取或设置电子邮件正文的编码类型
	BodyFormat	获取或设置电子邮件正文的内容类型
	CC	获取或设置以分号分隔的电子邮件地址列表,这些地址接收电子邮件的抄送副本(CC)

类 别	名 称	说 明
属性	From	获取或设置发件人的电子邮件地址
	Headers	指定随电子邮件一起传输的自定义标头
	Priority	获取或设置电子邮件的优先级
	Subject	获取或设置电子邮件的主题
	To	获取或设置以分号分隔的收件人电子邮件地址列表

3. Attachment 类

Attachment 类用来定义邮件的附件，要和 MailMessage 类配合使用，其主要属性如表 8-23 所示。

表 8-23 **Attachment 类的主要属性**

类 别	名 称	说 明
属性	ContentDisposition	获取附件内容的 MIME 描述
	ContentType	获取邮件附件内容的类型
	TransferEncoding	获取或指定邮件附件的编码类型

例如：

```
Dim m As New MailMessage()    '定义一个名为 m 的 MailMessage 对象,可将 m 视为一个邮件
Dim mya As New Attachment("D:\ch.txt")
                              '定义了一个名为 mya 的附件,附件的文件名为"D:\ch.txt"
m.Attachments.Add(mya)        '将 mya 附件附加到邮件 m 上
```

4. SmtpClient 类

SmtpClient 类提供将电子邮件传输到指定用于邮件传送的 SMTP 服务器的一系列属性和方法，其功能和 System. Web. Mail 命名空间中的 SmtpMail 类类似，其主要属性和方法如表 8-24 所示。

表 8-24 **SmtpClient 类的主要属性**

类 别	名 称	说 明
构造函数	SmtpClient	初始化 SmtpClient 类的新实例
属性	Credentials	验证发件人身份
	DeliveryMethod	指定如何处理待发的电子邮件
	EnableSsl	指定 SmtpClient 是否使用安全套接字层（SSL）加密连接
	Host	获取或设置 SMTP 服务器名称或 IP 地址
	Port	获取或设置 SMTP 服务器端口
方法	Send	将电子邮件发送到 SMTP 服务器

说明：收发邮件使用不同的协议，收邮件通常使用 POP3 协议，发邮件通常使用 SMTP 协议，每个信箱都有一个收邮件服务器和一个发邮件服务器，服务器的名称需要向提供邮件的服务商查询，如 163 的电子信箱可在 www.163.com 网站查询。有关邮件相关协议，邮件格式规范的内容读者可参见文献[1]。

具体示例如程序段 8-15 所示，该程序段不是一个完整程序，仅仅是个程序片段。

程序段 8-15

```
Dim m As New MailMessage()        '定义一个名为 m 的 MailMessage 对象,可将 m 视为一个邮件
Dim mySmtp=New SmtpClient("smtp.163.com",25)
                       '定义了一个名为 mySmtp 的 SmtpClient 对象,可视为定义了一个邮件服务器
mySmtp.Credentials=new NetworkCredential("yaya_1010","ch1999")
                                              '验证发件人身份
m.To.Add(new MailAddress("chjz@ th.btbu.edu.cn"))   '定义收件人地址
m.From=new MailAddress("yaya_1010@ 163.com")        '定义发件人地址
m.Subject="hello"                                   '定义邮件主题
m.Body="大家好"                                     '定义邮件内容
mySmtp.Credentials=CredentialCache.DefaultNetworkCredentials   '提供一个验证
mySmtp.Send(m)                     '通过 mySmtp 服务器将 m 邮件发出
```

8.6   任务 5：多线程应用

8.6.1   要求和目的

1. 要求

建立如图 8-5 所示的界面，编程演示多线程执行的基本方法。

2. 目的

（1）学习多线程的基本概念。

（2）了解多线程程序的特点和基本使用方法。

（3）了解 System.Threading 命名空间的主要功能及基本使用方法。

图 8-5   多线程应用示例

（4）学习 Thread 类的主要方法和属性。

8.6.2   操作步骤

1. 建立界面

新建一个名为 ch8_5 的 Windows 窗体应用程序后，将默认窗体文件名由 Form1 改为 ch8_5，将窗体 text 属性改为"多线程示例"；添加一个 Button 控件，将其 Text 属性改为"开始执行"，即建立如图 8-5 所示的界面。

2. 编写代码

本例需为命令按钮编写代码，双击"开始执行"按钮，切换到 ch8_5.vb 文件中，即进入

代码编写环境,具体代码如程序段 8-16 所示。

程序段 8-16

```
Imports System.Threading
Public Class ch8_5
    Shared s As String                          '创建一个共享类型的变量
    Public Sub ThreadProc()
        Dim i As Integer
        For i=0 To 9
            s=s+i.ToString()
            Thread.Sleep(50)
        Next
    End Sub
    Private Sub Button1_Click(ByVal sender As System.Object,ByVal e As _
    System.EventArgs)Handles Button1.Click
        Dim i As Integer
        Dim t As New Thread(New ThreadStart(AddressOf ThreadProc))
        t.Start()
        For i=0 To 9
            s=s+Convert.ToChar(65+i)
            Thread.Sleep(100)
        Next
        MsgBox(s)
    End Sub
End Class
```

3. 执行说明

如程序段 8-16 所示,其代码分为两个部分,分别是 Button1_Click() 程序段和 ThreadProc() 程序段,当 Button1 单击事件发生后,Button1_Click() 程序段即开始执行,在执行过程中又创建了一个新的线程,从而实现了多线程执行,执行结果如图 8-6 所示。

图 8-6 多线程示例执行结果

假设上述两个程序段是分别单独执行的,则 Button1_Click() 程序段中 For 语句应该输出 ABCDEFGHIJ,而 ThreadProc() 程序段中 For 语句应该输出 0123456789。

而本例的执行后输出结果为 A0123C45D67E89FGHIJ,可见两个程序段不是以传统的方式执行完一个后再执行另一个,而是以多线程方式同时执行的。

需要说明的是,在多线程程序执行过程中两个线程会争用系统资源,使程序执行具有一定随机性,即同一个程序执行两次可能会得到不同的结果。如再次执行上述程序,其结果为 A01B23C4D56E78F9GHIJ,这个结果与上次不同。

8.6.3 相关知识

多线程技术在程序设计中有着广泛的应用,采用多线程技术在许多情况下可极大地加快处理速度,如采用多线程进行端口扫描,即可大大加快扫描速度。鉴于此,本节将多线程的基本方法、概念作个简单介绍。

1. 多线程的基本概念

1) 程序、进程和线程

程序是一段静态的代码,是应用软件执行的蓝本。

进程是程序在某个数据集上的一次执行过程。进程是一个动态的实体,它有自己的生命周期,有产生、运行、等待、撤销等状态。进程和程序并不是一一对应的,一个程序在不同的数据集上执行就成为不同的进程。

一个进程可以由多个线程组成,线程是进程中的一个执行流,每个线程也有其自身的产生、存在和消亡过程,也是一个动态的概念。每个进程都有自己的专有寄存器,但线程间可以共享相同的内存单元(包括代码和数据),并可利用这些单元来实现数据交换、实时通信以及必要的同步操作。

2) 多线程

和多线程对应的概念是单线程,即一个程序只有一条从头到尾的执行路线,本节前面的示例均属此类。在实际应用中,在许多情况下,单线程方式显然不是最佳方案。以任务 3 中端口扫描为例,在扫描某一段端口时,若有几个执行体同时扫描不同的端口,扫描结束后汇总结果,显然会大大加快程序运行的速度。

多线程是指一个进程中同时存在多个执行体,按多条不同的线路执行,并协同完成工作的情况。

对多线程的支持是.NET 的重要特点之一。

3) 多线程的优劣

多线程可以提高 CPU 的利用率,在多线程程序中,一个线程等待其他资源的时候,CPU 可以运行其他的线程而不是等待,这样就大大提高了程序总体的运行速度。

但多线程也有一些缺点,主要表现在如下几个方面:

- 线程也需要占用内存,线程越多占用内存也越多。
- 多线程间需要协调和管理,需要开销额外的 CPU 时间跟踪、管理线程。
- 线程之间对共享资源的访问会相互影响,需解决争用共享资源的问题。
- 线程太多会导致控制过于复杂,并因此在软件中留下隐患。

2. System. Threading 命名空间

System. Threading 命名空间提供了和多线程相关的类、枚举、接口和委托等。表 8-25 给出了该命名空间的部分成员。

表 8-25 **System. Threading 命名空间部分成员**

类 别	名 称	说 明
类	ReaderWriterLock	定义支持单个写线程和多个读线程的锁
	Semaphore	限制可同时访问某一资源或资源池的线程数
	Thread	创建并控制线程,设置其优先级并获取其状态
	ThreadPool	提供一个线程池,该线程池可用于发送工作项、处理异步 I/O、代表其他线程等待以及处理计时器
	ThreadStateException	当 Thread 处于对方法调用无效的 ThreadState 时引发的异常
委托	ThreadStart	表示在 Thread 上执行的方法
枚举	ThreadPriority	指定 Thread 的调度优先级
	ThreadState	指定 Thread 的执行状态

3. Thread 类

Thread 类提供了多线程处理的一般方法,其主要属性和方法如表 8-26 所示。

表 8-26 **Thread 类的主要属性和方法**

类 别	名 称	说 明
构造函数	Thread	创建 Thread 类的新实例
属性	CurrentThread	获取当前正在运行的线程
	IsAlive	获取一个值,该值指示当前线程的执行状态
	IsBackground	获取或设置一个值,该值指示某个线程是否为后台线程
	IsThreadPoolThread	获取一个值,该值指示线程是否属于托管线程池
	Name	获取或设置线程的名称
	Priority	获取或设置一个值,该值指示线程的调度优先级
	ThreadState	获取一个值,该值包含当前线程的状态
方法	Abort	在调用此方法的线程上引发 ThreadAbortException,开始终止此线程的过程。调用此方法通常会终止线程
	Join	阻止调用线程,直到某个线程终止时为止
	ResetAbort	取消为当前线程请求的 Abort
	Resume	恢复已挂起的线程
	Sleep	将当前线程阻止指定的毫秒数
	SpinWait	导致线程等待由 iterations 参数定义的时间量
	Start	使线程被安排进行执行
	Suspend	挂起线程,或者如果线程已挂起,则不起作用

具体示例如程序段 8-17 所示,该程序段不是一个完整程序,仅仅是个程序片段。

程序段 8-17

```
Dim t As New Thread(New ThreadStart(AddressOf ThreadProc))
              '定义了一个以函数 ThreadProc()为执行蓝本的 Thread 类对象,即定义了一个线程
t.Start()                  '启动了线程
MsgBox(t.ThreadState)      '获取线程的状态并输出
t.Suspend()               '将线程挂起,以后还可恢复
Thread.Sleep(100)         '暂停当前线程 100 毫秒,以便其他线程获得资源
t.Resume()                '恢复已挂起的线程
```

4. 线程的状态

一个线程一旦被创建,它就至少处于其中一个状态中,直到终止。System. Threading 命名空间提供了 ThreadState 枚举值类型为线程定义了一组可能的状态。ThreadState 枚举值类型的成员如表 8-27 所示。

表 8-27　**ThreadState 枚举值类型成员**

类　别	名　　称	说　　明
成员	Aborted	线程处于 Stopped 状态中
	AbortRequested	已对线程调用了 Thread. Abort 方法,但线程尚未收到试图终止它的挂起的 System. Threading. ThreadAbortException
	Background	线程正作为后台线程执行(相对于前台线程而言)。此状态可以通过设置 Thread. IsBackground 属性来控制
	Running	线程已启动,它未被阻塞,并且没有挂起的 ThreadAbortException
	Stopped	线程已停止
	StopRequested	正在请求线程停止
	Suspended	线程已挂起
	SuspendRequested	正在请求线程挂起
	Unstarted	尚未对线程调用 Thread. Start 方法
	WaitSleepJoin	由于调用 Wait、Sleep 或 Join,线程已被阻止

一个进程的状态可能会因为调度而发生改变,程序段 8-18 演示了进程状态因进程调度而发生改变的情况。

将程序段 8-16 中阴影部分程序段改造为程序段 8-18,该程序段中有 4 个 MsgBox (t. ThreadState+",")语句,作用是分别在 3 种情况下输出了线程 t 的状态。

执行结果为: Unstarted,Running, SuspendRequested,Running,A01B23C45D67E89FGHIJ, 可见线程的状态因为调度的发生而发生了变化。

程序段 8-18

```
Protected Sub Button1_Click(ByVal sender As Object,ByVal e As _
System.EventArgs) Handles Button1.Click
```

```
        Dim i As Integer
        Dim t As New Thread(New ThreadStart(AddressOf ThreadProc))
        MsgBox(t.ThreadState+",")
        t.Start()
        MsgBox(t.ThreadState+",")
        t.Suspend()
        MsgBox(t.ThreadState+",")
        t.Resume()
        MsgBox(t.ThreadState+",")
        For i=0 To 9
            s=s+Convert.ToChar(65+i)
            Thread.Sleep(100)
        Next
    End Sub
```

5. 线程的优先级

系统会根据线程的优先级调度线程的执行。线程优先级是指一个线程相对于另一个线程的优先级。System. Threading 命名空间提供了 ThreadPriority 枚举值类型，该枚举值类型为线程定义了一组可能的优先级，表 8-28 列出了 ThreadPriority 枚举值类型成员。

表 8-28   ThreadPriority 枚举值类型成员

类　别	名　　称	说　　明
成员	AboveNormal	将线程置于具有 Highest 优先级的线程之后，Normal 优先级的线程之前
	BelowNormal	将线程置于具有 Normal 优先级的线程之后，Lowest 优先级的线程之前
	Highest	将线程置于所有线程之前
	Lowest	将线程置于所有线程之后
	Normal	将线程置于具有 AboveNormal 优先级的线程之后，具有 BelowNormal 优先级的线程之前。默认情况下，线程的优先级为 Normal

每个线程都有一个默认的优先级，也可以通过线程的 Priority 属性来获取和设置其优先级。

一个线程的优先级不影响该线程的状态；线程只有在状态为 Running 时，系统才会根据优先级调度该线程。

8.7   任务 6：文件加密

8.7.1   要求和目的

1. 要求

建立如图 8-7 所示的界面，完成对指定文件的加密，具体要求如下：
- 通过图 8-7 所示的界面获取被加密文件名及加密后的文件名。

- 使用 DES 加密算法对文件加密。
- 加密同时输出密钥。

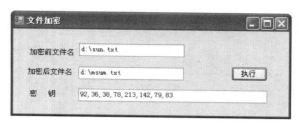

图 8-7　文件加密

2. 目的

（1）了解数据加密的基本概念、方法。

（2）学习 System.Security.Cryptography 命名空间的主要功能及基本使用方法。

（3）学习 DES 类的主要方法和属性。

8.7.2　操作步骤

1. 建立界面

新建一个名为 ch8_6 的 Windows 窗体应用程序，将默认窗体文件名由 Form1 改为 ch8_6。添加 3 个 Label 控件、3 个 TextBox 控件和 1 个 Button 控件，将 Label 控件的属性分别改为"加密前文件名"、"加密后文件名"和"密钥"，将 Button 的 Text 属性改为"执行"，将窗体的 Text 属性改为"文件加密"，即建立了如图 8-7 所示的界面。

2. 编写代码

本例中首先需要引入如下命名空间：

```
Imports System.IO
Imports System.Security.Cryptography
```

本例中需为命令按钮编写代码，双击"执行"按钮，切换到 ch8_6.vb 文件中，即进入代码编写环境，具体代码如程序段 8-19 所示。

程序段 8-19

```
Protected Sub Button1_Click(ByVal sender As Object,ByVal e As _
  System.EventArgs) Handles Button1.Click
    Dim i As Integer
    Dim fin As New FileStream(TextBox1.Text,FileMode.Open,FileAccess.Read)
          '打开要加密的文件,文件名从 TextBox1.Text 中获得,指定对文件的操作模式和方法
    Dim fout As New FileStream(TextBox2.Text,FileMode.OpenOrCreate,FileAccess.Write)
          '打开输出文件,文件名从 TextBox2.Text 中获得,指定对文件的操作模式和方法
    fout.SetLength(0)                     '将输出文件的长度置为 0
    Dim bin(100) As Byte                  '创建一个缓冲区
    Dim rdlen As Long                     '已经写入的总字节数
```

```
rdlen=0
Dim totlen As Long                                    '源文件的总字节数
totlen=fin.Length
Dim len As Integer                                    '一次写入的字节数
Dim des As New DESCryptoServiceProvider()             '定义 1 个 DES 对象
TextBox3.Text=des.Key(0).ToString()                   '将密钥的第 1 个字节显示出来
For i=1 To 7                                           '将密钥的后 7 个字节显示出来
    TextBox3.Text=TextBox3.Text+","+des.Key(i).ToString()
Next
Dim encStream As New CryptoStream(fout,des.CreateEncryptor(), _
CryptoStreamMode.Write)                               '创建一个加密数据流
Do While (rdlen <  totlen)                            '循环从源文件中读出数据加密后写到输入文件中
    len=fin.Read(bin,0,100)
    encStream.Write(bin,0,len)                        '将 bin 中的长度为 lan 的数据写入加密流中
    rdlen=rdlen+len
Loop
encStream.Close()                                     '关闭加密数据流
fout.Close()                                          '关闭输出文件
fin.Close()                                           '关闭输入文件
End Sub
```

8.7.3 相关知识

1. 数据加密的基本概念

通信和数据传输加密有着非常久远的历史,在古希腊时代加密技术就开始被使用,二战后随着计算机技术的发展而得到了快速的发展,逐渐发展成为一个独立的学科,形成了成熟、多样的加密算法。

加密技术分为两大类,即对称加密和非对称加密。

1) 对称加密技术

在对称加密技术中,对信息的加密和解密都使用相同的密钥,形象地说就是说一把钥匙开一把锁。这种加密方法可简化加密处理过程,信息交换双方都不必彼此研究和交换专用的加密算法。如果在交换阶段密钥未曾泄露,那么被加密对象的机密性和报文完整性就可以得以保证。

对称加密技术存在一些不足,首先是如何将密钥传递给对方的问题;还有如果信息交换一方有 N 个交换对象,那么他就要维护 N 个密钥;对称加密存在的另一个问题是双方共享一把密钥,信息交换双方的任何信息都是通过这把密钥加密后传送给对方的,无法通过密钥实现身份认证。

2) 非对称加密技术

在非对称加密体系中,密钥被分解为公开密钥和私有密钥。这对密钥中任何一把都可以作为公开密钥,也称加密密钥,可向他人公开,而另一把作为私有密钥,也称解密密钥,不可公开。公开密钥用于加密,私有密钥用于解密。

非对称加密方式可使通信双方无须事先交换密钥就建立安全通信；若用私有密钥加密，用公开密钥解密，即可实现身份认证。非对称加密技术广泛应用于信息加密、身份认证、数字签名等信息交换领域。最具有代表性是 RSA 公钥密码体制。

2. 主要加密算法

下面将常用的加密算法作一个简要介绍：

1）DES 加密算法

DES(Data Encryption Standard)是典型的对称密钥加密算法，由 IBM 公司在 20 世纪 70 年代发展起来的，1976 年 11 月开始被美国政府采用，随后被 ANSI 承认。

DES 是一种对二元数据进行加密的算法，数据分组长度为 64 位，密文分组长度也是 64 位。使用的密钥为 64 位，其中有 8 位用于奇偶校验，有效密钥长度为 56 位。解密时的过程和加密时相似，但密钥的顺序正好相反。

DES 的整个加密方法是公开的，系统的安全性完全靠密钥的保密。

2）Triple DES 加密算法

Triple DES 加密算法是在 DES 公布之后，人们发现了 DES 越来越多的弱点，在 DES 面临越来越多的攻击的情况下，提出的强化 DES 抗攻击能力的方法。

DES 算法密钥长度是 56 位，密钥量只有 2^{56} 约为 10^{17} 个，不足以抵御穷举式攻击，如 1999 年 1 月 RSA 数据安全会议期间，电子前沿基金会(EFF)用 22 小时 15 分钟即宣告破解了一个 DES 的密钥。

Triple DES 加密算法使用 3 个不同的密钥对数据块进行 3 次加密，Triple DES 的强度大约和 112 位的密钥强度相当。

到目前为止，还没有人给出攻击 Triple DES 的有效方法。若对其密钥空间中密钥进行直接穷举式搜索，由于空间太大，实际上是不可行。

3）IDEA 加密算法

IDEA(International Data Encryption Algorithm)是 1990 年由瑞士联邦技术学院 X. J. Lai 和 Massey 提出的加密算法，也是对 64bit 大小的数据块加密的分组加密算法，密钥长度为 128 位，它是基于"相异代数群上的混合运算"设计思想的算法，用硬件和软件实现都很容易。

4）RC5 加密算法

RC5 加密算法是由 RSA 公司的首席科学家 Ron Rivest 于 1994 年设计，1995 年正式公开的，是一种分组长可变，加密的轮数可变，密钥长度可变的分组迭代加密算法，RC5 有 3 个参数：

（1）w：表示字长，RC5 加密两字长分组，可用值为 16、32、64。

（2）r：表示轮数，可用值为 0，1，…，255。

（3）b：表示密钥 K 的字节数，可用值为 0，1，…，255。

表示方式为 RC5-w/r/b，Rivest 建议使用的标准 RC5 为 RC5-32/12/16。

RC5 自 1995 年公布以来，尽管一些理论文章分析出 RC5 的一些弱点，但至今还没有发现有效的实际攻击手段。

3. System. Security. Cryptography 命名空间

该命名空间提供加密服务,包括与各种加密算法以及散列法、随机数字生成和消息身份验证相关的类、结构和枚举值。表 8-29 中列出了该命名空间的部分成员。

表 8-29　System. Security. Cryptography 命名空间的部分成员

类　别	名　称	说　明
	CryptoStream	定义将数据流链接到加密转换的流
	DES	DES 加密算法相关操作
	DESCryptoServiceProvider	定义访问 DES 算法的加密服务提供程序
类	DSA	数字签名算法(DSA)相关操作
	MD5	表示 MD5 哈希算法相关操作
	RSA	RSA 加密算法相关操作
	TripleDES	TripleDES 加密算法相关操作

4. DES 类

DES 类提供了使用 DES 算法加密的所需的一系列方法、属性,其主要属性、方法如表 8-30 所示。

表 8-30　DES 类的主要属性和方法

类　别	名　称	说　明
构造函数	DES	初始化 DES 的新实例
属性	IV	获取或设置对称算法的初始化向量
	Key	获取或设置数据加密标准(DES)算法的机密密钥
	Create	创建加密对象的实例以执行数据加密标准(DES)算法
	CreateDecryptor	创建对称解密器对象
	CreateEncryptor	创建对称加密器对象
方法	GenerateIV	生成用于该算法的随机初始化向量(IV)
	GenerateKey	生成用于该算法的随机密钥(Key)
	IsSemiWeakKey	确定指定的密钥是否为半弱密钥

说明:可以通过 DES 对象的 Key 属性获得或设置加密算法的密钥,Key 属性 8 字节长,存放在一个 byte 类型的数组中,DES 对象的 Key 属性可以由加密用户来设置,也可以随机生成。

5. CryptoStream 类

CryptoStream 类提供了创建一个加密数据流所需的一系列方法、属性,其主要属性、方法如表 8-31 所示。

表 8-31　CryptoStream 类的主要属性和方法

类　别	名　称	说　明
构造函数	CryptoStream	初始化 CryptoStream 类的新实例
属性	CanRead	获取一个值,该值指示当前的 CryptoStream 是否可读
	CanWrite	获取一个值,该值指示当前的 CryptoStream 是否可写
	Length	获取用字节表示的流长度
	Position	获取或设置当前流中的位置
方法	Clear	释放由 CryptoStream 使用的所有资源
	Close	关闭当前流并释放与之关联的所有资源
	Flush	清除该流的所有缓冲区,令缓冲区所有数据都写入到相应设备中
	Read	从当前流中读取字节序列
	SetLength	设置当前流的长度
	Write	将一个字节序列写入当前流中

8.8　小　　结

本章的重点是介绍.NET 类库,通过 6 个任务介绍了几个常用命名空间,以及其所包含的类、结构和枚举值。涉及数学运算、时间日期处理、字符串处理、数据类型转换、绘图相关操作、网络相关操作、邮件相关操作、多线程以及数据加密等。

.NET 有非常丰富的类库,在此难以一一列举,希望读者能通过本章的学习,举一反三,掌握.NET 类库的特点和一般的使用方法。本章重点的内容是各个类所包含的属性和方法。

8.9　作　　业

(1) 完善小学生算术测验题。

在任务 1 程序段 8-1 中存在若干缺陷,如乘法时两个参与运算的数过大,做除法时会出现小数,但本例不能处理小数,减法时会出现负数,提交时只能对加法运算做出正确的判断,请完善程序段 8-1,解决上述问题。

(2) 绘制奥运五环图案。

绘制一个奥运五环图案,显示到屏幕上,同时将图案以文件的形式保存到磁盘中。

(3) 实现域名解析。

建立界面,能实现输入域名时将域名解析为 IP 地址,输入 IP 地址时将其解析为域名,并将结果显示出来。

（4）多线程端口扫描。

参见任务 4 中端口扫描方法，结合任务 6 中关于多线程知识，将任务 4 中单线程端口扫描程序改进成为多线程端口扫描程序。

（5）文件解密。

在任务 6 中对文件进行了加密处理，参照图 8-7 所示的界面，编写代码对采用 DES 算法加密的文件解密。

（6）文件加密。

在任务 6 中对文件使用了 DES 方法进行了加密处理，参照图 8-7 所示的界面及任务 6 的功能，编写代码采用 TripleDES 算法对文件进行加密处理。

第 9 章 文 件

学习提示

计算机中的数据通常以文件的形式存储在外存储器中,因此程序设计中经常要对文件进行各种操作。本章主要介绍对文件进行访问的两种方法:文件处理函数和流式文件访问。

9.1 文 件 概 述

9.1.1 文件基本概念

文件是指一些具有永久存储及特定顺序的字节组成的一个有序的、具有名称的集合。文件通常存储在外部介质(如磁盘、光盘)上,通过文件名对其进行访问,即在使用时按文件名从外存储器中找到指定文件,再将文件内容读入内存进行处理,或从内存中将数据写入文件。

数据在文件中按某种特定的方式存放,这种方式称为文件结构。Visual Basic. NET 文件由记录组成,记录由字段组成,字段由字符组成。字符是构成文件的基本单位,记录则是文件数据处理的基本单位。

9.1.2 文件分类

按照不同的标准,可以将文件分为不同的类型。

1. 程序文件和数据文件

按照数据的性质可以分为程序文件和数据文件。

程序文件存放的是可以由计算机执行的程序,包括源文件和可执行文件。在 Visual Basic. NET 中,扩展名为 exe、sln、vbproj、vb 等的文件都是程序文件。

数据文件存放的是程序运行时所用到的输入或输出的数据,例如,学生成绩、图书目录等。这类数据必须通过程序来存取和管理。

2. 顺序文件和随机文件

按照数据的存放方式可以分为顺序文件和随机文件。

顺序文件中的数据是按照顺序逐个存放的,记录之间用空格、回车符等隔开。顺序文件只提供第一个记录的存储位置,在查找数据时必须从头读取,直到查询到所需要的数据为止。顺序文件使用简单,占用内存资源较少。但是不能对文件进行随机访问,如果要修改某个记录,必须先将全部记录读入内存,然后再将修改好的数据重新写入文件,效率比较低。顺序文件是最简单、最基本的文件结构。

随机文件由固定长度的记录组成,每个记录又由固定长度的字段组成。每个记录都有一个记录号,在存取数据时只要指定记录号,就可以快速定位,不必为修改某个记录而对整个文件进行读写操作。随机文件还可以同时进行输入或输出操作。随机文件存取速度快,数据更新容易。但是占用空间大,数据组织较复杂。

3. ASCII 文件和二进制文件

按照数据的编码方式可以分为 ASCII 文件和二进制文件。

ASCII 码文件又称文本文件,存放的是各种数据的 ASCII 码。一个字节代表一个字符,用两个字节代表一个汉字。因而便于对字符进行逐个处理,也便于打印输出字符。但一般占存储空间较多,而且要花费时间进行二进制码和 ASCII 码间的转换。

二进制文件存放的是各种数据的二进制代码,可以存储任何形式的数据。除了不限定数据类型和记录长度外,对二进制文件的读写操作类似于随机文件。但是,必须准确知道数据是如何写入文件的,才能正确地检索数据。用二进制形式存储数据,可以节省外存空间和转换时间。

此外还可以按照数据存储的介质分为磁盘文件、磁带文件,根据数据的流向分为输入文件、输出文件等。

9.1.3 文件访问类型

就其本身来讲,文件不过是磁盘上的一系列相关的数据字节。当应用程序访问文件时,它必须假定字节是否表示字符、数据记录、整数、字符串等。通过指定文件的访问类型来告诉应用程序假定什么内容。

使用的文件访问类型取决于文件包含的数据种类。Visual Basic. NET 提供 3 种类型的文件访问。

(1) 顺序访问:用于在连续的块中读取和写入文本文件。

(2) 随机访问:用于读取和写入结构为固定长度记录的文本或二进制文件。

(3) 二进制访问:用于读取和写入任意结构的文件。

9.2 任务1:顺序文件的读写

9.2.1 要求和目的

1. 要求

建立如图 9-1 所示的窗体,单击"写入数据"按钮时,从键盘输入 4 个学生的数据,保存到文本文件 C:\stu_data. txt 中。单击"读出数据"按钮时,从文件 C:\stu_data. txt 中将数据读出，并显示在文本框中。

图 9-1　任务 1 窗体界面

2. 目的

（1）学习 FileOpen()函数和 FileClose()函数的使用方法。

（2）学习 Print()函数和 PrintLine()函数的使用方法。

（3）学习 Write()函数和 WriteLine()函数的使用方法。

（4）学习 Input()函数和 LineInput()函数的使用方法。

（5）学习 Seek()函数、LOF()函数和 EOF()函数的使用方法。

（6）学习 My. Computer. FileSystem 对象的使用方法。

9.2.2　操作步骤

1. 添加控件

新建一个名为 ch9_1 的 Windows 窗体应用程序，在窗体中添加控件并设置控件属性，如表 9-1 所示。

表 9-1　控件及控件属性

控　件	名　　称	属　性	值
Form	Form1	Text	文件读写
TextBox	TextBox1	Multiline	True
TextBox	TextBox1	Font	宋体小四
Button	Button1	Text	写入数据
Button	Button1	Font	宋体小四
Button	Button2	Text	读出数据
Button	Button2	Font	宋体小四

2. 编写事件处理代码

双击 Button1 命令按钮以创建它的 Click 事件处理程序，并添加代码，如程序段 9-1 所示。

程序段 9-1

```
Public Structure student
    Public sno As String
    Public name As String
    Public sex As String
    Public score As Single
End Structure

Private Sub Button1_Click(ByVal sender As System.Object,ByVal e As _
System.EventArgs) Handles Button1.Click
    Dim s As student
    Dim i As Integer
    FileOpen(1,"C:\stu_data.txt",OpenMode.Append)
    For i=1 To 4
        s.sno=InputBox("请输入第"&Str(i)&"位学生的学号","数据输入")
        s.name=InputBox("请输入第"&Str(i)&"位学生的姓名","数据输入")
        s.sex=InputBox("请输入第"&Str(i)&"位学生的性别","数据输入")
        s.score=Val(InputBox("请输入第"&Str(i)&"位学生的成绩","数据输入"))
        PrintLine(1,s.sno,s.name,s.sex,s.score)
    Next
    FileClose(1)
End Sub
```

双击按钮 Button2 以创建它的 Click 事件处理程序，并添加代码，如程序段 9-2 所示。

程序段 9-2

```
Private Sub Button2_Click(ByVal sender As System.Object,ByVal e As _
System.EventArgs) Handles Button2.Click
    Dim W As String
    FileOpen(1,"C:\stu_data.txt",OpenMode.Input)
    TextBox1.Text="学号"&Space(10)& "姓名" & Space(12)& "性别" & Space(12)& _
    "成绩" & vbCrLf&vbCrLf
    Do While Not EOF(1)
        W=LineInput(1)
        TextBox1.Text=TextBox1.Text & W & vbCrLf
    Loop
    FileClose(1)
End Sub
```

3. 运行代码

单击工具栏上的"启动调试"按钮运行该项目，输入数据，运行结果如图 9-2 所示。

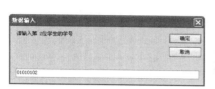
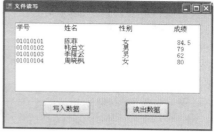

(a) 输入数据   (b) 显示结果

图 9-2 运行结果

9.2.3 相关知识

1. 文件访问的方法

Visual Basic.NET 中有 3 种访问文件系统的方法：

（1）使用运行时函数进行文件访问（Visual Basic 传统的直接文件访问方式），如 FileOpen()、Write()等函数。

（2）通过.NET 中的 System.IO 模型访问。

（3）通过文件系统对象模型 FileSystemObject 访问。

本章主要介绍前两种方法的使用。

2. 文件的打开与关闭

在 Visual Basic.NET 中，文件操作一般按以下步骤进行：

（1）打开文件：文件必须打开才能进行读写操作。

（2）进行读写操作：执行输入或输出操作。把内存中的数据传输到外部存储设备上文件中的操作称为写操作。把外部存储设备上文件中的数据传输到内存中的操作称为读操作。

（3）关闭文件：文件使用完毕后，必须关闭，以免由于误操作丢失数据。

1）文件的打开

Visual Basic.NET 用 FileOpen()函数打开文件，语法格式如下：

```
FileOpen(文件号，文件名，模式[,访问类型][,共享类型][,记录长度])
```

FileOpen()函数将用于输入或输出的缓冲区分配到文件，并确定对此缓冲区使用的访问模式。

参数说明：

（1）文件号：Integer 类型的值。当一个文件打开后，文件号就代表该文件，进行读写操作时都使用此文件号，直到文件被关闭。文件被关闭后此文件号可以被其他文件使用。可以使用 FreeFile()函数获取下一个可用的文件号。

（2）文件名：字符串表达式，用于指定文件名，可以包括目录（或文件夹）和驱动器。

（3）模式：用于指定文件的打开方式，其值为 OpenMode 枚举，包含下列成员：

- Append：为进行追加而打开文件，是默认值。
- Binary：为进行二进制访问而打开文件。
- Input：为进行读取访问而打开文件。
- Output：为进行写入访问而打开文件。
- Random：为进行随机访问而打开文件。

注意：以 Append 和 Output 模式打开的文件都可以进行写操作，区别在于，用 Output 模式打开文件时，文件指针定位于文件起始位置，执行写操作，文件原来的数据会被覆盖。用 Append 模式打开文件时，文件指针定位于文件末尾，执行写操作，数据会附加到原来数据的后面。

访问顺序文件时使用 Input、Output 和 Append，而 Binary 用于二进制文件访问，Random 用于随机文件访问。

（4）访问类型：可选项。用于指定在打开的文件中允许的操作，其值为 OpenAccess 枚举，包含以下成员：

- Default：允许读取和写入操作，是默认设置。
- Read：允许读取操作。
- Write：允许写入操作。
- ReadWrite：允许读取和写入操作。

（5）共享类型：可选项。用于多用户或多进程环境中，指定其他进程不允许在打开的文件中执行的操作，其值为 OpenShare 枚举，包含以下成员：

- Default：LockReadWrite，是默认值。
- Shared：任何进程都可以读取或写入该文件。
- LockRead：其他进程无法读取该文件。
- LockWrite：其他进程无法写入该文件。
- LockReadWrite：其他进程无法读取或写入该文件。

（6）记录长度：可选项。小于或等于 32 767 字节的 Integer 类型值。对于以随机访问模式打开的文件，此值是记录长度。对于顺序文件，该值是存入缓冲区的字符数。

例如，程序段 9-1 中的语句：

```
FileOpen(1,"C:\stu_data.txt",OpenMode.Append)
```

表示以追加模式打开 C 盘根目录下的文本文件 stu_data.txt。

FileOpen()函数具有打开文件和建立文件两种功能。当以 Append、Binary、Output 或 Random 模式打开文件时，如果文件不存在，则建立相应的文件并打开。当以 Input 模式打开时，如果文件不存在，则产生错误，提示"未能找到文件"信息。

2）文件的关闭

关闭文件可以通过 FileClose()函数来实现，语法格式如下：

```
FileClose([文件号])
```

FileClose()函数关闭对用 FileOpen()函数打开文件的输入/输出操作。

参数说明：文件号指 FileOpen() 函数中使用的文件号。如果省略，则关闭由 FileOpen()函数打开的所有活动文件。

例如，程序段 9-1 中的语句：

```
FileClose(1)
```

表示关闭文件号为 1 的文件，即关闭 C 盘根目录下的文本文件 stu_data.txt。

执行 FileClose()函数后，文件与其文件号之间的关联将终结。

注意：当关闭以 Append 或 Output 模式打开的文件时，最终输出缓冲区将写入此文件的操作系统缓冲区。所有与已关闭文件关联的缓冲区空间都被释放。

程序结束时也会自动关闭所有打开的文件。但是，磁盘文件与内存之间的数据传输是通过缓冲区进行的，当打开的文件或设备正在输出数据时，如果不使用 FileClose()函数关闭文件，则缓冲区中的数据可能无法写入磁盘文件。而使用 FileClose()函数将不会使输出数据的操作中断。

3. 文件操作函数

1) Seek()函数

Seek 函数语法格式如下：

```
Seek(文件号[,位置])
```

参数说明：

（1）文件号：指 FileOpen()函数中使用的文件号。

（2）位置：Long 类型值，指示发生下一个读写操作的位置。

函数返回一个 Long 类型值。如果省略"位置"参数，Seek()函数指定用 FileOpen()函数打开的文件中的当前读写位置。如果包含"位置"参数，则 Seek 设置用 FileOpen()函数打开的文件中下一个读写操作的位置。

对于以 Random 模式打开的文件，Seek()函数的返回值为下一个读取或写入的记录号。以 Binary、Input、Output 和 Append 模式打开的文件，Seek 的返回值表示发生下一个操作的字节位置，文件中的第一个字节位于位置 1，第二个字节位于位置 2，以此类推。

在 Visual Basic.NET 中，当打开一个文件后，系统会为其生成一个文件指针，用来指示文件的下一个操作位置，该指针对用户来说不可见。对于用 Append 模式打开的文件，文件指针指向文件末尾，用其他模式打开的文件，文件指针指向文件的开始位置。完成一次读写操作后，文件指针自动移到下一个读写位置。

2) LOF()函数

LOF()函数语法格式如下：

```
LOF(文件号)
```

函数返回一个 Long 类型值，表示用 FileOpen()函数打开文件的大小，即文件的字节数。

3) EOF()函数

EOF()函数语法格式如下:

EOF(文件号)

函数返回一个 Boolean 值,指示文件指针是否到达文件末尾。当到达以 Random 或 Input 模式打开的文件尾时,EOF()函数返回 True。在到达文件尾之前,函数始终返回 False。

对于以 Binary 模式打开的文件,如果试图在 EOF()函数返回 True 之前用 Input 数读取整个文件,则会产生错误。对于以 Output 模式打开的文件,EOF 始终返回 True。

EOF()函数常用在循环中测试是否到达文件尾,例如,程序段 9-2 中的语句:

```
Do While Not EOF(1)
    ⋮
Loop
```

4. 顺序文件的写操作

1) Print()函数

Print()函数语法格式如下:

Print(文件号[,输出项])

Print()函数用于将格式化的显示数据写入顺序文件。

参数说明:

(1) 输出项:要写入文件中的一个或多个表达式。如果是多个表达式,各表达式间用逗号分隔。在其中可以使用 SPC()函数和 TAB()函数。

(2) SPC(n)函数用于在输出中插入空格,其中 n 是要插入的空格数。如果 n 小于输出行的宽度,则下一个打印位置将紧接在数个已打印的空格之后。如果 n 大于输出行的宽度,则 SPC 利用此公式计算下一个打印位置:当前输出位置＋(n Mod 行宽)。SPC()函数与表达式间也用逗号分隔。

(3) TAB(n)函数用于将文件指针定位到某一个绝对列号上,其中 n 是列号。使用不带参数的 TAB 将定位在下一打印区的起始位置。如果当前行上的当前打印位置大于 n,则 TAB()函数跳到下一输出行上等于 n 的列值。如果 n 小于 1,则 TAB 将打印位置移动到列 1。如果 n 大于输出行的宽度,则 TAB 利用此公式计算下一个打印位置:n Mod 行宽。TAB()函数与表达式间也用逗号分隔。

注意:SPC()函数和 TAB()函数的区别在于:SPC 从前一个输出项结束处开始计数,TAB 则从行的最左端开始计数。

当 Print()函数的输出项中没有 SPC()函数和 TAB()函数时,各表达式数据按照标准分区格式写入文件,以 14 个字符位置为单位把一行分为若干个区,逗号后的表达式在下一分区写入。

Print()函数在一行的结尾不包括换行符,如果要在文件中换行写入数据,可以使用回车换行符 Chr(13) & Chr(10)。

对于布尔型数据，Print()函数写入 True 或 False。日期型数据以系统能够识别的标准短日期格式写入文件。

2）PrintLine()函数

PrintLine()函数语法格式如下：

```
PrintLine(文件号[,输出项])
```

PrintLine()函数用于将格式化的显示数据写入顺序文件。

PrintLine()函数与 Print()函数的主要区别在于，PrintLine()函数在一行的结尾包括换行符。如果省略输出项，PrintLine()函数在文件中写入一个空行，Print()函数则没有输出，如程序段 9-3 所示。

程序段 9-3

```
Private Sub Button1_Click(ByVal sender As System.Object,ByVal e As _
System.EventArgs)Handles Button1.Click
    FileOpen(1,"C:\test.txt",OpenMode.Append)
    Print(1,"01010101","陈菲","女",84.5,Chr(13) & Chr(10))
    PrintLine(1,"01010101",SPC(5),"陈菲",SPC(5),"女",SPC(5),84.5)
    PrintLine(1,TAB(1),"01010101",TAB(15),"陈菲",TAB(25),"女",TAB(30),84.5)
    FileClose(1)
End Sub
```

程序段运行后，文件 C:\test.txt 内容如图 9-3 所示。

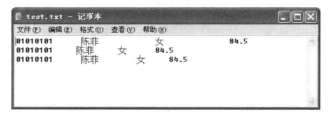

图 9-3 运行结果

3）Write()函数

Write()函数语法格式如下：

```
Write(文件号[,输出项])
```

Write()函数用于将数据写入顺序文件。

Write()函数与 Print()函数的功能基本相同，主要区别在于，当将数据写入文件时，Write()函数会为字符数据两端加上双引号，为布尔型数据和日期型数据两端加上"♯"，在各输出项之间插入逗号。

4）WriteLine()函数

WriteLine()函数语法格式如下：

```
WriteLine(文件号[,输出项])
```

WriteLine()函数用于将数据写入顺序文件。

WriteLine()函数在将输出项中的最后一个字符写入文件后，会插入一个回车换行符，即 Chr(13)＋Chr(10)。而 Write()函数在一行的结尾不包括换行符，如程序段 9-4 所示。

程序段 9-4

```
Private Sub Button1_Click(ByVal sender As System.Object,ByVal e As _
System.EventArgs) Handles Button1.Click
    FileOpen(1,"C:\test.txt",OpenMode.Append)
    Write(1,"01010101","陈菲","女",84.5,Chr(13) & Chr(10))
    WriteLine(1,"01010101",SPC(5),"陈菲",SPC(5),"女",SPC(5),84.5)
    WriteLine(1,"01010101",TAB(15),"陈菲",TAB(25),"女",TAB(30),84.5)
    WriteLine(1,5>3)
    FileClose(1)
End Sub
```

程序段运行后，文件 C:\test.txt 内容如图 9-4 所示。

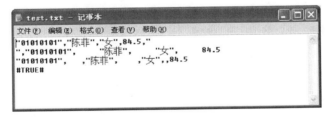

图 9-4　运行结果

5. 顺序文件的读操作

1）Input()函数

Input()函数语法格式如下：

```
Input(文件号,变量)
```

Input()函数从打开的顺序文件中读取数据并将数据赋给变量。

参数说明：

变量：从文件中读取的值将被赋给此变量。变量不能为数组或对象变量。

用 Input()函数读取的数据通常由 Write()函数写入文件。Input()函数用于以 Input 或 Binary 模式打开的文件，如程序段 9-5 所示。

程序段 9-5

```
Private Sub Button1_Click(ByVal sender As System.Object,ByVal e As _
System.EventArgs) Handles Button1.Click
    Dim s As String
    s=""
    FileOpen(1,"C:\test.txt",OpenMode.Append)
    WriteLine(1,"01010101","陈菲","女",84.5)
    FileClose(1)
    FileOpen(1,"C:\test.txt",OpenMode.Input)
    Do While Not EOF(1)
        Input(1,s)
        TextBox1.Text=TextBox1.Text & s & vbCrLf
    Loop
    FileClose(1)
End Sub
```

图 9-5　运行结果

程序段运行结果如图 9-5 所示。

Input()函数每次只能从文件中读取一个数据，如果需要读出全部数据，应把 Input()函数放在循环语句中。

2）LineInput()函数

LineInput()函数语法格式如下：

```
LineInput(文件号)
```

LineInput()函数用于从打开的顺序文件中读取一行数据。在程序中，一般将函数的返回值赋给一个字符串变量。

用 LineInput()函数读取的数据通常由 Print()函数写入文件。LineInput()函数从文件中连续读取字符，直到遇到回车符(Chr(13))或回车换行符(Chr(13)＋Chr(10))，回车换行符被跳过而不是附加到字符串上。

LineInput()函数的使用可参见程序段 9-2。

6. My. Computer. FileSystem 对象

在 Visual Basic. NET 中，对文件进行读写操作的另一个方法是使用 My 命名空间，这是 Visual Studio 的一项特性。My 命名空间是一项快速访问特性，可以帮助开发人员快速利用. NET Framework 中的各种功能进行开发。可以通过使用 My 命名空间轻松地访问计算机、应用程序以及用户信息，还能用它来访问窗体和 Web 服务。

My 命名空间将. NET Framework 中最常用的功能挑出来，然后按照最容易理解的逻辑结构存放在一起。My 命名空间主要分为以下几类：

- My. Application：提供与当前应用程序相关的属性、方法和事件。
- My. Computer：提供用于处理计算机组件(如音频、键盘、文件系统等)的属性。

- My. Forms：提供属性，用于访问在当前项目中声明的每个 Windows 窗体的实例。
- My. Resources：提供用于访问应用程序资源的属性和类。
- My. Settings：提供用于访问应用程序设置的属性和方法。
- My. User：提供对有关当前用户的信息的访问。
- My. Webservices：提供用于创建和访问当前项目引用的每个 XML Web services 的单个实例的属性。

对文件进行读写操作时，相对于文件读写函数，My. Computer. FileSystem 对象提供更好的性能。

1）My. Computer. FileSystem. WriteAllText 方法

My. Computer. FileSystem. WriteAllText 方法语法格式如下：

```
My.Computer.FileSystem.WriteAllText (文件名, 文本,追加 [,编码])
```

My. Computer. FileSystem. WriteAllText 方法用于向文件中写入文本。如果指定的文件不存在，则创建该文件。

参数说明：

（1）文件名：字符串表达式，表示要写入的文件的文件名和路径。

（2）文本：字符串表达式，表示要写入文件的文本。

（3）追加：布尔值，表示是追加文本还是覆盖现有文本。默认值为 False。

（4）编码：可选项。表示写入文件时使用的编码。默认值为 UTF-8。

如果追加参数为 True，则 WriteAllText 方法会将文本追加到文件中。否则将会覆盖文件中的现有文本。

WriteAllText 方法执行时将打开一个文件，向其写入内容，然后将其关闭。

2）My. Computer. FileSystem. ReadAllText 方法

My. Computer. FileSystem. ReadAllText 方法语法格式如下：

```
My.Computer.FileSystem.ReadAllText (文件名 [,编码])
```

My. Computer. FileSystem. ReadAllText 方法用于将文本文件的内容作为字符串返回。

参数说明：

（1）文件名：字符串表达式，表示要读取文件的文件名和路径。

（2）编码：可选项。是 System. Text. Encoding 类属性，表示读取文件时使用的字符编码，默认为 UTF-8。常用编码有 ASCII、Unicode、UTF32、UTF7 和 UTF8。

如果文件内容使用 ASCII 或 UTF-8 编码，则可以指定文件编码。如果读取的文件包含扩展字符，则必须要指定文件编码。

任务 1 也可以用以下程序段完成。

程序段 9-6

```
Public Structure student
    Public sno As String
    Public name As String
    Public sex As String
    Public score As Single
End Structure


Private Sub Button1_Click(ByVal sender As System.Object,ByVal e As _
System.EventArgs) Handles Button1.Click
    Dim s As student
    Dim i As Integer
    Dim W As String
    For i=1 To 4
        s.sno=InputBox("请输入第"& Str(i)&"位学生的学号","数据输入")
        s.name=InputBox("请输入第"& Str(i)&"位学生的姓名","数据输入")
        s.sex=InputBox("请输入第"& Str(i)&"位学生的性别","数据输入")
        s.score=Val(InputBox("请输入第"& Str(i)&"位学生的成绩","数据输入"))
        W=s.sno & Space(15-Len(s.sno))& s.name & Space(15-Len(s.name))& s.sex & _
            Space(15-Len(s.sex))& Str(s.score)& vbCrLf
        My.Computer.FileSystem.WriteAllText("C:\stu_data.txt",W,True)
    Next
End Sub


Private Sub Button2_Click(ByVal sender As System.Object,ByVal e As _
System.EventArgs) Handles Button2.Click
    Dim R As String
    Dim W As String
    W="学号"& Space(11)& "姓名"& Space(13)& "性别"& Space(13)&"成绩"& vbCrLf
    R=My.Computer.FileSystem.ReadAllText("C:\stu_data.txt")
    TextBox1.Text=W & R
End Sub
```

9.3 任务 2：随机文件的读写

9.3.1 要求和目的

1. 要求

建立如图 9-6 所示的窗体，单击"添加"、"保存"、"删除"按钮，可以对随机文件进行写操作，单击"上一条"、"下一条"按钮，可以对随机文件进行读操作。

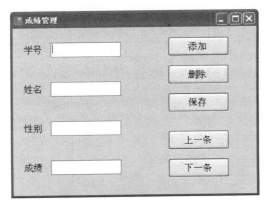

图 9-6 任务 2 窗体界面

2. 目的

（1）学习 FilePut()函数的使用方法。

（2）学习 FileGet()函数的使用方法。

9.3.2 操作步骤

1. 添加控件

新建一个名为 ch9_2 的 Windows 窗体应用程序，在窗体中添加控件并设置控件属性，如表 9-2 所示。

表 9-2 控件及控件属性

控 件	名 称	属 性	值
Form	Form1	Text	成绩管理
Label	Label1	Text	学号
Label	Label2	Text	姓名
Label	Label3	Text	性别
Label	Label4	Text	成绩
Button	Button1	Text	添加
Button	Button2	Text	删除
Button	Button3	Text	保存
Button	Button4	Text	上一条
Button	Button5	Text	下一条

将所有标签控件、文本框控件和命令按钮控件的 Font 属性的字体大小设置为小四号。

2. 编写事件处理代码

编写如程序段 9-7 所示代码。

程序段 9-7

```
Public Structure student                              '声明结构类型 student
    <VBFixedString(10)>Dim sno As String
    <VBFixedString(10)>Dim name As String
    <VBFixedString(4)>Dim sex As String
    Dim score As Single
End Structure
Dim s As student
Dim RecSum As Integer                                 'RecSum 为文件中的记录数
Dim RecNo As Integer                                  'RecNo 为当前记录的记录号

Private Sub Form1_Load(ByVal sender As System.Object,ByVal e As _
System.EventArgs) Handles MyBase.Load
    Dim i As Integer
    FileOpen(1,"C:\stu_test.txt",OpenMode.Random,,Len(s))
    '统计文件中的记录数 RecSum
    Do While Not EOF(1)
        i=i+1
        FileGet(1,s,i)
        If s.score=0 Then
            i=i-1
        End If
    Loop
    RecSum=i
    '如果文件不为空,则显示第一条记录的数据
    If RecSum<>0 Then
        FileGet(1,s,1)
        TextBox1.Text=s.sno
        TextBox2.Text=s.name
        TextBox3.Text=s.sex
        TextBox4.Text=s.score
    End If
    FileClose(1)
End Sub

'"添加"按钮代码,功能是写入一条空白记录到文件中
Private Sub Button1_Click(ByVal sender As System.Object,ByVal e As _
System.EventArgs) Handles Button1.Click
    FileOpen(1,"C:\stu_test.txt",OpenMode.Random,,Len(s))
    s.sno=""
    s.name=""
    s.sex=""
```

```
        s.score=0
        RecSum=RecSum+1
        RecNo=RecSum
        FilePut(1,s,RecSum)
        FileClose(1)
        TextBox1.Text=s.sno
        TextBox2.Text=s.name
        TextBox3.Text=s.sex
        TextBox4.Text=s.score
End Sub
```

```
'"删除"按钮代码,功能是删除当前记录
Private Sub Button2_Click(ByVal sender As System.Object,ByVal e As _
System.EventArgs) Handles Button2.Click
        Dim i As Integer
        FileOpen(1,"C:\stu_test.txt",OpenMode.Random,Len(s))
'如果要删除的记录不是最后一条记录,则从该记录的下一条记录起,依次用后一条记录覆盖前一
'条记录
        If RecNo<>RecSum And RecNo<>0 Then
            For i=RecNo To RecSum-1
                FileGet(1,s,i+1)
                FilePut(1,s,i)
            Next
        End If
        '将最后一条记录中的数据置为空或0
        s.sno=""
        s.name=""
        s.sex=""
        s.score=0
        FilePut(1,s,RecSum)
        FileClose(1)
        RecSum=RecSum-1
        TextBox1.Text=""
        TextBox2.Text=""
        TextBox3.Text=""
        TextBox4.Text=""
End Sub
```

```
'"保存"按钮代码,功能是将当前记录写入文件中
Private Sub Button3_Click(ByVal sender As System.Object,ByVal e As _
System.EventArgs) Handles Button3.Click
        FileOpen(1,"C:\stu_test.txt",OpenMode.Random,Len(s))
        s.sno=TextBox1.Text
```

```
        s.name=TextBox2.Text
        s.sex=TextBox3.Text
        s.score=Val(TextBox4.Text)
        FilePut(1,s,RecSum)
        FileClose(1)
    End Sub


    '"上一条"按钮代码,功能是显示当前记录的上一条记录
    Private Sub Button4_Click(ByVal sender As System.Object,ByVal e As _
    System.EventArgs) Handles Button4.Click
        FileOpen(1,"C:\stu_test.txt",OpenMode.Random,Len(s))
        If RecSum<>0 Then                        '判断文件中是否有记录
            RecNo=RecNo-1
            If RecNo>=1 Then                     '判断当前记录是否为第一条记录
                FileGet(1,s,RecNo)
                TextBox1.Text=s.sno
                TextBox2.Text=s.name
                TextBox3.Text=s.sex
                TextBox4.Text=s.score
            Else
                MsgBox("已到文件头,前面没有记录了!","提示")
                FileGet(1,s,1)
            End If
        Else
            MsgBox("文件中没有记录!","提示")
        End If
        FileClose(1)
    End Sub


    '"下一条"按钮代码,功能是显示当前记录的下一条记录
    Private Sub Button5_Click(ByVal sender As System.Object,ByVal e As _
    System.EventArgs) Handles Button5.Click
        FileOpen(1,"C:\stu_test.txt",OpenMode.Random,Len(s))
        If RecSum<>0 Then                        '判断文件中是否有记录
            RecNo=RecNo+1
            If RecNo<=RecSum Then                '判断当前记录是否为最后一条记录
                FileGet(1,s,RecNo)
            Else
                MsgBox("已到文件尾,后面没有记录了!","提示")
                FileGet(1,s,RecSum)
            End If
        Else
```

```
                MsgBox("文件中没有记录!","提示")
        End If
        FileClose(1)
        TextBox1.Text=s.sno
        TextBox2.Text=s.name
        TextBox3.Text=s.sex
        TextBox4.Text=s.score
    End Sub
```

3. 运行代码

单击工具栏上的"启动调试"按钮运行该
项目,运行结果如图 9-7 所示。

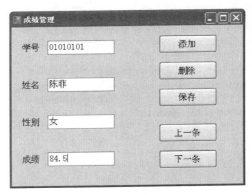

图 9-7 运行结果

9.3.3 相关知识

1. VBFixedString 属性

随机文件由固定长度的记录组成,每条记录含有若干个字段,因此,在 Visual Basic. NET
中,通常使用结构类型来表示随机文件中的记录。

默认情况下,Visual Basic. NET 中的字符串为可变长度字符串,需要在结构类型中
使用 VBFixedString 属性强制创建定长字符串。

VBFixedString 属性的格式为:

```
<VBFixedString(长度)>
```

"长度"以字节为单位,表示结构类型中字符串成员的长度。
在声明结构类型时,该属性放在要指定长度的字符串成员前面。例如:

```
<VBFixedString(10)>Dim sno As String
```

结构类型成员的长度指定后,可以使用 Len()函数计算结构变量的长度。结构变量
的长度就是随机文件中记录的长度,可以在 FileOpen()函数中使用。例如:

```
FileOpen(1,"C:\stu_test.txt",OpenMode.Random,Len(s))
```

2. 随机文件的写操作

随机文件的写操作通过 FilePut()函数来实现,函数的语法格式如下:

```
FilePut(文件号,变量[,记录号])
```

FilePut()函数用于将数据从变量写入磁盘文件。
参数说明:
(1)变量:有效的变量名称,包含要写入磁盘文件的数据。
(2)记录号:可选项。对于以 Random 模式打开的文件,表示开始写入处的记录号。

对于以 Binary 模式打开的文件,表示字节号。

FilePut()函数只在 Random 和 Binary 模式打开的文件中有效。用 FilePut()函数写入的数据通常由 FileGet()函数从文件中读取。

对于以 Random 模式打开的文件,应注意以下几点:

(1) 如果写入的数据长度小于 FileOpen()函数的记录长度子句中指定的长度,则 FilePut 将在记录长度边界的范围内写入后面的记录。一个记录的结尾与下一个记录开头之间的空白由文件缓冲区内的现有内容填充。由于无法确定填充的数据量,因此在一般情况下,最好使记录的长度与写入的数据长度一致。

(2) 如果写入的变量是字符串,则 FilePut 将写入一个包含该字符串长度的双字节说明符,然后写入变量中的数据。因此,由 FileOpen()函数中的记录长度参数指定的记录长度至少比字符串的实际长度多两个字节。

(3) 如果写入的变量是包含数值类型的对象,则 FilePut 将写入两个字节来标识对象的类型,然后再写入该变量。例如,当写入包含整数的对象时,FilePut 将写入 6 个字节:两个字节将该对象标识为 VarType(3)(Integer),4 个字节包含数据。由 FileOpen()函数中的记录长度参数指定的记录长度比存储变量所需的实际字节数至少多两个字节。

(4) 如果写入的变量是数组,则可以选择是否写入该数组大小和维度的说明符。在默认情况下,Visual Basic. NET 不写入说明符。若要写入说明符,需将 ArrayIsDynamic 参数设置为 True。由 FileOpen()函数中的记录长度参数指定的记录长度必须大于或等于写入数组数据和数组说明符所需的全部字节数的总和。

(5) 如果写入的变量是任何其他类型的变量(不是变长字符串或对象),则 FilePut 只写入变量数据。由 FileOpen()函数的记录长度参数所指定的记录长度必须大于或等于所写入的数据长度。

对于以 Binary 模式打开的文件应注意以下几点:

(1) FileOpen()函数中的记录长度参数不会产生任何影响。FilePut 连续向磁盘中写入所有变量,也就是说,记录之间没有空白。

(2) 对于结构中的数组以外的任何数组,FilePut 只写入数据,不写入说明符。

(3) FilePut 写入的变长字符串是没有双字节长度说明符的结构元素。写入的字节数等于字符串实际所包含的字符数。

3. 随机文件的读操作

随机文件的读操作通过 FileGet()函数来实现,函数的语法格式如下:

```
FileGet(文件号,变量[,记录号])
```

FileGet()函数用于将数据从打开的磁盘文件读入到变量中。

FileGet 只在 Random 和 Binary 模式中有效。用 FileGet 读取的数据通常由 FilePut 写入文件。文件的第一个记录或字节在位置 1,第二个记录或字节在位置 2,以此类推。如果省略记录号,则将读取上一个 FileGet 或 FilePut 函数后面的(或上一个 Seek 函数所指向的)下一个记录或字节。

FileGet()函数使用中的注意事项与 FilePut()函数类似,此处不再重复。

4. 二进制文件的读写操作

在 Visual Basic. NET 中,二进制文件的写操作可以通过 FilePut()函数来实现,读操作可以通过 FileGet()函数来实现。

9.4 任务 3:使用流进行二进制文件的读写

9.4.1 要求和目的

1. 要求

建立如图 9-8 所示的窗体,单击"读取"按钮,在出现的"打开"文件对话框中选择文件名,第一个文本框中会显示出文件内容。在第二个文本框中输入内容后,单击"保存"按钮,在出现的"另存为"对话框中选择或输入文件名,文本框内容将写入相应文件中。

2. 目的

(1)掌握流的概念。

(2)学习 FileStream 类的使用。

(3)学习 BinaryReader 类和 BinaryWriter 类的使用。

(4)学习 StreamReader 类和 StreamWriter 类的使用。

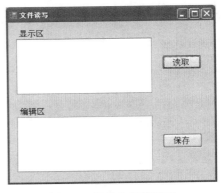

图 9-8 任务 3 窗体界面

9.4.2 操作步骤

1. 添加控件

新建一个名为 ch9_3 的 Windows 窗体应用程序,在窗体中添加控件并设置控件属性,如表 9-3 所示。

表 9-3 控件及控件属性

控 件	名 称	属 性	值
Form	Form1	Text	文件读写
Label	Label1	Text	显示区
Label	Label2	Text	编辑区
TextBox	TextBox1	Multiline	True
TextBox	TextBox2	Multiline	True
Button	Button1	Text	读取
Button	Button2	Text	保存
OpenFileDialog	OpenFileDialog1		
SaveFileDialog	SaveFileDialog1		

将所有标签控件、文本框控件和命令按钮控件 Font 属性的字体大小设置为小四号。

2. 编写事件处理代码

编写如程序段 9-8 所示的代码。

程序段 9-8

```
Imports System.IO
Public Class Form1
    Private Sub Button1_Click(ByVal sender As System.Object,ByVal e As _
    System.EventArgs) Handles Button1.Click
        Dim Fname As String
        OpenFileDialog1.InitialDirectory="C:"        '设置打开对话框的属性
        OpenFileDialog1.Filter()="文本文件(＊.txt)|＊.txt|所有文件(＊.＊)|＊.＊"
        OpenFileDialog1.FilterIndex=1
        OpenFileDialog1.FileName=""
        OpenFileDialog1.ShowDialog()                 '显示打开文件对话框
        Fname=OpenFileDialog1.FileName
        If Fname<>"" Then
            Dim FS As New FileStream(Fname,FileMode.Open,FileAccess.Read)
            Dim BR As New BinaryReader(FS)
            TextBox1.Text=BR.ReadString               '从文件读取数据,显示在文本框中
            BR.Close()
            FS.Close()
        End If
    End Sub

    Private Sub Button2_Click(ByVal sender As System.Object,ByVal e As _
    System.EventArgs) Handles Button2.Click
        Dim Fname As String
        Dim S As String
        S=TextBox2.Text
        SaveFileDialog1.InitialDirectory="C:"        '设置保存对话框的属性
        SaveFileDialog1.Filter()="文本文件(＊.txt)|＊.txt|所有文件(＊.＊)|＊.＊"
        SaveFileDialog1.ShowDialog()                 '显示保存文件对话框
        Fname=SaveFileDialog1.FileName
        If Fname<>"" Then
            Dim FS As New FileStream(Fname,FileMode.Create)
            Dim BW As New BinaryWriter(FS)
            BW.Write(S)                               '将文本框的数据写入文件中
            BW.Close()
            FS.Close()
        End If
```

```
        End Sub
End Class
```

3. 运行代码

单击工具栏上的"启动调试"按钮运行该项目，单击"保存"按钮，运行结果如图 9-9 所示。

(a) "文件读写"窗体

(b) "另存为"对话框

图 9-9 运行结果

9.4.3 相关知识

1. 流与 System.IO 命名空间

在 Visual Basic.NET 中，流表示数据的传输操作，它提供一种向后备存储写入字节和从后备存储读取字节的方式。通常，从内存向其他媒介或设备传输数据的流称为输出流，将其他媒介或设备的数据传输到内存的流称为输入流。后备存储可以为多种存储媒介之一，正如除磁盘外还存在多种后备存储一样，除文件流之外还存在多种流，如网络流、内存流和磁带流等。

流涉及 3 个基本操作：

- 可以从流读取：读取是从流到数据结构（如字节数组）的数据传输。
- 可以向流写入：写入是从数据源到流的数据传输。
- 流可以支持查找：查找是对流内的当前位置进行的查询和修改。

Visual Basic.NET 中的 System.IO 命名空间提供了若干个类，通过这些类可以对文件、目录和流执行各种操作，包含了允许读写文件和数据流的类以及提供基本文件和目录支持的类。常用的读写文件和数据流的类有 BinaryReader、BinaryWriter、FileStream、StreamReader、StreamWriter 等。除提供类外，System.IO 命名空间还包含结构、委托和枚举，如 FileAccess 枚举、FileMode 枚举、FileSystemEventHandler 委托等。

要在程序中使用 System.IO 命名空间，需要将其导入项目，在源代码顶端添加如下语句：

```
Imports System.IO
```

2. FileStream 类

在 Visual Basic.NET 中，读写文件通过流 Stream 对象进行，基本操作步骤如下：

（1）创建一个流 Stream 对象。

（2）基于创建的 Stream 对象，建立流 Reader 对象读取文件内容，或建立流 Writer 对象向文件写入内容。

使用 FileStream 类可以对文件系统上的文件进行读取、写入、打开和关闭操作，并对其他与文件相关的操作系统手柄进行操作，如管道、标准输入和标准输出。读写操作可以指定为同步或异步操作。

要进行文件的读写，首先需要使用 FileStream 类创建一个 FileStream 对象，其语法格式如下：

```
Dim 对象名 As New FileStream(路径,文件模式,访问方式,共享方式)
```

参数说明：

（1）对象名：要创建的 FileStream 对象的名称。

（2）路径：字符串型表达式，是当前 FileStream 对象将封装的文件的相对路径或绝对路径。

（3）文件模式：用来确定打开或创建文件的方式。为 FileMode 枚举类型，其成员如表 9-4 所示。

表 9-4　FileMode 枚举成员

成 员 名 称	说　　明
CreateNew	指定操作系统应创建新文件。如果文件已存在，则将引发 IOException 异常
Create	指定操作系统应创建新文件。如果文件已存在，它将被覆盖。如果文件不存在，则使用 CreateNew
Open	指定操作系统应打开现有文件。如果该文件不存在，则引发 System.IO.FileNotFoundException 异常
OpenOrCreate	指定操作系统应打开文件（如果文件存在）；否则，应创建新文件
Truncate	指定操作系统应打开现有文件。文件一旦打开，就将被截断为零字节大小。试图从使用 Truncate 打开的文件中进行读取将导致异常
Append	打开现有文件并查找到文件尾，或创建新文件。FileMode.Append 只能同 FileAccess.Write 一起使用。试图查找文件尾之前的位置时会引发 IOException 异常，并且任何试图读取的操作都会失败并引发 NotSupportedException 异常

（4）访问方式：用来确定 FileStream 对象访问文件的方式。为 FileAccess 枚举类型，其成员如表 9-5 所示。

表 9-5　　**FileAccess 枚举成员**

成 员 名 称	说　　明
Read	对文件的读访问。可从文件中读取数据。同 Write 组合即构成读写访问权
Write	文件的写访问。可将数据写入文件。同 Read 组合即构成读写访问权
ReadWrite	对文件的读访问和写访问。可从文件读取数据和将数据写入文件

（5）共享方式：确定文件由进程共享的方式。为 FileShare 枚举类型，其成员如表 9-6 所示。

表 9-6　　**FileShare 枚举成员**

成 员 名 称	说　　明
None	谢绝共享当前文件。文件关闭前，打开该文件的任何请求（由此进程或另一进程发出的请求）都将失败
Read	允许随后打开文件读取。如果未指定此标志，则文件关闭前，任何打开该文件以进行读取的请求（由此进程或另一进程发出的请求）都将失败。但是，即使指定了此标志，仍可能需要附加权限才能够访问该文件
Write	允许随后打开文件写入。如果未指定此标志，则文件关闭前，任何打开该文件以进行写入的请求（由此进程或另一进程发出的请求）都将失败。但是，即使指定了此标志，仍可能需要附加权限才能够访问该文件
ReadWrite	允许随后打开文件读取或写入。如果未指定此标志，则文件关闭前，任何打开该文件以进行读取或写入的请求（由此进程或另一进程发出）都将失败。但是，即使指定了此标志，仍可能需要附加权限才能够访问该文件
Delete	允许随后删除文件
Inheritable	使文件手柄可由子进程继承

例如：

```
Dim FS As New FileStream("D:\studata.txt",FileMode.Open,FileAccess.Read)
```

该语句创建一个 FileStream 对象，允许打开 D 盘根目录下的文件 studata.txt 进行读取操作。语句也可写为：

```
Dim FS As FileStream
FS=New FileStream("D:\studata.txt",FileMode.Open,FileAccess.Read)
```

3. 二进制文件的读写操作

Visual Basic.NET 使用 BinaryReader 类和 BinaryWriter 类对二进制文件进行读写。

1）BinaryReader 类

BinaryReader 类用于从二进制文件读取数据。在创建了 FileStream 对象后，还要用 FileStream 对象创建一个 BinaryReader 对象，其语法格式如下：

```
Dim 对象名 As New BinaryReader(流[,编码])
```

参数说明：

(1) 流：FileStream 对象名，为要进行读操作文件的 FileStream 对象。

(2) 编码：可选项。指定 BinaryReader 对象的字符编码。

例如：

```
Dim FS As New FileStream("D:\studata.txt",FileMode.Open,FileAccess.Read)
Dim BR As New BinaryReader(FS)
```

创建 BinaryReader 对象后，就可以使用它提供的方法来读取二进制文件中的数据。BinaryReader 类的常用方法如表 9-7 所示。

表 9-7　**BinaryReader 类的常用方法**

方 法 名 称	说　　　明
Close	关闭当前阅读器及基础流
PeekChar	返回下一个可用的字符，并且不提升字节或字符的位置。如果没有可用字符或者流不支持查找时返回值为−1
ReadBoolean	从当前流中读取 Boolean 值，并使该流的当前位置提升 1 个字节
ReadByte	从当前流中读取下一个字节，并使流的当前位置提升 1 个字节
ReadBytes	从当前流中将 n 个字节读入字节数组，并使当前位置提升 n 个字节
ReadChar	从当前流中读取下一个字符，并根据所使用的编码和从流中读取的特定字符，提升流的当前位置
ReadChars	从当前流中读取 n 个字符，以字符数组的形式返回数据，并根据所使用的编码和从流中读取的特定字符，提升流的当前位置
ReadDecimal	从当前流中读取十进制数值，并将该流的当前位置提升 16 个字节
ReadDouble	从当前流中读取 8 字节浮点值，并使流的当前位置提升 8 个字节
ReadInt16	从当前流中读取 2 字节有符号整数，并使流的当前位置提升 2 个字节
ReadInt32	从当前流中读取 4 字节有符号整数，并使流的当前位置提升 4 个字节
ReadSByte	从当前流中读取 1 个有符号字节，并使流的当前位置提升 1 个字节
ReadSingle	从当前流中读取 4 字节浮点值，并使流的当前位置提升 4 个字节
ReadString	从当前流中读取一个字符串。字符串有长度前缀，一次 7 位地被编码为整数
ReadUInt16	使用 Little-Endian 编码从当前流中读取 2 字节无符号整数，并将流的位置提升 2 个字节
ReadUInt32	从当前流中读取 4 字节无符号整数并使流的当前位置提升 4 个字节

例如：

```
Dim FS As New FileStream("D:\studata.txt",FileMode.Open,FileAccess.Read)
Dim BR As New BinaryReader(FS)
TextBox1.Text=BR.ReadString              '从二进制文件中读取一个字符串
```

2) BinaryWriter 类

BinaryWriter 类用于向二进制文件写入数据。创建了 FileStream 对象后,要用 FileStream 对象创建一个 BinaryWriter 对象,其语法格式如下:

```
Dim 对象名 As New BinaryWriter(流[,编码])
```

参数说明:

(1)流:FileStream 对象名,为要进行写操作文件的 FileStream 对象。

(2)编码:可选项。指定 BinaryWriter 对象的字符编码。

创建 BinaryWriter 对象后,就可以使用它提供的方法来读取二进制文件中的数据。 BinaryWriter 类的常用方法如表 9-8 所示。

表 9-8　BinaryWriter 类的常用方法

方 法 名 称	说　　明
Close	关闭当前的 BinaryWriter 和基础流
Flush	清理当前编写器的所有缓冲区,使所有缓冲数据写入基础设备
GetType	获取当前实例的类型
Seek	设置当前流的位置
Write	将值写入当前流。包括: Write(Boolean) 将单字节 Boolean 值写入当前流 Write(Byte)将一个无符号字节写入当前流,并将流的位置提升 1 个字节 Write(Char)将 Unicode 字符写入当前流,并根据所使用的编码和向流中写入的特定字符,提升流的当前位置 Write(array<Char>[]()[])将字符数组写入当前流,并根据所使用的编码和向流中写入的特定字符,提升流的当前位置 Write(Decimal)将一个十进制值写入当前流,并将流位置提升 16 个字节 Write(Double)将 8 字节浮点值写入当前流,并将流的位置提升 8 个字节 Write(Int16)将 2 字节有符号整数写入当前流,并将流的位置提升 2 个字节 Write(Int32)将 4 字节有符号整数写入当前流,并将流的位置提升 4 个字节 Write(SByte)将一个有符号字节写入当前流,并将流的位置提升 1 个字节 Write(Single)将 4 字节浮点值写入当前流,并将流的位置提升 4 个字节 Write(String)将有长度前缀的字符串按 BinaryWriter 的当前编码写入此流,并根据所使用的编码和写入流的特定字符,提升流的当前位置 Write(UInt16)将 2 字节无符号整数写入当前流,并将流的位置提升 2 个字节 Write(UInt32)将 4 字节无符号整数写入当前流,并将流的位置提升 4 个字节

例如程序段 9-8 中的语句:

```
Dim FS As New FileStream("D:\studata.txt",FileMode.Create)
Dim BW As New BinaryWriter(FS)
BW.Write(TextBox1.Text)                    '将文本框中的字符串写入二进制文件
```

4. 文本文件的读写操作

Visual Basic. NET 使用 StreamReader 类和 StreamWriter 类对文本文件进行读写。

1) StreamReader 类

StreamReader 类用于从文本文件读取数据。进行读操作前,先要创建一个 Stream-Reader 对象,其语法格式如下:

```
Dim 对象名 As New StreamReader(路径[,编码][,检测标记][,缓冲区大小])
Dim 对象名 As New StreamReader(流[,编码][,检测标记][,缓冲区大小])
```

参数说明:

(1) 对象名、路径、流、编码的含义与前面介绍的语句参数相同。

(2) 检测标记:可选项。布尔型值,用于指示是否在文件头查找字节顺序标志。该参数通过查看流的前 3 个字节来检测编码。

(3) 缓冲区大小:可选项。Integer 型值,用于指定最小缓冲区的大小。如果该参数小于缓冲区的最小允许大小,即 128 个字符,则使用最小允许大小。

创建 StreamReader 对象后,就可以使用它提供的方法来读取二进制文件中的数据。StreamReader 类的常用方法如表 9-9 所示。

表 9-9　StreamReader 类的常用方法

方 法 名 称	说 明
Close	关闭 StreamReader 对象和基础流,并释放与读取器关联的所有系统资源
Peek	返回下一个可用的字符,但不使用它
Read	读取输入流中的下一个字符或下一组字符
ReadLine	从当前流中读取一行字符并将数据作为字符串返回
ReadToEnd	从流的当前位置到末尾读取流

例如:

```
Dim FS As New FileStream("C:\stu_test.txt",FileMode.Open,FileAccess.Read)
Dim SR As New StreamReader(FS)
TextBox1.Text=SR.ReadLine                    '从文本文件中读取一行字符
```

2) StreamWriter 类

StreamWriter 类用于向文本文件写入数据。进行写操作前,先要创建一个 Stream-Writer 对象,其语法格式如下:

```
Dim 对象名 As New StreamReader(路径[,追加][,编码][,缓冲区大小])
Dim 对象名 As New StreamReader(流[,编码][,缓冲区大小])
```

参数说明:

(1) 对象名、路径、流、编码、缓冲区大小的含义与前面介绍的语句参数相同。

(2) 追加:可选项。布尔型值,用于确定是否将数据追加到文件。如果文件存在,并且该参数为 False,则文件被改写。如果文件存在,并且该参数为 True,则数据被追加到该文件中。否则,将创建新文件。

创建 StreamWriter 对象后,就可以使用它提供的方法来读取二进制文件中的数据。StreamWriter 类的常用方法如表 9-10 所示。

表 9-10 **StreamWriter 类的常用方法**

方 法 名 称	说 明
Close	关闭当前的 StreamWriter 对象和基础流
Write	写入流
WriteLine	写入重载参数指定的某些数据,后跟行结束符

如程序段 9-9 所示。

程序段 9-9

```
Private Sub Button1_Click(ByVal sender As System.Object,ByVal e As _
System.EventArgs) Handles Button1.Click
    Dim SW As StreamWriter
    SW=New StreamWriter("C:\test.txt",True)    '数据将追加到文件 C:\test.txt 中
    SW.Write(TextBox1.Text)                     '将文本框内容写入文件中
    SW.Close()
End Sub
```

5. 文件对话框组件

OpenFileDialog 和 SaveFileDialog 是 Visual Basic.NET 中的窗体组件,它们是预先配置的对话框,与 Windows 系统中的"打开"文件对话框和"保存"文件对话框相同。在程序中将 OpenFileDialog 组件和 SaveFileDialog 组件添加到窗体后,它们将出现在 Windows窗体设计器底部的栏中,如图 9-10 所示。

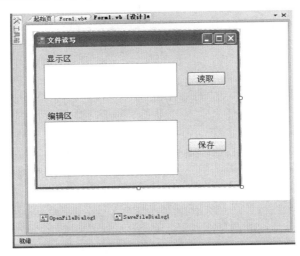

图 9-10 窗体布局

OpenFileDialog 和 SaveFileDialog 组件的具体使用见第 11 章的相关内容。

9.5　任务 4：简单文件管理器

9.5.1　要求和目的

1. 要求

建立如图 9-11 所示的窗体，单击相应的命令按钮，可以完成对文件的新建、移动、复制和删除。

图 9-11　任务 4 窗体界面

2. 目的

（1）学习 DriveListBox 控件、DirListBox 控件和 FileListBox 控件的使用。

（2）学习 File 类的方法的使用。

9.5.2　操作步骤

1. 添加控件

新建一个名为 ch9_4 的 Windows 窗体应用程序，在窗体中添加控件并设置控件属性，如表 9-11 所示。

表 9-11　控件及控件属性

控　值　件	名	称	属　　性
Form	Form1	Text	文件管理器
Label	Label1	Text	当前文件夹为
Button	Button1	Text	新建
Button	Button2	Text	移动
Button	Button3	Text	复制
Button	Button4	Text	删除
TextBox	TextBox1		
DriveListBox	DriveListBox1		
DirListBox	DirListBox1		
FileListBox	FileListBox1		

将所有标签控件、文本框控件和命令按钮控件的 Font 属性的字体大小设置为小四号。

2. 编写事件处理代码

编写如程序段 9-10 所示的代码。

程序段 9-10

```
Imports System.IO
Public Class Form1

    '使 DirListBox 控件和 DriveListBox 控件同步
    Private Sub DriveListBox1_SelectedIndexChanged(ByVal sender As _
    System.Object,ByVal e As System.EventArgs) Handles _
    DriveListBox1.SelectedIndexChanged
        DirListBox1.Path=DriveListBox1.Drive
    End Sub

    '使 FileListBox 控件和 DirListBox 控件同步
    Private Sub DirListBox1_SelectedIndexChanged(ByVal sender As System.Object,_
    ByVal e As System.EventArgs) Handles DirListBox1.SelectedIndexChanged
        FileListBox1.Path=DirListBox1.Path
        TextBox1.Text=FileListBox1.Path
    End Sub

    '"新建"按钮代码
    Private Sub Button1_Click(ByVal sender As System.Object,ByVal e As _
    System.EventArgs) Handles Button1.Click
        Dim fpath As String
        Dim fname As String
        Dim S As Stream
        fpath=DirListBox1.Path
        If fpath="" Then
            MsgBox("请选择文件夹!","提示")
        End If
        fname=InputBox("请输入新建文件的文件名和扩展名","输入")
        If fname<>"" Then
            S=File.Create(fpath & fname)
            S.Close()
        End If
    End Sub

    '"移动"按钮代码
    Private Sub Button2_Click(ByVal sender As System.Object,ByVal e As _
```

```
System.EventArgs) Handles Button2.Click
    Dim fpath As String
    Dim fnewpath As String
    Dim fname As String
    fpath=DirListBox1.Path
    fname=FileListBox1.FileName
    If fname="" Then
        MsgBox("请选择源文件!","提示")
    Else
        fnewpath=InputBox("请输入目标文件夹的路径" & Chr(10) & Chr(13) & _
        "如 D:\my data","输入")
        File.Move(fpath & fname,fnewpath & fname)
    End If
End Sub


'"复制"按钮代码
Private Sub Button3_Click(ByVal sender As System.Object,ByVal e As _
System.EventArgs) Handles Button3.Click
    Dim fpath As String
    Dim fnewpath As String
    Dim fname As String
    fpath=DirListBox1.Path
    fname=FileListBox1.FileName
    If fname="" Then
        MsgBox("请选择源文件!","提示")
    Else
        fnewpath=InputBox("请输入目标文件夹的路径" & Chr(10) & Chr(13) & _
        "如 D:\my data","输入")
        File.Copy(fpath & fname,fnewpath & fname)
    End If
End Sub


'"删除"按钮代码
Private Sub Button4_Click(ByVal sender As System.Object,ByVal e As _
System.EventArgs) Handles Button4.Click
    Dim fpath As String
    Dim fname As String
    Dim mes As Integer
    fpath=DirListBox1.Path
    fname=FileListBox1.FileName
    If fname="" Then
```

```
                MsgBox("请选择源文件!","提示")
            Else
                mes=MsgBox("确实要删除" & fpath & fname & "吗?",_
                            MsgBoxStyle.OkCancel,"确认")
                If mes=vbOK Then
                    File.Delete(fpath & fname)
                End If
            End If
        End Sub
    End Class
```

3. 运行代码

单击工具栏上的"启动调试"按钮运行该项目,单击"移动"按钮,运行结果如图 9-12
所示。

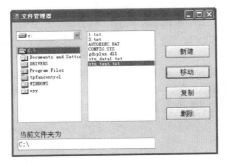

(a) "文件管理器" 窗体   (b) "输入" 对话框

图 9-12 运行结果

9.5.3 相关知识

1. 文件管理控件

在对文件进行操作时,文件路径信息是必不可少的。Visual Basic. NET 提供了
DriveListBox、DirListBox 和 FileListBox 控件,分别用于对驱动器、文件夹和文件的操
作。默认情况下,这 3 个控件不显示在 Visual Basic. NET 的标准工具箱中,使用时需要
先添加到工具箱中,操作步骤如下:

(1) 在工具箱上右击,在弹出的快捷菜单中选择"选择项"命令,打开如图 9-13 所示
的对话框。

(2) 在". NET Framework 组件"选项卡中,选择 DriveListBox、DirListBox 和
FileListBox。单击"确定"按钮后,这 3 个控件就出现在工具箱中了,如图 9-14 所示。

DriveListBox 控件用于驱动器的操作,DirListBox 控件用于文件夹的操作,
FileListBox控件用于文件的操作。

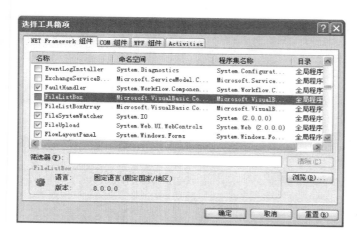

图 9-13 "选择工具箱项"对话框

图 9-14 工具箱

2. File 类

Visual Basic.NET 中的文件操作主要通过 File 类来实现。File 类提供用于创建、复制、删除、移动和打开文件的静态方法。下面主要介绍常用的 File 方法。

1) Create 方法

Create 方法用于在指定路径中创建文件,它返回一个 FileStream,提供对指定文件的读写访问。Create 方法的语法格式如下:

```
File.Create (路径[,缓冲区大小])
```

参数说明:

(1) 路径:字符串表达式,指定要创建的文件的相对或绝对路径及名称。

(2) 缓冲区大小:可选项。Integer 型值,指定用于读取和写入文件的已放入缓冲区的字节数。

例如:

```
Dim fs As FileStream = File.Create("C:\temp\MyTest.txt", 1024)
```

该语句在 C 盘根目录下的 temp 文件夹中创建文件 MyTest.txt,并指定文件的缓冲区为 1024 字节。

使用 Create 方法时,如果指定的文件不存在,则创建该文件。如果文件存在并且不是只读的,则将改写其内容。

默认情况下,Create 方法向所有用户授予对新文件的完全读写访问权限。文件是用读写访问权限打开的,必须关闭后才能由其他应用程序打开。

2) Copy 方法

Copy 方法用于将现有文件复制到新文件中,其语法格式如下:

```
File.Copy (源文件名, 目标文件名 [,改写])
```

参数说明:

(1)源文件名:字符串表达式,指定要复制的文件。

(2)目标文件名:字符串表达式,指定目标文件的名称。它不能是一个目录或现有文件。

(3)改写:可选项。布尔型表达式,如果可以改写目标文件,则为 True;否则为 False。

例如:

```
File.Copy("C:\MyTest.txt","C:\temp\MyData.txt" , True)
```

该语句将文件 C:\MyTest.txt 复制到 C:\temp 文件夹中,并且改文件名为 MyData.txt。如果文件夹中有同名文件,则改写该同名文件。

3) Delete 方法

Delete 方法用于删除指定的文件,其语法格式如下:

```
File. Delete(路径)
```

例如:

```
File.Delete("C:\MyTest.txt")
```

该语句删除 C 盘根目录下的文件 MyTest.txt。

4) Exists 方法

Exists 方法用于确定指定的文件是否存在,其语法格式如下:

```
File. Exists (路径)
```

如果路径包含现有文件的名称,则返回值为 True,否则为 False。如果路径描述的是一个文件夹,则此方法返回 False。

注意:不应使用 Exists 方法来验证路径,此方法仅检查路径中指定的文件是否存在。

5) GetAttributes 方法

GetAttributes 方法用于获取在此路径上文件的文件属性,返回值为 FileAttributes 枚举类型。其语法格式如下:

```
File. GetAttributes(路径)
```

FileAttributes 枚举成员如表 9-12 所示。

表 9-12　FileAttributes 枚举成员

成 员 名 称	说　　明
Archive	文件的存档状态。应用程序使用此属性为文件加上备份或移除标记
Compressed	文件已压缩
Device	保留供将来使用
Directory	文件为一个目录
Hidden	文件是隐藏的,因此没有包括在普通的目录列表中
Normal	文件正常,没有设置其他的属性。此属性仅在单独使用时才有效
ReadOnly	文件为只读
System	文件为系统文件。文件是操作系统的一部分或由操作系统以独占方式使用
Temporary	文件是临时文件。文件系统试图将所有数据保留在内存中以便更快地访问,而不是将数据刷新回大容量存储器中。不再需要临时文件时,应用程序会立即将其删除

6）SetAttributes 方法

SetAttributes 方法用于设置指定路径上文件的指定文件属性。其语法格式如下:

```
File. SetAttributes (路径,文件属性)
```

如程序段 9-11 所示。

程序段 9-11

```
Private Sub Form1_Click1(ByVal sender As Object,ByVal e As _
System.EventArgs) Handles Me.Click
    Dim path As String="C:\MyTest.txt"
    If File.Exists(path)Then
        If(File.GetAttributes(path)And FileAttributes.Hidden)= _
        FileAttributes.Hidden Then
            '将文件属性设为存档
            File.SetAttributes(path,FileAttributes.Archive)
            MsgBox("The file is no longer hidden!")
        Else
            '将文件属性设为隐藏
            File.SetAttributes(path,File.GetAttributes(path)Or _
            FileAttributes.Hidden)
            MsgBox("The file is now hidden!")
        End If
    End If
End Sub
```

7）Move 方法

Move 方法用于将指定文件移到新位置,并提供指定新文件名的选项。其语法格式如下：

> File. Move (源文件名,目标文件名)

例如：

> File. Move ("C:\MyTest.txt", "C:\temp\MyData.txt")

该语句将文件 C:\MyTest. txt 移动到 C:\temp 文件夹中，并且更名为 MyData. txt。

注意：不能使用 Move 方法改写现有文件。

8) Open 方法

Open 方法用于打开指定路径上的文件，它返回一个 FileStream，提供对该文件的读写访问。其语法格式如下：

> File. Open (路径,文件模式[,访问方式][,共享方式])

参数说明：Open 方法所有参数的含义与创建 FileStream 对象语句参数的含义相同，可参见相关内容。

例如：

> File. Open("C:\MyData.txt",FileMode.Open,FileAccess.ReadWrite)

该语句打开 C 盘根目录中的文件 MyData. txt，以供读写操作。

9) ReadAllText 方法

ReadAllText 方法用于打开一个文本文件，将文件的所有行读入一个字符串，最后关闭该文件。返回值为包含文件所有行的字符串数组。其语法格式如下：

> File. ReadAllText (路径[,编码])

该方法打开一个文件，读取文件的每一行，然后将每一行添加为字符串数组的一个元素，最后关闭文件。所产生的字符串不包含终止回车符和/或换行符。

例如：

```
Dim s As String
s=File.ReadAllText("C:\Test.txt")
```

该语句打开 C 盘根目录中的文件 Test. txt，将文件内容读入字符串 s，然后关闭文件。

10) AppendAllText 方法

AppendAllText 方法用于打开一个文件，将指定的字符串追加到文件中，然后关闭该文件。如果文件不存在则创建该文件。其语法格式如下：

> File. AppendAllText (路径,内容[,编码])

参数说明：内容，为字符串表达式，表示要追加到文件中的字符串。

例如：

```
File.AppendAllText("C:\Test.txt","This is a extra text.")
```

该方法打开 C 盘根目录中的文件 Test. txt,将字符串"This is a extra text. "追加到文件末尾,然后关闭文件。如果 C:\Test. txt 不存在,则创建该文件,并向其中添加文本。

9.6 小 结

本章的重点是介绍 Visual Basic. NET 中的文件,通过案例介绍了不同类型文件的读写方法,以及对文件进行移动、删除等操作的方法。

本章涉及的内容包括:

- 文件概述。
- 文件读写函数。
- 文件读写类。
- 文件操作类。
- 文件管理控件。
- My 命名空间和 System. IO 命名空间。

9.7 作 业

(1) 编写程序,将一个文本文件内容连接到另一个文本文件内容后面,生成一个新的文本文件。

(2) 编写程序,建立一个通讯录文件,文件中的每个记录包含编号、姓名、出生日期、电话号码和地址 5 项内容。从文件中查找指定编号的用户信息,并在文本框中显示。

(3) 编写程序,建立一个二进制文件,文件中存放 10 个 1~200 之间的随机整数,在窗体的两个文本框中分别显示排序前和排序后的这 10 个数。

(4) 对任务 2 进行完善,添加"第一条"和"最后一条"按钮,单击按钮可直接进行记录的跳转。添加"修改"按钮,对文本框中的内容进行修改,然后单击该按钮,将修改后的内容写入文件。

第10章 ADO.NET 和数据库

学习提示

本章将介绍数据库的基本概念以及 ADO.NET 数据库访问技术。常用的数据库有 Access 和 SQL Server 两种数据库,本章主要采用 Access 数据库,一方面是因为 Access 数据库简单易学;另一方面是在没有 SQL Server 服务器的情况下依然可以学习 ADO.NET,增加了程序的可移植性。

在计算机三大主要应用领域(科学计算、过程控制和数据处理)中,数据处理所占比例为 70%。数据库技术是数据处理的最新技术,数据库技术所研究的问题是如何科学地组织和存储数据,如何高效地获取和处理数据。在各行各业的信息处理中,数据库技术得到了普遍应用。

Visual Basic.NET 在数据库方面提供了强大的功能和丰富的工具,用 Visual Basic.NET 作为数据库前端,数据库系统本身作为后端,即数据库前端是一个计算机应用程序,用该程序可以选择数据库中的数据项,并把所选择的数据项按用户的要求显示出来。

Visual Basic.NET 使用 ADO.NET 作为访问数据库的接口,可以对 Microsoft Access、SQL Server、Oracle、MySQL 等数据库进行读写操作。

10.1 任务 1:创建数据库

10.1.1 要求和目的

1. 要求

在 Microsoft Office Access 中创建一个简单的员工管理数据库,数据库包含两张表:员工基本信息和员工工作考评。表结构如表 10-1 和表 10-2 所示。

表 10-1 "员工基本信息"表结构

字段名称	编号	姓名	性别	文化程度	工作岗位	所属部门	合同有效期
数据类型	文本	文本	文本	文本	文本	文本	日期/时间
字段长度	4	8	1	10	6	6	

表 10-2　"员工工作考评"表结构

字段名称	编号	奖励事由	处罚事由	奖励金额	处罚金额	总体评价
数据类型	文本	文本	文本	数字整型	数字整型	文本
字段长度	4	20	20			30

2. 目的

(1) 学习数据库的基本概念。

(2) 学习用 Access 创建数据库和表。

(3) 学习 SQL 查询。

10.1.2　操作步骤

1. 创建数据库

选择"开始"→"所有程序"→Microsoft Office→Microsoft Office Access 命令,即可打开 Access 的操作界面。

选择"文件"→"新建"命令,在右面的"新建文件"任务窗格中,单击"空数据库"按钮。

在打开的"文件新建数据库"对话框中,指定数据库保存的位置 D:\database 和名称"员工管理.mdb",然后单击"创建"按钮,在打开的数据库窗口中即可创建数据库的表。

2. 创建数据库中的表

① 输入字段。在数据库窗口中,选择"表"数据库对象,双击"使用设计器创建表"进入数据表的设计视图,按照表 10-1 所示的结构创建表,即输入每个字段的字段名称、数据类型和字段大小,如图 10-1 所示。

② 定义主键。选定"编号"字段,单击工具栏上的主键按钮 ,如图 10-1 所示。

③ 保存表。完成表结构的建立后,单击工具栏上的"保存"按钮,保存表,表名为"信息"。

使用同样的方法创建另一张表,表名为"评价","评价"表中不设置主键。

3. 建立关系

① 在数据库窗口空白位置右击,在弹出的快捷菜单中选择"关系"命令。

② 如果数据库中尚未定义任何关系,则会自动显示"显示表"对话框。

图 10-1　表设计视图

③ 添加要建立关系的"信息"表和"评价"表,然后关闭"显示表"对话框。

④ 将"信息"表中的"编号"主键字段(以粗体文本显示)拖到"评价"表的"编号"字段上,如图 10-2 所示。

系统将显示"编辑关系"对话框,如图 10-3 所示,选择"实施参照完整性"、"级联更新相关字段"和"级联删除相关记录"3个关系选项,然后单击"创建"按钮,创建了两张表之间的一对多关系。

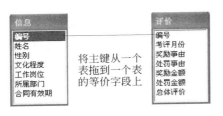

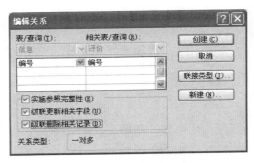

图 10-2 拖动字段并建立关系   图 10-3 "编辑关系"对话框

关闭"编辑关系"对话框并保存该布局。主表是"信息"表,子表是"评价"表。

4. 输入记录

表结构和表的关系定义后,就可以在表中输入记录。在数据库窗口,分别双击两张表,进入数据表视图,如图 10-4 所示,一条一条输入记录。

图 10-4 "员工基本信息"数据表视图

至此,"员工管理"数据库创建完毕。下面将用 Visual Basic.NET 对它进行操作,包括查找、浏览、删除、添加等操作。

10.1.3 相关知识

1. 数据库的基本概念

1) 数据库

数据库(Database,DB)是长期存储在计算机内、有组织的、可共享的、统一管理的相关数据的集合。在 Microsoft Access 中,数据库文件的扩展名是 mdb。

2) 表

在数据库中,数据保存在表中,大多数数据库都包含多个表。表由行和列组成,列称为字段,行称为记录。

3) 数据库管理系统

数据库管理系统(Database Management System,DBMS)是用户与数据库之间的一个数据管理软件,它的主要任务是对数据库的建立、运用和维护进行统一管理、统一控制。即用户不能直接接触数据库,而只能通过 DBMS 来操作数据库。

不同的软件公司，如 Microsoft、IBM 和 Oracle 等开发了多种数据库管理系统，例如，Access、SQL Server、Oracle 等，Visual Basic. NET 可以对任何一种数据库管理系统进行操作。

4）主键

如果某一个字段可以唯一标识一条记录，可以将该字段指定为主键，"信息"表中"编号"是主键。

5）关系

在数据库技术中，有 3 种关系类型，分别是一对一关系、一对多关系和多对多关系。

（1）一对一关系：若建立关系的两个表，被关联的字段在两个表中分别是主键，则建立的关系为一对一关系。如一个班级只有一个班长，一个班长只能管理一个班级。

（2）一对多关系：若建立关系的两个表，被关联的字段仅有一个是主键，则建立的关系为一对多关系。如学校的一个系有多名教师，而一个教师只属于一个系。

（3）多对多关系：多对多关系必须借助第三个表来实现。如一个学生可以选修多门课程，一门课程可以被多名学生选修，学生表和课程表是多对多关系，可以借助选课表来实现多对多关系。

6）关系选项

实施参照完整性：Microsoft Access 使用参照完整性来确保相关表中记录之间关系的有效性，并且不会意外地删除或更改相关数据。

级联更新相关字段：当定义一个关系时，如果选择了"级联更新相关字段"选项，则不管何时更改主表中记录的主键，Microsoft Access 都会自动在所有相关的记录中将主键更新为新值。

级联删除相关记录：当定义一个关系时，如果勾选了"级联删除相关字段"复选框，则不管何时删除主表中的记录，Microsoft Access 都会自动删除相关表中的相关记录。

2. SQL 查询

当数据库创建好之后，Visual Basic. NET 作为前台开发工具就可以操作数据库中的数据，例如，对数据进行查询、修改、删除、维护等操作。Visual Basic. NET 提供了 ADO. NET 连接数据库，并使用 SQL 完成数据库管理与访问。

结构化查询语言（Structured Query Language，SQL）是一种一体化的语言，所有的关系数据库管理系统都支持 SQL，其功能包括数据查询、数据操纵、数据定义和数据控制 4 个部分。

1）查询语句 SELECT

SELECT 命令的语句格式：

```
SELECT [ALL/DISTINCT] * /字段列表
        FROM <表名 1>[,<表名 2>] …
        [WHERE <条件表达式>]
        [GROUP BY <列名 1>[HAVING<条件表达式>]]
        [ORDER BY <列名 2>[ASC/DESC]]
```

① SELECT 命令由多个子句组成。标点符号一律用西文标点。

② 在命令格式中,用符号"[ ]"括起来表示可选项,"/"表示两项任选其一,"< >"表示必选项。字母大小写均可。

③ ALL 表示在筛选的结果集中包括重复记录,而 DISTINCT 则去掉重复记录。

④ SELECT 命令的执行过程是:

根据 WHERE 子句的检索条件,从 FROM 子句指定的表中选取满足条件的记录,再按照字段列表选取字段,得到查询结果。

如果有 GROUP 子句,则将查询结果按照<列名1>相同的值进行分组。

如果 GROUP 子句后面有 HAVING 短语,则只输出满足 HAVING 条件的元组。

如果有 ORDER 子句,查询结果还要按照<列名2>的值进行排序。

例如,查询员工的编号、姓名和性别。

```
SELECT ALL 编号,姓名,性别 FROM 信息
```

例如,查询员工的全部基本信息。

```
SELECT * FROM 信息
```

例如,查询文化程度是"本科"的员工的编号和姓名。

```
SELECT 编号,姓名 FROM 信息 WHERE 文化程度="本科"
```

例如,查询 2015 年以前合同到期的员工的基本情况。

```
SELECT * FROM 信息
WHERE 合同有效期<#2015-01-01#
```

例如,查询员工的奖励情况。

```
SELECT 信息.编号,信息.姓名,评价.考评月份,评价.奖励事由
FROM 信息,评价 WHERE 信息.编号=评价.编号
```

2) 操纵语句 INSERT、DELETE、UPDATE

① 插入新记录 INSERT INTO

把新的记录插入到一个存在的表中,语句格式:

```
INSERT INTO<表名>[(<列名1>[,<列名2>…])] VALUES(<值>)
```

例如,在"信息"表中插入一条新记录。

```
INSERT INTO 信息
VALUES("1005","李立","男","研究生","人事主管","人事部:,#2013-1-1#)
```

② 删除记录 DELETE

DELETE 语句可以删除表中的一行或多行记录,语句格式:

```
DELETE FROM<表名>[WHERE<条件>]
```

例如,删除"信息"表中合同有效期 2009 年以前的所有记录。

`DELETE * FROM` 信息 `WHERE` 合同有效期`<=#2008-12-31#;`

③ 更新数据 UPDATE

UPDATE 语句对表中的一行或多行记录的某些列值进行修改。语句格式：

`UPDATE <表名>SET <列名>=<表达式> [,<列名>=<表达式>]…[WHERE<条件>]`

其中，SET 子句给出要修改的列及其修改后的值，WHERE 子句指定待修改的记录应当满足的条件，WHERE 子句省略时，则修改表中的所有记录。

例如，将奖励金额为 100 的更改为 300。

`UPDATE` 评价 `SET` 奖励金额`=300 WHERE` 奖励金额`=100`

10.2 任务 2：连接和操作数据库

10.2.1 要求和目的

1. 要求

创建如图 10-5 所示的窗体界面，通过单击命令按钮浏览"员工管理"数据库中"信息"表和"评价"表的记录。窗体中一组文本框显示"信息"主表，DataGridView 控件则显示"评价"子表。当主表内容发生变化时，子表则根据主表的选择作相应的变化。例如，当显示主表编号 1003 的记录时，子表立即显示编号 1003 的相关内容。

图 10-5　任务 2 窗体界面

2. 目的

(1) 学习用 ADO. NET 操作数据库的方法。

(2) 学习" DataGridView"控件的用法。

10.2.2 操作步骤

1. 添加控件并设置控件属性

新建一个名为 ch10_1 的 Windows 窗体应用程序，在窗体中添加控件并设置控件属性，如表 10-3 所示。

表 10-3 控件及控件属性

控　　件	Name	Text
Form(窗体)	Form1	浏览信息表
7 个 Label(标签)	Label1,…,Label7	编号、性别、姓名……
7 个 TextBox(文本框)	编号 txt、性别 txt、姓名 txt、工作岗位 txt、文化程度 txt、所属部门 txt、有效期 txt	
DataGridView	DataGridView1	
5 个 Button(命令按钮)	firstButton、lastButton、nextButton、previousButton、exitButton	第一条、最后一条、下一条、上一条、退出

2. 编写事件处理代码

该应用程序的事件处理代码的结构如图 10-6 所示。

图 10-6　事件处理代码的结构

首先在所有代码的最上面输入代码,引入处理 Access 数据库的命名空间:

```
Imports System.Data.OleDb
```

然后,在 Public Class Form1 语句下面添加数据库处理代码,如程序段 10-1 所示。

程序段 10-1

```
Dim Provider="Provider=Microsoft.Jet.OLEDB.4.0"
Dim Database="Data Source=D:\Database\员工管理.mdb"
Dim Conn As OleDbConnection=New OleDbConnection(Provider & ";" & Database)
Dim adapter As OleDbDataAdapter          '定义一个 OleDbDataAdapter 对象
Dim dataset As New DataSet               '定义一个 DataSet 对象
```

窗体 Form1 的 Load 事件处理代码,如程序段 10-2 所示。

程序段 10-2

```
Private Sub Form1_Load(ByVal sender As System.Object,ByVal e As _
System.EventArgs) Handles MyBase.Load
```

```
        Dim strSQL1 As String="Select * From 信息"
        adapter=New OleDbDataAdapter(strSQL1,Conn)
        adapter.Fill(dataset,"信息")
        编号 txt.DataBindings.Add("text",dataset,"信息.编号")
        姓名 txt.DataBindings.Add("text",dataset,"信息.姓名")
        性别 txt.DataBindings.Add("text",dataset,"信息.性别")
        文化程度 txt.DataBindings.Add("text",dataset,"信息.文化程度")
        工作岗位 txt.DataBindings.Add("text",dataset,"信息.工作岗位")
        所属部门 txt.DataBindings.Add("text",dataset,"信息.所属部门")
        有效期 txt.DataBindings.Add("text",dataset,"信息.合同有效期")
        Call dgv2()
End Sub
```

dgv2 过程代码如程序段 10-3 所示。

程序段 10-3

```
'dgv2 过程的作用:当"信息"主表的记录发生变化,子表"评价"也随之变化,主表和子表的"编号"相同
Private Sub dgv2()
    Dim dataset As New DataSet
    Dim strSQL2 As String="Select * From 评价 where 编号='"& 编号 txt.Text &"'"
    adapter=New OleDb.OleDbDataAdapter(strSQL2, Conn)
    adapter.Fill(dataset, "评价")
    DataGridView1.DataSource=dataset
    DataGridView1.DataMember="评价"
End Sub
```

"第一条"按钮的 Click 事件处理代码如程序段 10-4 所示。

程序段 10-4

```
Private Sub firstButton_Click(ByVal sender As System.Object,ByVal e As _
System.EventArgs) Handles firstButton.Click
    Me.BindingContext(dataset,"信息").Position=0          '定位到第一条记录
    Call dgv2()
End Sub
```

"最后一条"按钮的 Click 事件处理代码如程序段 10-5 所示。

程序段 10-5

```
Private Sub lastButton_Click(ByVal sender As System.Object,ByVal e As _
System.EventArgs) Handles lastButton.Click
    '定位到最后一条记录
    Me.BindingContext(dataset,"信息").Position=Me.BindingContext(dataset,_
    "信息").Count-1
    Call dgv2()
End Sub
```

"下一条"按钮的 Click 事件处理代码如程序段 10-6 所示。

程序段 10-6

```
Private Sub nextButton_Click(ByVal sender As System.Object,ByVal e As _
System.EventArgs) Handles nextButton.Click
    '定位到下一条记录
    Me.BindingContext(dataset, "信息").Position+=1
    Call dgv2()
End Sub
```

"上一条"按钮的 Click 事件处理代码如程序段 10-7 所示。

程序段 10-7

```
Private Sub previousButton_Click(ByVal sender As System.Object,ByVal e As _
System.EventArgs) Handles previousButton.Click
    '定位到上一条记录
    Me.BindingContext(dataset,"信息").Position-=1
    Call dgv2()
End Sub
```

"退出"按钮的 Click 事件处理代码如程序段 10-8 所示。

程序段 10-8

```
Private Sub exitButton_Click(ByVal sender As System.Object,ByVal e As _
System.EventArgs) Handles exitButton.Click
    End
End Sub
```

3. 运行程序

程序运行结果如图 10-7 所示。

图 10-7 运行结果

10.2.3 相关知识

1. ADO.NET

ADO.NET 是一种数据库访问技术。它提供了一个断开的体系结构,即应用程序与数据库连接后,检索数据将把它们保存在内存中,然后就断开;接下来进行的添加、删除等操作是针对内存中的数据库;最后创建新连接,将所做的修改发送回数据库,并更新数据库。

DataSet 是 ADO. NET 中的核心技术,它使得访问数据库变得非常方便。DataSet 可以看成是内存中的数据库,应用程序可以通过 DataSet 对数据库进行非连接模式的访问,即通过 DataAdapter 将数据从数据库中取出并填充到 DataSet 中,应用程序访问和操作 DataSet 中的数据,然后再通过 DataAdapter 将数据更新传送回数据库。

ADO. NET 的两个核心就是: DataSet 和. NET 数据库提供程序。数据提供程序用于连接到数据库、执行命令和检索结果,包括 SQL Server. NET 数据提供程序和 OLE DB. NET数据提供程序。

与数据提供程序相关的类位于它们各自的命名空间中。ADO. NET 的命名空间有:

System. Data. OleDb:包含了 OLE DB. NET 数据提供程序类。该命名空间的类用于处理 Microsoft Access、SQL Server 和 Oracle 数据库。

System. Data. SqlClient:包含了 SQL Server. NET 数据提供程序类。该命名空间的类只用于处理 SQL Server 数据库。

2. System. Data. OleDb 命名空间的常用类

1) OleDbConnection

用于创建数据库连接(连接 Access 等数据库),以便发送命令来检索和更新数据。
程序段 10-1 中的代码:

```
Dim Provider="Provider=Microsoft.Jet.OLEDB.4.0"
Dim Database="Data Source=D:\Database\员工管理.mdb"
Dim Conn As OleDbConnection=New OleDbConnection(Provider & ";" & Database)
```

代码的作用是创建 Access 数据库连接,连接"D:\Database\员工管理. mdb"。

2) DataSet

DataSet 也称为数据集。它是一个驻留于内存中的数据库,包含表、约束条件和表之间的关系。

如程序段 10-1 中的代码:

```
Dim dataset As New DataSet
```

代码的作用是定义一个 DataSet 对象,即创建一个数据集 dataset。

3) OleDbDataAdapter

OleDbDataAdapter 也称为数据适配器。用作数据库和 DataSet 之间的桥梁,它使用 OleDbConnection 检索数据库中的数据,把它们添加到 DataSet 中,它还可以把 DataSet 中所做的修改更新到数据库。

如程序段 10-1 中的代码:

```
Dim adapter As OleDbDataAdapter
```

代码的作用是定义一个 OleDbDataAdapter 对象,即创建一个数据适配器 adapter。

adapter(数据适配器)填充 dataSet(数据集)的过程分两步:首先通过 adapter,利用 SQL 语句在连接的数据库中检索数据;然后再通过 adapter 的 Fill 方法将检索出的数据填充到 dataset 中。如程序段 10-2 中的代码:

```
Dim strSQL1 As String="Select * From 信息"
adapter=New OleDbDataAdapter(strSQL1,Conn)
adapter.Fill(dataset,"信息")
```

3. System. Data. SqlClient 命名空间的常用类

1）SqlConnection

SqlConnection 用于创建数据库连接，只能连接 SQL Server 数据库。和连接 Access 数据库的不同点有两个：命名空间和连接字符串。

引入命名空间：Imports System. Data. SqlClient。

下面代码连接 SQL Server 数据库 D:\database\Database1. mdf。

```
Dim conn As SqlConnection=New SqlConnection("Data
    Source=.\SQLEXPRESS;AttachDbFilename=D:\database\Database1.mdf;
    Integrated Security=True;Connect Timeout=30;User Instance=True")
```

其中：（1）Data Source=.\SQLExpress 也可以写成 Data Source＝(local)\SQLExpress 表示本地计算机，SQL Server 服务器名为 SQLExpress。

（2）AttachDbFileName 属性指定连接打开时动态附加到服务器上的数据库文件的位置。

（3）Integrated Security 为 True 时，使用当前的 Windows 账户进行身份验证；为 False 时需要在连接时指定用户 ID 和密码。

（4）User Instance 为 True 时，SQL Server Express 为了把数据库附加到新的实例，建立一个新的进程，在打开连接的用户身份下运行。

（5）Connect Timeout＝30 表示连接超时 30 秒。

2）SqlDataAdapter

用作 SQL Server 数据库和 DataSet 之间的桥梁。

3）DataSet

也是一个驻留于内存中的数据库。

4. 数据绑定

利用 ADO. NET 连接数据库并创建 DataSet，目的是为了显示和操作数据库中的数据。如果在应用程序中实现数据的显示和操作，则必须将数据与窗体中的控件绑定起来，通过控件显示和操作数据。

数据绑定就是将控件与来自数据源的数据相关联。Visual Basic. NET 提供了两种类型的绑定：简单绑定和复杂绑定。

1）简单绑定

对于 TextBox 和 Label 控件，一个控件只能有一个数据。

如程序段 10-2 中的代码：

```
编号 txt.DataBindings.Add("text",dataset,"信息.编号")
```

即将文本框控件"编号 txt"和数据集 dataset 中"信息"表中的"编号"字段绑定起来。

要使用简单绑定的控件在记录之间导航，可以引用窗体自身的 BindingContext 属性，BindingContext 的 Position 属性用来定义数据集中的当前记录。例如：

```
Me.BindingContext(dataset,"信息").Position=0
```

将绑定的文本框控件定位到数据集中"信息"表的第一条记录。

2）复杂绑定

复杂绑定是指一个控件可以与多个数据绑定。这种绑定适合 DataGridView、ComboBox等控件。要将数据绑定在 DataGridView 控件上，需要设置 DataSource 和 DataMember 属性。如程序段 10-3 中代码：

```
DataGridView1.DataSource=dataset
DataGridView1.DataMember="评价"
```

其中，DataSource 用来设置数据源，DataMember 用来设置数据源中的表。

5. ADO. NET 访问数据库的步骤

在 Visual Basic. NET 中，利用 ADO. NET 访问数据库，一般有以下几个步骤：

（1）建立数据库连接。

（2）建立一个数据适配器和一个数据集。

（3）在窗体中添加控件，将控件和数据集中的字段进行绑定。

（4）编写 Visual Basic. NET 代码，填充数据集。

（5）对数据集进行操作，包括记录导航、删除、添加等。

（6）将数据集的变化更新到数据库。

任务 2 只是实现了记录导航，并没有实现删除、添加等操作，因为需要大量、复杂的代码。在下面的任务 3 和任务 4 中，将利用组件和代码相结合的方式，可以比较容易地实现删除、添加、查找等操作。

10.3　任务 3：BindingSource 组件的应用（1）

10.3.1　要求和目的

1. 要求

利用"工具箱"→"数据"→" BindingSource"组件和" BindingNavigator"组件，可以将"员工管理"数据库的两张表"信息"和"评价"的记录显示在窗体上，并可以通过导航条浏览、添加和删除记录。程序运行结果如图 10-8 所示。

图 10-8　任务 3 窗体界面

2. 目的

（1）学习 BindingSource 和 BindingNavigator 组件的用法。

（2）学习利用组件访问数据库。

10.3.2 操作步骤

1. 添加组件

新建一个名为 ch10_2 的 Windows 窗体应用程序，双击工具箱中的 BindingSource 组件，属性 Name 为 BindingSource1；双击工具箱中的 BindingNavigator 组件，属性 Name 为 BindingNavigator1，该组件在窗体上创建一个导航条。

两个组件显示在窗体下面的面板中。

2. 设置 BindingSource1 组件的属性

设置 BindingSource1 组件的 DataSource 和 DataMember 属性。

（1）在 BindingSource1 组件的属性窗口中，单击 DataSource 属性，如图 10-9 所示，单击"添加项目数据源"选项。

（2）打开"数据源配置向导"对话框，选择"数据库"作为数据源类型，然后单击"下一步"按钮。

（3）打开"数据源配置向导"对话框，单击"新建连接"按钮。

（4）打开"添加连接"对话框，如图 10-10 所示，单击"更改"按钮，在"更改数据源"对话框中，选择"Microsoft Access 数据库文件"选项。

注意：如果是 SQL Server 数据库，就选择"Microsoft SQL Server 数据库文件"选项。

(a) 界面 1

(b) 界面 2

图 10-9　设置 DataSource 属性

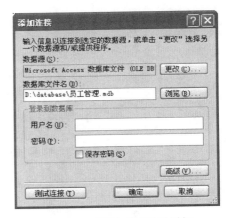

图 10-10　"添加连接"对话框

在"添加连接"对话框中，单击"浏览"按钮，找到"员工管理.mdb"数据库，单击"测试连接"按钮，测试数据库文件是否连接成功，然后单击"确定"按钮。

（5）数据库连接成功，返回"数据源配置向导"对话框，单击"下一步"按钮。

（6）打开图 10-11 所示的信息提示对话框，单击"否"按钮。

（7）打开"数据源配置向导"对话框，选择"是，将连接保存为"单选按钮，连接字符串

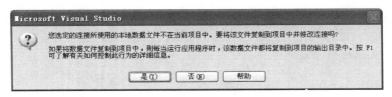

图 10-11　提示对话框

为"员工管理 ConnectionString",即可将连接字符串保存到应用程序配置文件中,单击"下一步"按钮。

（8）打开"数据源配置向导"对话框,如图 10-12 所示。选择数据库对象,选择"表"对象,DataSet 名称为"员工管理 DataSet",单击"完成"按钮。

在窗体下面的面板中自动添加一个组件,即"员工管理 DataSet"数据集。而在解决方案资源管理器中自动添加项目文件,即"员工管理 DataSet.xsd",如图 10-13 所示。

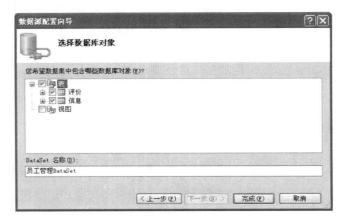

图 10-12　"数据源配置向导"对话框　　　图 10-13　"解决方案资源管理器"窗口

（9）设置 DataMember 属性。在 BindingSource1 组件的属性窗口中,单击 DataMember 属性,将属性值设置为"信息"表,在窗体下面的面板中自动添加一个组件,即"信息 TableAdapter"数据适配器。

3. 将"信息"表和"评价"表拖至窗体

（1）选择 Form1 窗体,选择"数据"→"显示数据源"命令,打开"数据源"窗口,如图 10-14(a)所示。选中"信息"表,可以看到除了"信息"表之外还有一个子表"评价"。选择"信息"表旁边的下拉菜单,选择"详细信息"选项即可,如图 10-14(b)所示。

（2）将"信息"表拖至 Form1 窗体,调整一组控件的大小和位置,并且可以看到在窗体下面的面板中添加了一个组件,即 TableAdapterManager 数据适配器。

再将"信息"表下的子表"评价"拖至窗体,以 DataGridView 控件的形式显示记录。可以看到在窗体下面的面板中添加两个组件,即"评价 BindingSource"和"评价 TableAdapter",如图 10-15 所示。

(a) 选择"信息"表

(b) 选择下拉菜单

图 10-14　"数据源"窗口

![图10-15示意图]

图 10-15　将两张表拖至窗体

4. 设置 BindingNavigator1 组件的属性

在 BindingNavigator1 组件的属性窗口中,单击 BindingSource 属性,将属性值设置为 BindingSource1。

5. 运行程序

运行结果如图 10-8 所示。窗体左边一组控件显示"信息"表的一条记录,则右边的 DataGridView 控件显示子表"评价"表相关的记录。同时可以利用窗体最上边的导航条浏览表中的记录。

当然,也可以利用导航条的 ![加号]按钮和 ![叉号]按钮完成添加记录和删除记录的功能,但是打开数据库会发现,记录并没有真正添加到数据库或从数据库中删除。

如果希望在数据库文件中真正实现删除、添加、查询等功能,必须通过设计代码来实现。

10.3.3　相关知识

1. BindingSource 组件

BindingSource 组件的用途就是建立与数据源的连接,通过将 BindingSource 组件绑定到数据源,然后将窗体上的控件绑定到 BindingSource 组件,从而完成与数据的交互操作,包括导航、排序、查询和删除、添加等。

1) 常用属性

DataSource:设置与数据源的连接。

DataMember:设置数据源中的表。

Position:获取或设置表中当前记录。

Count:表中所有记录的个数。

AllowNew:设置是否可以使用 AddNew 方法向 BindingSource 组件添加记录。

2) 常用方法

AddNew:在表中添加一条空记录。

Find:在表中查找指定的数据。

EndEdit:将挂起的更改应用于数据源。

RemoveAt:删除表中当前记录。

CancelEdit:取消操作。

2. BindingNavigator 组件

可以使用 BindingNavigator 组件创建标准化方法,以供用户搜索和更改 Windows 窗体中的数据。将 BindingNavigator 与 BindingSource 组件一起使用,可以在窗体的数据记录之间移动并与这些记录进行交互。

BindingNavigator 组件是一个 ToolStrip 控件,该控件上带有预配置为定位到数据集中第一条、最后一条、下一条和上一条记录的按钮,还有用于添加和删除记录的按钮。

通过设置 BindingSource 属性,可以将它与 BindingSource 组件的数据源建立绑定关系。

10.4　任务 4:BindingSource 组件的应用(2)

10.4.1　要求和目的

1. 要求

在任务 3 的基础上删除 BindingNavigator 组件,添加 8 个命令按钮,窗体界面如图 10-16 所示。通过单击 8 个按钮,完成记录的导航、记录的添加、删除、查找操作。

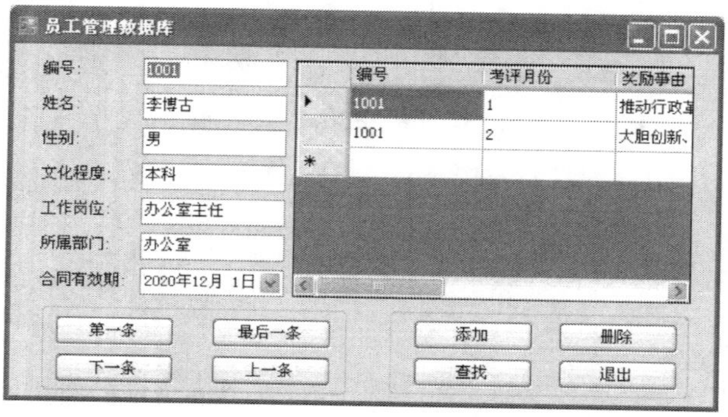

图 10-16　任务 4 窗体界面

2. 目的

学习利用组件和代码访问数据库的方法。

10.4.2 操作步骤

1. 添加控件并设置控件属性

打开 ch10_2 应用程序,在窗体中删除 BindingNavigator 组件,并添加两个分组框控件 GroupBox1 和 GroupBox2,每个分组框添加 4 个命令按钮,并设置控件属性,如表 10-4 所示。

表 10-4 控件及控件属性

控 件	Name	Text
	firstButton	第一条
	lastButton	最后一条
	nextButton	下一条
	previousButton	上一条
Button（命令按钮）	addButton	添加
	deleteButton	删除
	findButton	查找
	exitButton	退出

2. 编写事件处理代码

"第一条"按钮的 Click 事件处理代码如程序段 10-9 所示。

程序段 10-9

```
Private Sub firstButton_Click(ByVal sender As System.Object,ByVal e As _
System.EventArgs) Handles firstButton.Click
    Me.BindingSource1.Position=0
End Sub
```

"下一条"按钮的 Click 事件处理代码如程序段 10-10 所示。

程序段 10-10

```
Private Sub nextButton_Click(ByVal sender As System.Object, ByVal e As _
System.EventArgs) Handles nextButton.Click
    Me.BindingSource1.Position+=1
End Sub
```

"上一条"按钮的 Click 事件处理代码如程序段 10-11 所示。

程序段 10-11

```
Private Sub previousButton_Click(ByVal sender As System.Object,ByVal e As _
System.EventArgs) Handles previousButton.Click
    Me.BindingSource1.Position-=1
End Sub
```

"最后一条"按钮的 Click 事件处理代码如程序段 10-12 所示。

程序段 10-12

```
Private Sub lastButton_Click(ByVal sender As System.Object,ByVal e As _
System.EventArgs) Handles lastButton.Click
    Me.BindingSource1.Position=Me.BindingSource1.Count-1
End Sub
```

"添加"按钮的 Click 事件处理代码如程序段 10-13 所示。

程序段 10-13

```
Private Sub addButton_Click(ByVal sender As System.Object,ByVal e As _
System.EventArgs) Handles addButton.Click
    If addButton.Text="添加"Then
        BindingSource1.AddNew()
        GroupBox1.Enabled=False
        deleteButton.Enabled=False
        exitButton.Enabled=False
        findButton.Enabled=False
        addButton.Text="确认"
    Else
        If MessageBox.Show("确认添加吗?","添加记录",MessageBoxButtons.OKCancel)= _
        DialogResult.OK Then
            If 编号 TextBox.Text="" Then
                MessageBox.Show("编号不能为空")
                Return
            Else
                Me.Validate()
                BindingSource1.EndEdit()
                TableAdapterManager.UpdateAll(员工管理 DataSet)
            End If
        Else
            BindingSource1.CancelEdit()
        End If
        GroupBox1.Enabled=True
        deleteButton.Enabled=True
        exitButton.Enabled=True
        findButton.Enabled=True
```

```
        addButton.Text="添加"
    End If
End Sub
```

程序段 10-13 代码说明：

当单击"添加"按钮时，用 AddNew 方法添加一条空记录，所有文本框将置空，命令按钮的 Text 属性变为"确认"，并设置其他按钮不可用。

用户在文本框中输入记录，然后单击"确认"命令按钮，弹出警告提示框，用户单击"确认"按钮还是"取消"按钮，如果单击"确认"按钮，继续判断"编号"是否输入为空，如果为空则警告，并返回重新输入；如果不为空，则将添加的记录保存到数据库中（如程序段 10-13 中灰色代码）。

如果单击"取消"按钮，则取消本次操作。

不论单击"确认"还是"取消"按钮，按钮的 Text 属性又变为"添加"，并设置其他按钮可用。

"查找"按钮的 Click 事件处理代码如程序段 10-14 所示。

程序段 10-14

```
Private Sub findButton_Click(ByVal sender As System.Object,ByVal e As _
System.EventArgs) Handles findButton.Click
    Dim strnumber As String
    strnumber=InputBox("请输入编号","输入编号")
    Dim pos As Integer=Me.BindingSource1.Find("编号",strnumber)
    If Not pos=-1 Then
        Me.BindingSource1.Position=pos
    Else
        MessageBox.Show("没有找到记录!")
    End If
End Sub
```

程序段 10-14 代码说明：用 Find 方法，按照用户输入的"编号"查找记录。如果找到匹配的记录，Find 方法返回该记录在表中的位置；否则返回-1，表示没有找到任何匹配的记录。

"删除"按钮的 Click 事件处理代码如程序段 10-15 所示。

程序段 10-15

```
Private Sub deleteButton_Click(ByVal sender As System.Object,ByVal e As _
System.EventArgs) Handles deleteButton.Click
    Dim deletenum As String
    deletenum=InputBox("请输入编号:","输入编号")
    Dim pos As Integer=Me.BindingSource1.Find("编号",deletenum)
    If Not pos=-1 Then
        Me.BindingSource1.Position=pos
        If MessageBox.Show("确认删除吗?","删除记录",MessageBoxButtons.OKCancel)= _
```

```
                    DialogResult.OK Then
                        Me.BindingSource1.RemoveAt(BindingSource1.Position)
                        Me.Validate()
                        BindingSource1.EndEdit()
                        TableAdapterManager.UpdateAll(员工管理 DataSet)
                    Else
                        BindingSource1.CancelEdit()
                    End If
                Else
                    MessageBox.Show("没有找到记录!")
                End If
        End Sub
```

程序段 10-15 代码说明：首先用 Find 方法，按照用户输入的"编号"查找记录。如果找到匹配的记录，弹出警告提示框，用户单击"确认"按钮还是"取消"按钮，如果单击"确认"按钮，则删除记录，否则取消本次操作。

"退出"按钮的 Click 事件处理代码如程序段 10-16 所示。

程序段 10-16

```
Private Sub exitButton_Click(ByVal sender As System.Object,ByVal e As _
System.EventArgs) Handles exitButton.Click
        End
End Sub
```

窗体 Form1 的 Load 事件处理代码如程序段 10-17 所示。

程序段 10-17

```
Private Sub Form1_Load(ByVal sender As System.Object,ByVal e As _
System.EventArgs) Handles MyBase.Load
    'TODO: 这行代码将数据加载到表"员工管理 DataSet.评价"中,您可以根据需要移动或移除它
    Me.评价 TableAdapter.Fill(Me.员工管理 DataSet.评价)
    'TODO: 这行代码将数据加载到表"员工管理 DataSet.信息"中,您可以根据需要移动或移除它
    Me.信息 TableAdapter.Fill(Me.员工管理 DataSet.信息)
End Sub
```

程序段 10-17 代码说明：在利用组件访问数据库时，窗体 Form1 的 Load 事件处理代码自动生成。

3. 运行程序

运行界面如图 10-16 所示，单击命令按钮，实现记录浏览、添加、删除功能。

10.4.3 相关知识

删除、添加操作是针对数据集进行的操作，如果需要将数据集中的改变更新到数据库，那么必须用代码来实现。代码如下：

```
Me.Validate()
BindingSource1.EndEdit()
TableAdapterManager.UpdateAll(员工管理 DataSet)
```

10.5　小　　结

本章的重点是介绍如何利用 ADO.NET 访问和操作数据库。

在本章涉及的主要内容有：

- 数据库的基本概念。
- 数据库的创建。
- ADO.NET 的命名空间和类。
- 数据适配器和数据集。
- 创建数据库连接。
- 数据绑定。
- 连接数据库。
- 操作数据库。

10.6　作　　业

（1）创建一个"通讯录"数据库文件。

（2）利用代码访问"通讯录"数据库文件，实现记录导航。

（3）利用组件和代码访问和操作"通讯录"数据库文件，实现记录导航、删除、添加和查找功能。

第 11 章　用户界面设计

学习提示

本章主要介绍构成用户界面的控件、对话框、多重窗体等的用法。

用户界面是应用程序的一个重要组成部分,用户界面往往决定了该程序的易用性与可操作性。也就是说:一个好的应用程序不仅要有强大的功能,还要有美观实用的用户界面。

控件是构成用户界面的基本元素,Visual Basic. NET 提供了大量的控件。除了控件,还提供了内置的对话框,以便用户设计较复杂的对话框;提供了多重窗体,满足复杂应用程序的需要;提供了菜单,为用户的操作带来了方便。

这些内容极大地丰富了用户界面,本章将通过案例详细介绍它们的用法。

11.1　任务 1:图片浏览

11.1.1　要求和目的

1. 要求

建立如图 11-1 所示的窗体,单击"命令"按钮,显示第 1 张图片;再单击"命令"按钮,显示第 2 张图片;再单击"命令"按钮,显示第 3 张图片;再次单击按钮,图片从第 1 张开始,以此类推。

2. 目的

学习" PictureBox"控件的使用方法。

11.1.2　操作步骤

1. 添加控件

新建一个名为 ch11_1 的 Windows 窗体应用程序,在窗体中添加一个 PictureBox 控件、一个命令按钮,按照图 11-1 所示设置控件的 Text 属性,设置 PictureBox1 的 SizeMode 的属性为 StretchImage。

图 11-1　窗体界面

设置 PictureBox1 的 Image 属性:单击右面的省略号,弹出"选择资源"对话框,如图 11-2 所示。然后导入需要的 3 张图片,单击"确定"按钮即可。

图 11-2　"选择资源"对话框

2. 编写事件处理代码

按钮的 Click 事件处理代码如程序段 11-1 所示。

程序段 11-1

```
Private Sub Button1_Click(ByVal sender As System.Object,ByVal e As _
System.EventArgs) Handles Button1.Click
    Static i As Integer=1 '定义一个静态变量,初值为 1
    Select Case i
        Case 1
            PictureBox1.Image=My.Resources.桂林
            'My 为命名空间,利用 My.Resources 访问图片资源
        Case 2
            PictureBox1.Image=My.Resources.西藏
        Case 3
            PictureBox1.Image=My.Resources.云南
    End Select

    If i=3 Then '判断 i 的值:如果为 3,重新赋值为 1,否则加 1
        i=1
    Else
        i=i+1
    End If
End Sub
```

窗体 Form1 的 Load 事件处理代码如程序段 11-2 所示。

程序段 11-2

```
Private Sub Form1_Load(ByVal sender As System.Object, ByVal e As _
System.EventArgs) Handles MyBase.Load
    PictureBox1.Image =  Nothing '清除 PictureBox1 中的图片
End Sub
```

3. 运行程序

按 F5 键运行该项目并连续单击命令按钮，运行结果如图 11-3 所示。

图 11-3   运行结果

11.1.3   相关知识

1. PictureBox 控件支持的图片文件格式

PictureBox 控件用来输入或输出图片，它可以接受的文件类型及扩展名如表 11-1 所示。

表 11-1   **Image 属性可接受的文件类型及文件扩展名**

类　　型	文件扩展名	类　　型	文件扩展名
位图	bmp	图元文件	wmf 或 emf
图标（Icon）	ico	JPEG	jpg
GIF	gif	网络图形（PNG）	png

2. 加载和删除图片

PictureBox 控件所显示的图片由 Image 属性确定。

图片可以在设计时加载。在设计窗体界面时，添加 PictureBox 控件，选择它的 Image 属性添加图片。

图片也可以在运行时加载。编程时使用 Image 类的 FromFile 方法来设置 Image 属性，或者使用 Bitmap 类来设置 Image 属性。语句格式如下：

```
PictureBox1.Image=Image .FromFile(FilePath)
```

或：

```
PictureBox1.Image= New System .Drawing .Bitmap(FilePath)
```

FilePath 为要加载的图片的完整文件路径。例如：

```
PictureBox1.Image=Image.FromFile("D:\a.png")
```

或：

```
PictureBox1.Image=New System.Drawing.Bitmap("D:\a.png")
```

有些情况下需要删除加载的图片。先选中 PictureBox 控件的 Image 属性，在小缩略图上右击，在弹出的快捷菜单中选择"重置"命令即可。或者在代码运行时清除图片，语句格式：

```
PictureBox1.Image=Nothing
```

另外，SizeMode 属性可以调整图片在 PictureBox 控件中的位置，它有 4 个属性值。

Normal：图片置于 PictureBox 的左上角。

StretchImage：图片自动调整大小，以便适合 PictureBox 的大小。

AutoSize：控件自动调整大小，以便适合图片的大小。

CenterImage：使图片居于控件的中心。

11.2　任务2：字体格式

11.2.1　要求和目的

1. 要求

建立如图 11-4 所示的窗体，在字体、字形、字号、前景色、背景色、效果之间选择不同的对象，可以预览字体格式设置的结果。

2. 目的

(1) 学习"工具箱"→"公共控件"中的"📋 ComboBox"、"📋 ListBox"、"☑ CheckBox"、"◉ RadioButton"几个控件的用法。

(2) 学习"工具箱"→"容器"中的"▨ Panel"、"🗂 TabControl"、"🗂 GroupBox"几个控件的用法。

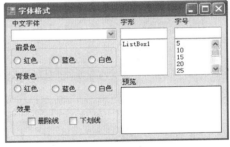

图 11-4　窗体界面

11.2.2　操作步骤

1. 添加控件

新建一个名为 ch11_2 的 Windows 窗体应用程序，在窗体中添加控件并设置控件属性，控件对象和它们的名称如图 11-5 所示。

各控件对象重要属性的设置：

(1) 组合框 ComboBox1：属性 DropDownStyle 的值为 DropDown。

(2) 列表框 ListBox2：通过 Items 属性向列表框中添加项目 5、10、15、20、25、30、35、40、45、50，每输入一项按回车键换行。

(3) 文本框 TextBox3：属性 Multiline 的值为 True。

(4) 分组框 GroupBox1：Text 属性值为"前景色"，分组框中包含 3 个单选按钮，

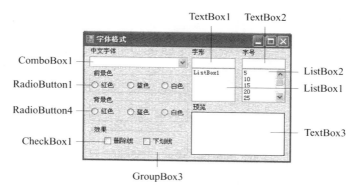

图 11-5　窗体中的控件对象和控件名称

即 RadioButton1、RadioButton2 和 RadioButton3，Text 属性值分别为"红色"、"蓝色"和"白色"。

　　（5）分组框 GroupBox2：Text 属性值为"背景色"，分组框中包含 3 个单选按钮，即 RadioButton4、RadioButton5 和 RadioButton6，Text 属性值分别为"红色"、"蓝色"和"白色"。

　　（6）分组框 GroupBox3：Text 属性值为"效果"，分组框中包含两个复选按钮，即 CheckBox1 和 CheckBox2，Text 属性值分别为"删除线"和"下划线"。

2. 编写事件处理代码

窗体 Form1 的 Load 事件处理代码如程序段 11-3 所示。

程序段 11-3

```
'定义 3 个窗体模块级变量,分别存放删除线、下划线、删除线和下划线的选中状态
    Dim S,U,SU As Boolean
    Private Sub Form1_Load(ByVal sender As System.Object,ByVal e As _
    System.EventArgs) Handles MyBase.Load
        '设置 TextBox3 的 Text、TextAlign、Font 属性
        TextBox3.Text="字体格式设置"
        TextBox3.TextAlign=HorizontalAlignment.Center
        TextBox3.Font=New Font(TextBox3.Font.FontFamily,15)

        '初始化 ListBox1,用 Items.Add 方法向列表框中添加项目
        ListBox1.Items.Add("常规")
        ListBox1.Items.Add("倾斜")
        ListBox1.Items.Add("加粗")
        ListBox1.Items.Add("加粗 倾斜")
    End Sub
```

　　双击组合框 ComboBox1 创建 SelectedIndexChanged 事件处理程序，组合框的值一旦发生改变，就会触发这个事件，如程序段 11-4 所示。

程序段 11-4

```
Private Sub ComboBox1_SelectedIndexChanged(ByVal sender As System.Object _
ByVal e As System.EventArgs)Handles ComboBox1.SelectedIndexChanged
        TextBox3.Font=New Font(ComboBox1.Text,TextBox3.Font.Size, _
        TextBox3.Font.Style)
End Sub
```

程序段 11-4 代码说明：

在组合框中选择字体，TextBox3 的字体也随之变化。文本框字体 Font 属性的设置：通过实例化一个 Font 对象。New Font() 构造函数包含 3 个参数：字体名称、字体大小和字体风格。字体风格的值有：常规 Regular、倾斜 Italic、Bold 加粗、删除线 Strikeout、下划线 Underline，也可以用 Or 运算符将多个值组合起来。

列表框 ListBox1 的 Click 事件处理代码如程序段 11-5 所示。

程序段 11-5

```
Private Sub ListBox1_Click(ByVal sender As Object,ByVal e As _
System.EventArgs) Handles ListBox1.Click
        TextBox1.Text=ListBox1.Text
        '通过 ListBox1.SelectedIndex 的值判断：选择了列表框中的哪一项？
        Select Case ListBox1.SelectedIndex
            Case 0                      '选择常规
                TextBox3.Font=New Font(TextBox3.Font.FontFamily.Name, _
                                    TextBox3.Font.Size,FontStyle.Regular)
            Case 1                      '选择倾斜
                TextBox3.Font=New Font(TextBox3.Font.FontFamily.Name, _
                                    TextBox3.Font.Size,FontStyle.Italic)
            Case 2                      '选择加粗
                TextBox3.Font=New Font(TextBox3.Font.FontFamily.Name, _
                                    TextBox3.Font.Size,FontStyle.Bold)
            Case 3                      '选择加粗倾斜
                TextBox3.Font=New Font(TextBox3.Font.FontFamily.Name, _
                            TextBox3.Font.Size,FontStyle.Bold Or FontStyle.Italic)
        End Select

        '根据 U、S、US 的值判断是否选中下划线、删除线、下划线和删除线？
        If U=True Then
            TextBox3.Font=New Font(TextBox3.Font.FontFamily.Name, _
                TextBox3.Font.Size,TextBox3.Font.Style Or FontStyle.Underline)
        End If
        If S=True Then
            TextBox3.Font=New Font(TextBox3.Font.FontFamily.Name, _
```

```
                TextBox3.Font.Size,TextBox3.Font.Style Or FontStyle.Strikeout)
            End If
            If SU=True Then
                TextBox3.Font=New Font(TextBox3.Font.FontFamily.Name, _
                        TextBox3.Font.Size,TextBox3.Font.Style _
                        Or FontStyle.Underline Or FontStyle.Strikeout)
            End If
    End Sub
```

程序段 11-1 代码说明：TextBox3. Font. FontFamily. Name 是字体名称，TextBox3. Font. Size 是字体大小，TextBox3. Font. Style 是字体风格，FontStyle. Underline 表示下划线。

列表框 ListBox2 的 Click 事件处理代码如程序段 11-6 所示。

程序段 11-6

```
Private Sub ListBox2_Click(ByVal sender As Object,ByVal e As _
System.EventArgs) Handles ListBox2.Click
        Dim ss1 As Integer
        TextBox2.Text=ListBox2.Text
        ss1=Str(TextBox2.Text)
        TextBox3.Font=New Font(TextBox3.Font.FontFamily.Name,ss1, _
                        TextBox3.Font.Style)
End Sub
```

创建单选按钮 RadioButton1 的 Click 事件处理程序，其他 5 个单选按钮参照程序段 11-7 依次创建事件处理程序。

程序段 11-7

```
Private Sub RadioButton1_Click(ByVal sender As System.Object,ByVal e As _
System.EventArgs) Handles RadioButton1.CheckedChanged
        TextBox3.ForeColor=Color.Red              '文本框的前景色为红色
End Sub
```

创建复选按钮 CheckBox1 的 Click 事件处理程序，另一个 CheckBox2 的 Click 事件参照程序段 11-8。

程序段 11-8

```
Private Sub CheckBox1_Click(ByVal sender As System.Object,ByVal e As _
System.EventArgs) Handles CheckBox1.CheckedChanged
        If CheckBox1.Checked Then
        TextBox3.Font=New Font(TextBox3.Font.FontFamily.Name, _
                TextBox3.Font.Size,TextBox3.Font.Style Or FontStyle.Strikeout)
    Else
        TextBox3.Font=New Font(TextBox3.Font.FontFamily.Name, _
```

```
                TextBox3.Font.Size,TextBox3.Font.Style Xor FontStyle.Strikeout)
        End If
        S=CheckBox1.Checked
        SU=S And U
    End Sub
```

3. 运行程序

运行结果如图 11-6 所示。

11.2.3　相关知识

1. 列表框 ListBox

列表框 ListBox 控件可以显示一组项目

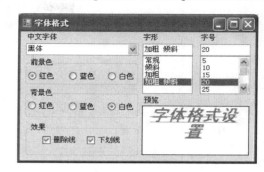

图 11-6　黑体、加粗倾斜、20 号、红色字白
色底、带删除线和下划线

的列表,用户可以根据需要从中选择一个或多个选项。当控件不能显示所有选项时,自动加上滚动条。

1）控件常用属性

（1）Items:保存列表框中的所有项目。可以在设计时为 ListBox 控件添加列表项目。选择 ListBox 控件,在它的属性窗口中找到 Items 属性,单击后面的省略号,进入"字符串集合编辑器"中,每输完一项,按回车键即可。

（2）SelectedIndex:属性值是选择的项目在列表框中的位置,其值是一个整数。选中第一项,索引值为 0;选中第二项,值为 1,以此类推;如果未选择任何项,则值为一1。在程序中可以通过它的值来选择项目,例如,ListBox1.SelectedIndex＝3 表示选择第四项（索引值为 3）。

（3）SelectionMode:该属性用来设置一次可以选择的项目个数。属性值有 4 个。

- MultiExtended:可以选择多项,需要使用 Shift 键、Ctrl 键进行选择。
- MultiSimple:可以选择多项。
- None:不允许选择项目。
- One:每次只能选择一项。

（4）SelectedItems:属性值是列表框中选择的所有项的集合。如果选中多项,需要访问 SelectedItems 属性,下列代码是将选择的若干项目从列表框中移除:

```
Dim i As Object
For i=0 To ListBox1.SelectedItems.Count-1
    ListBox1.Items.Remove(ListBox1.SelectedItem)
Next
```

2）控件常用方法

（1）Items.Add:将项目内容添加到列表框的尾部。例如,ListBox1.Items.Add("ab")就是将字符串 ab 添加到列表框 ListBox1 的尾部。一次只能添加一个项目。

（2）Items. AddRange：将若干个项目一次添加到文本框。如下面代码：

```
Dim a() As String={"张", "王", "李", "赵"}
ListBox1.Items.AddRange(a)
```

（3）Items. Insert：在已有的列表框中插入一个项目。例如，ListBox1. Items. Insert（1，"侯"）就是将"侯"插入到第二项。

（4）Items. Remove：删除指定的项目。例如，ListBox1. Items. Remove（ListBox1. SelectedItem）就是删除列表框中选择的项目。

（5）Items. Clear：清除列表框的全部内容。

（6）Items. Count：获取列表框中项目的总数。例如，最后一个项目的索引值应该是ListBox1. Items. Count-1。

3）控件常用事件

列表框常用事件：Click、SelectedIndexChanged（列表框中改变选择项目时触发的事件）。

2．组合框 ComboBox

组合框 ComboBox 兼有列表框和文本框的功能，与列表框 ListBox 控件相似，但具体应用中也有差别。ComboBox 控件不仅可以选择列表中的项目，同时又可以输入列表中不存在的选项；而 ListBox 控件只能选择列表中的项目。另外，ComboBox 控件在窗体上占用的空间少，使用户界面简洁并且能容纳下更多的选项信息。

ComboBox 控件常用的一个属性为 DropDownStyle 属性，它用于确定组合框的样式，属性值有 3 个（见图 11-7）。

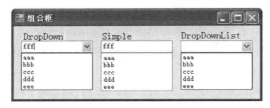

图 11-7　组合框的 3 种样式

- DropDown：可以输入文本或者在下拉列表框中选择项目。
- Simple：可以输入文本，也可以在列表中选择，列表部分总可见。
- DropDownList：不能输入文本，只能在下拉列表框中选择项目。

ComboBox 控件常用方法和事件同列表框相似。

3．单选按钮 RadioButton 和复选框 CheckBox

单选按钮 RadioButton 和复选框 CheckBox，都是为用户提供选择的控件，它们有一些相同的属性、方法和事件。但是在一组单选按钮中，用户只能选择一个，例如，任务 2 中前景色的选择；而在一组复选框中，用户可以同时选择多个，例如，任务 2 中删除线和下划线的选择。

1）控件常用属性

（1）Checked：该属性用来表示控件的状态，属性值有两个，即 True 和 False。当一个单选按钮被选中，该属性值为 True，按钮中心有一个点；当复选框被选中，该属性值为 True，复选框中有一个"√"。

（2）FlatStyle：该属性用来确定控件的显示方式。

2）控件常用事件

Click 和 CheckedChanged 是两个常用事件。当选择单选按钮或复选框时，都会触发 CheckedChanged 事件。

4. 分组控件

在 Visual Basic. NET 中，有 3 个分组控件，即 GroupBox、Panel 和 TabControl。

这 3 个控件在功能上相似，都是为了对控件分组。例如，在任务 2 中，窗体上有 6 个单选按钮分别设置前景色和背景色，如果选择一个，其他单选按钮自动关闭，那么就不能同时设置前景色和背景色，所以通过 GroupBox 控件为单选按钮分组，一个 GroupBox 控件内的单选按钮为一组，每组单选按钮的操作不影响其他组的按钮。

3 个控件的差别如图 11-8 所示。

GroupBox 控件可以显示标题，Panel 控件可以有滚动条。

图 11-8 3 个分组控件

TabControl 控件用于显示多个选项卡，每个选项卡中可包含图片和其他控件，TabControl控件可以用来制作多页面的对话框。这种对话框在 Windows 系统的很多地方都有应用。

TabControl 控件最重要的属性是 TabPages，主要用于添加、移除选项卡或设置每个选项卡的属性。

11.3 任务3：打字小游戏

11.3.1 要求和目的

1. 要求

建立如图 11-9 所示的窗体，单击"开始"按钮，该按钮上的文字变为"停止"，并从上到下飘落大写字母，如果用户用键盘输入正确的大写字母，字母即消去。单击"停止"按钮，按钮上的文字变为"开始"，并在两个文本框 TextBox1、TextBox2 中显示击键次数和正确次数。

窗体上的 3 个标签控件 Label1、Label2 和 Label3 控制 3 个飘落的大写字母。

为了产生字母飘落的动画效果，需在窗体上添加一个 Timer 控件，如图 11-10 所示。

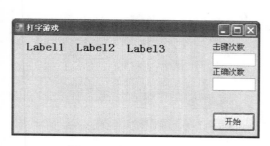

图 11-9 任务 3 窗体界面

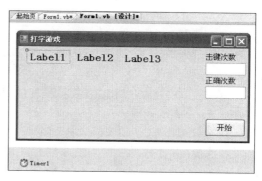

图 11-10 添加 Timer 控件

2. 目的

(1) 学习"工具箱"→"组件"中的"🕑 Timer"控件的用法。

(2) 学习键盘事件的处理方法。

11.3.2 操作步骤

1. 添加控件并设置控件属性

新建一个名为 ch11_3 的 Windows 窗体应用程序,在窗体中添加控件并设置控件属性,如表 11-2 所示。

表 11-2 控件及控件属性

控　件	Name	Text	Enabled	Interval
Form(窗体)	Form1	打字游戏		
TextBox(文本框)	TextBox1、TextBox2			
Label(标签框)	Label1	Label1		
	Label2	Label2		
	Label3	Label3		
Button(命令按钮)	Button1	开始		
Timer(计时器)	Timer1		False	300

2. 编写事件处理代码

"开始"按钮的 Click 事件处理代码如程序段 11-9 所示。

程序段 11-9

```
'定义两个窗体模块级变量,m存放击键次数,n存放正确次数
Dim n,m As Integer
Private Sub Button1_Click(ByVal sender As System.Object,ByVal e As _
System.EventArgs) Handles Button1.Click
```

```
    If Button1.Text="开始" Then
        m=0: n=0
        Button1.Text="停止": Timer1.Enabled=True              '启动计时器
        Label1.Text="": Label2.Text="": Label3.Text=""
    Else
        Button1.Text="开始": Timer1.Enabled=False             '停止计时器
        TextBox1.Text=m: TextBox2.Text=n
    End If
End Sub
```

计时器 Timer1 的 Tick 事件处理代码如程序段 11-10 所示。它的作用是产生飘落的大写字母。大写字母 A 的 ASCII 码是 65，Z 的 ASCII 码是 90，函数 Chr() 是将 ASCII 码值转换为相应的字母。

程序段 11-10

```
Private Sub Timer1_Tick(ByVal sender As System.Object,ByVal e As _
System.EventArgs) Handles Timer1.Tick
        Randomize()
        '如果 Label1 为空值或者飘落到窗体底部,就随机产生一个大写字母,并回到窗体顶部;
        '否则继续向下飘落
        If Label1.Text="" Or Label1.Top>=Me.Height Then
            Label1.Top=-10: Label1.Text=Chr(Int(Rnd() * 26+65))
        Else
            Label1.Top=Label1.Top+10
        End If

        If Label2.Text="" Or Label2.Top>=Me.Height Then
            Label2.Top=-10: Label2.Text=Chr(Int(Rnd() * 26+65))
        Else
            Label2.Top=Label2.Top+10
        End If

        If Label3.Text="" Or Label3.Top>=Me.Height Then
            Label3.Top=-10: Label3.Text=Chr(Int(Rnd() * 26+65))
        Else
            Label3.Top=Label3.Top+10
        End If
End Sub
```

窗体 Form1 的 KeyPress 事件是判断用户的输入，如果输入正确，字母就消去，事件处理代码如程序段 11-11 所示。

程序段 11-11

```
Private Sub Form1_KeyPress(ByVal sender As Object,ByVal e As _
```

```
System.Windows.Forms.KeyPressEventArgs) Handles Me.KeyPress
    m=m+1
    'e.KeyChar 是用户按键所对应的字符
    If e.KeyChar=Label1.Text Then
        n=n+1: Label1.Text=""
    ElseIf e.KeyChar=Label2.Text Then
        n=n+1: Label2.Text=""
    ElseIf e.KeyChar=Label3.Text Then
        n=n+1: Label3.Text=""
    End If
End Sub
```

3. 运行程序

注意：应将窗体的 KeyPreview 属性设置为 True，才能激活窗体的 KeyPress 事件，运行结果如图 11-11 所示。

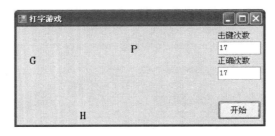

图 11-11　打字游戏

11.3.3　相关知识

1. 计时器 Timer

Timer 控件称为组件。在设计时，Timer 不会出现在窗体中，而是显示在窗体下面的面板中，如图 11-10 所示。在运行时，Timer 也不会出现在窗体中。

Timer 是用来产生一定的时间间隔，并且每隔一定的时间间隔就产生一次 Tick 事件（可理解为报时），用户可以根据这个特性设置时间间隔控制某些操作或用于计时。

1）控件常用属性

（1）Interval：该属性是 Timer 控件最重要的属性之一，它决定着事件发生的时间间隔，Interval 属性以毫秒为基本单位。例如，在任务 3 中，Interval 的值为 300 毫秒。

（2）Enabled：该属性可以设置 Timer 控件是否为激活状态。如果属性值为 False，那么 Timer 控件将失去作用；反之，如果属性值设置为 True，Timer 控件将会被激活，事件将间隔发生。

2）控件常用事件

Timer 的常用事件是 Tick 事件，Interval 属性指定 Tick 事件之间的间隔。无论何时,只要 Timer 控件的 Enabled 属性被设置为 True,而且 Interval 属性大于 0,则 Tick 事件以 Interval 属性指定的时间间隔发生。

2. 键盘事件

鼠标事件和键盘事件是用户与程序之间交互操作的主要元素。其中重要的键盘事件有 3 个: KeyPress、KeyDown 和 KeyUp。

- KeyPress 事件:用户按下并且释放一个会产生 ASCII 码的键时被触发。
- KeyDown 事件:用户按下键盘上任意一个键时被触发。
- KeyUp 事件:用户释放键盘上任意一个键时被触发。

1) KeyPress 事件

KeyPress 事件接受类型为 KeyPressEventArgs 的参数(参数 e),参数向事件过程传递了所按键的信息,主要使用 KeyPressEventArgs 的属性 KeyChar,e. KeyChar 就是按键所对应的字符。

例如,当按下 a 键时,e. KeyChar 的值为 a。

下面代码的作用是:当按下 Enter 键时,文本框 TextBox2 得到焦点。

```
If e.KeyChar=ChrW(13)Then
    TextBox2.Focus()
End If
```

13 是 Enter 键的 ASCII 码,ChrW(13)则是将 ASCII 码 13 转换为对应的 ASCII 字符。

KeyPress 事件可以发生在窗体上,事件过程 Form1_KeyPress 形式如下:

```
Private Sub Form1_KeyPress(ByVal sender As Object,ByVal e As _
System.Windows.Forms.KeyPressEventArgs) Handles Me.KeyPress
```

KeyPress 事件也可以发生在控件上,事件过程 Button1_KeyPress 形式如下:

```
Private Sub Button1_KeyPress(ByVal sender As Object, ByVal e As _
System.Windows.Forms.KeyPressEventArgs) Handles Button1.KeyPress
```

在默认情况下,控件的键盘事件要优先于窗体的键盘事件,即先激活控件的键盘事件。如果希望首先激活窗体的键盘事件,那么必须将窗体的 KeyPreview 属性设置为 True。

注意:并不是任意一个键都能产生 KeyPress 事件,只有按下一个有 ASCII 码的键时才会产生。例如,按 F1 键或编辑 Delete 键或 Shift 键,都不会产生 KeyPress 事件,因为这些键没有 ASCII 码,但是它们会产生 KeyDown 事件。

2) KeyDown 和 KeyUp 事件

KeyDown 和 KeyUp 事件接受类型为 KeyEventArgs 的参数(参数 e),KeyEventArgs 的常用属性如表 11-3 所示。

表 11-3　KeyEventArgs 类的常用属性

属　　　性	说　　　明
Alt	返回值指示是否同时按下 Alt 键，如果按下，值为 True，否则为 False
Shift	返回值指示是否同时按下 Shift 键，如果按下，值为 True，否则为 False
Control	返回值指示是否同时按下 Control 键，如果按下，值为 True，否则为 False
KeyCode	按键的键盘代码，返回一个 Keys 枚举类型值。同一个字母大小写的 KeyCode 值相同；上下档字符的键，KeyCodDe 值为下档字符的键代码。

Keys 枚举类型值如下。

- Keys. X：字母键，X 为 A，B，C，…，Z。
- Keys. DN：数字键，N 为 0，1，2，…，9。
- Keys. FN：功能键等，N 为 1，2，…，24。
- Keys. NumpadN：小键盘数字键，N 为 0，1，…，9。
- Keys. Space：空格键。
- Keys. Left：光标向左移动键。

例如，下面代码的作用：如果按光标左移动键，就做出处理。

```
If e.KeyCode=Keys.Left Then
    MsgBox("press←")
End If
```

而下面代码的作用：如果同时按下 Shift 和光标左移动键，就做出处理。

```
If e.Shift=True And e.KeyCode = Keys.Left Then
    MsgBox("press Shift and press←")
End If
```

11.4　任务4：小小画笔

11.4.1　要求和目的

1. 要求

设计一个简单的绘图程序，按下鼠标时，用字母 A 绘图，如图 11-12 所示。

2. 目的

学习鼠标事件的处理方法。

11.4.2　操作步骤

1. 添加控件并设置控件属性

新建一个名为 ch11_4 的 Windows 窗体应用程序，窗体中没有任何控件。

图 11-12　窗体界面

2. 编写事件处理代码

窗体的 MouseDown 事件处理程序如程序段 11-12 所示。

程序段 11-12

```
'窗体模块级变量 beginDraw 控制开始绘图和绘图结束
Dim beginDraw As Boolean
Private Sub Form1_MouseDown(ByVal sender As Object,ByVal e As _
System.Windows.Forms.MouseEventArgs) Handles Me.MouseDown
    beginDraw = True                    '开始绘图
    Me.Cursor = Cursors.Hand            '设置光标形状
End Sub
```

窗体的 MouseUp 事件处理程序如程序段 11-13 所示。

程序段 11-13

```
Private Sub Form1_MouseUp(ByVal sender As Object,ByVal e As _
System.Windows.Forms.MouseEventArgs) Handles Me.MouseUp
    beginDraw=False                     '结束绘图
    Me.Cursor=Cursors.Default           '恢复光标形状
End Sub
```

窗体的 MouseMove 事件处理程序如程序段 11-14 所示。

程序段 11-14

```
Private Sub Form1_MouseMove(ByVal sender As Object,ByVal e As _
System.Windows.Forms.MouseEventArgs) Handles Me.MouseMove
    Dim g As Graphics=Me.CreateGraphics         '创建在窗体上绘制图形的图形对象
    Dim mBrush As New SolidBrush(Color.Blue)    '创建用于绘图的 Brush 对象
    Dim mFont As New Font("Arial",5)            '创建绘图时使用的字体对象 Font
    '如果 beginDraw 为 True 并且按下鼠标左键,则开始在鼠标位置绘图
    If beginDraw And e.Button=MouseButtons.Left Then
        g.DrawString("A",mFont,mBrush,e.X,e.Y) '使用 DrawString 方法在指定位置绘图
    End If
End Sub
```

11.4.3 相关知识

除了 Click、DoubleClick 事件外,窗体和控件可以响应的鼠标事件还有 MouseDown、MouseUp、MouseMove、MouseEnter 和 MouseLeave。

- MouseDown 事件:当鼠标任意一个按钮按下时被触发。
- MouseUp 事件:当鼠标任意一个按钮释放时被触发。
- MouseMove 事件:当鼠标移动时被触发。

这 3 个鼠标事件过程都接受一个 MouseEventArgs 类型的参数(参数 e),它包含与事件相关的数据。MouseEventArgs 的常用属性如表 11-4 所示。

表 11-4　**MouseEventArgs 类的常用属性**

属　　性	说　　　　明
X	鼠标单击时的 X 坐标
Y	鼠标单击时的 Y 坐标
Button	当它的值为 Left 时，表示按下鼠标左键；当它的值为 Right 时，表示按下鼠标右键；当它的值为 Middle 时，表示按下鼠标中键；当它的值为 None，表示未按任何键

- MouseEnter 事件：当鼠标移入一个控件时被触发。
- MouseLeave 事件：当鼠标移出一个控件时被触发。

例如，可以利用这两个事件来实现：当鼠标移入、移出命令按钮时，按钮的外观发生变化。

11.5　任务 5：简易文本编辑器

11.5.1　要求和目的

1. 要求

设计一个简易文本编辑器，窗体界面如图 11-13 所示。

图 11-13　窗体界面

在文本框中输入文字，单击"保存文件"按钮，即可调出"另存为"对话框，如图 11-14 所示，选择文件夹，输入文件名，即可将文本框中的文字保存到文本文件中。

单击"打开文件"按钮，即可调出"打开"对话框，如图 11-15 所示，选择文件夹和文件名，即可将文本文件显示在文本框中。

单击"选择字体"按钮，即可调出"字体"对话框，如图 11-16 所示，利用该对话框调整字体格式后，单击"确定"按钮，可以看到文本框中的字体格式发生改变。

单击"选择颜色"按钮，即可调出"颜色"对话框，如图 11-17 所示，利用该对话框调整颜色后，单击"确定"按钮，可以看到文本框中的字体颜色发生改变。

单击"新建文件"按钮，文本框中内容清空。

图 11-14 "另存为"对话框

图 11-15 "打开"对话框

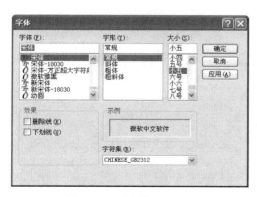

图 11-16 "字体"对话框

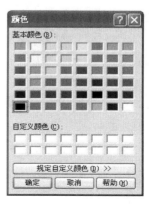

图 11-17 "颜色"对话框

2. 目的

(1) 学习"工具箱"→"对话框"→"⬆ OpenFileDialog"的用法。

(2) 学习"工具箱"→"对话框"→"⬇ SaveFileDialog"的用法。

(3) 学习"工具箱"→"对话框"→"▲ FontDialog"的用法。

(4) 学习"工具箱"→"对话框"→"▓ ColorDialog"的用法。

(5) 学习"工具箱"→"公共控件"→"▓ RichTextBox"控件的用法。

11.5.2　操作步骤

1. 添加控件并设置控件属性

新建一个名为 ch11_5 的 Windows 窗体应用程序,在窗体中添加控件并设置控件属性,如表 11-5 所示。

表 11-5　控件及控件属性

控　　件	Name	Text
Form（窗体）	Form1	简易文本编辑器
RichTextBox（高级文本框）	RichTextBox1	
OpenFileDialog（打开文件对话框）	OpenFileDialog1	
SaveFileDialog（保存文件对话框）	SaveFileDialog1	
FontDialog（字体对话框）	FontDialog1	
ColorDialog（颜色对话框）	ColorDialog1	
5 个 Button（命令按钮）	Button1、Button2、Button3、Button4、Button5	打开文件、保存文件、选择字体、选择颜色、新建文件

2. 编写事件处理代码

"打开文件"按钮的 Click 事件处理程序如程序段 11-15 所示。

程序段 11-15

```
Private Sub Button1_Click(ByVal sender As System.Object,ByVal e As _
System.EventArgs) Handles Button1.Click
        With OpenFileDialog1
            .FileName=""
            .ShowReadOnly=True
            .ReadOnlyChecked=True
            .Filter="＊.txt|＊.txt|RTF文件(＊.rtf)|＊.rtf|WORD文档(＊.doc)|＊.doc"
            '如果单击"打开"对话框中的"打开"按钮,则用 LoadFile 方法将选定的文件加载
            '到文本框中
            If .ShowDialog()=DialogResult.OK Then
```

```
                    RichTextBox1.LoadFile(FileName,RichTextBoxStreamType .Rich Text)
              End If
          End With
    End Sub
```

"保存文件"按钮的 Click 事件处理程序如程序段 11-16 所示。

程序段 11-16

```
Private Sub Button2_Click(ByVal sender As System.Object,ByVal e As _
System.EventArgs) Handles Button2.Click
    With SaveFileDialog1
        .InitialDirectory="C:\"
        .Filter="＊.txt|＊.txt|RTF 文件(＊.rtf)|＊.rtf|WORD 文档(＊.doc)|＊.doc"
        '如果单击"另存为"对话框中的"保存"按钮,则用 SaveFile 方法将文本框中内容
        '保存到 txt、rtf 或 doc 类型的文件中
        If .ShowDialog()=DialogResult.OK Then
            RichTextBox1.SaveFile(FileName,RichTextBoxStreamType.RichText)
        End If
    End With
End Sub
```

"选择字体"按钮的 Click 事件处理程序如程序段 11-17 所示。

程序段 11-17

```
Private Sub Button3_Click(ByVal sender As System.Object,ByVal e As _
System.EventArgs) Handles Button3.Click
    FontDialog1.ShowApply=True
    If FontDialog1.ShowDialog=DialogResult.OK Then
        '将文本框中所有文字的字体格式设置为"字体"对话框选定的字体
        RichTextBox1.Font=FontDialog1.Font
    End If
End Sub
```

"选择颜色"按钮的 Click 事件处理程序如程序段 11-18 所示。

程序段 11-18

```
Private Sub Button4_Click(ByVal sender As System.Object,ByVal e As _
System.EventArgs) Handles Button4.Click
    ColorDialog1.ShowHelp=True
    If ColorDialog1.ShowDialog()=DialogResult.OK Then
        '将文本框中当前选定的文字的字体颜色设置为"颜色"对话框中选定的颜色
        'RichTextBox1.ForeColor=ColorDialog1.Color 是设置所有文字的字体颜色
        RichTextBox1.SelectionColor=ColorDialog1.Color
    End If
End Sub
```

"新建文件"按钮的 Click 事件处理程序如程序段 11-19 所示。

程序段 11-19

```
Private Sub Button5_Click(ByVal sender As System.Object,ByVal e As _
System.EventArgs) Handles Button5.Click
        RichTextBox1.Text=""
End Sub
```

3. 运行程序

按 F5 键运行该项目,在文本框中输入文字,设置字体和颜色,然后保存文件,再打开,看看效果,如图 11-18 所示。

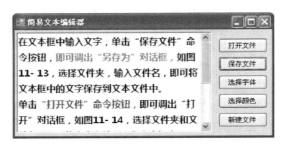

图 11-18 在文本框中输入文字,并设置字体和颜色

11.5.3 相关知识

Visual Basic. NET 提供了打开文件对话框 OpenFileDialog、保存文件对话框 SaveFileDialog、字体对话框 FontDialog、颜色对话框 ColorDialog 等控件,为用户进行界面设计提供了很大的方便。

这几个控件和 Timer 控件一样,在设计阶段,不出现在窗体上,而是在专用的面板上,程序运行后控件消失。

1. 打开文件对话框 OpenFileDialog

1)控件常用属性

(1) ShowReadOnly:该属性值为 True,则在对话框中显示只读复选框;如果属性值设为 False,则不显示。

(2) ReadOnlyChecked:该属性值为 True,则对话框中的只读复选框将被选择;如果属性值设为 False,则不选择。

(3) Filter:该属性用来指定在对话框中显示的文件类型。该属性使用一组筛选器对,中间用"|"隔开。每个筛选器对均由一个"说明|文件规范"组成。各个筛选器对之间使用"|"隔开。不需要在结尾处使用"|"。例如:

```
OpenFileDialog1.Filter="Text files (*.txt)|*.txt|All files|*.*"
```

（4）FileName：该属性值包含要打开的文件及其完整的路径。当在对话框中选择文件后，所选择文件的文件名和路径即作为 FileName 的值。

（5）InitialDirectory：对话框显示的初始目录。

2）控件常用方法

ShowDialog 方法：用该方法可以调出"打开"对话框。

ShowDialog 方法有返回值。如果单击"打开"对话框中的"确定"按钮，则返回值为 DialogResult. OK；如果单击"取消"按钮，则返回值为 DialogResult. Cancel。

2. 保存文件对话框 SaveFileDialog

SaveFileDialog 控件也有 Filter、FileName、InitialDirectory 属性，使用方法同 OpenFileDialog 一样。

ShowDialog 方法：用该方法可以调出"另存为"对话框。

3. 字体对话框 FontDialog

ShowApply 属性：该属性设置"字体"对话框是否显示"应用"按钮，默认值为 False。如果属性值为 True，则对话框显示"应用"按钮，如图 11-16 所示。

* Font 属性：获取或设置字体、字形、大小和效果。
* ShowDialog 方法：用该方法可以调出"字体"对话框。

4. 颜色对话框 ColorDialog

ShowHelp 属性：该属性设置"颜色"对话框是否显示"帮助"按钮，默认值为 False。如果属性值为 True，则对话框显示"帮助"按钮，如图 11-17 所示。

Color 属性：获取或设置颜色。

ShowDialog 方法：用该方法可以调出"颜色"对话框。

5. RichTextBox 控件

RichTextBox 控件也是用于输入和编辑文本，但它的功能比 TextBox 控件更强。它可以打开、保存文件，设置文本的颜色和字体，查找字符串等。

1）控件常用属性

（1）SelectionFont：该属性用来设置或获取选定文本的字体。

（2）SelectionColor：该属性用来设置或获取选定文本的颜色。

（3）Font：该属性用来设置文本框中所有文本的字体。

（4）Color：该属性用来设置文本框中所有文本的颜色。

2）控件常用方法

LoadFile 方法：LoadFile 指定要加载的文件，并且还可以指定文件类型。参数 RichTextBoxStreamType. RichText 是 RTF 格式，RichTextBoxStreamType. PlainText 是纯文本格式。

SaveFile 方法：SaveFile 是将文本保存到文件中。

11.6 任务 6：菜单调用外部程序

11.6.1 要求和目的

1. 要求

创建如图 11-19 所示的窗体界面。"游戏"菜单标题下有"红心大战"、"空当接龙"、"蜘蛛纸牌"3 个菜单命令，单击它们可以调出相应的游戏程序；"工具"菜单标题下有"记事本"、"计算器"、"画笔"3 个菜单命令，单击它们可以调出相应的应用程序；单击"退出"菜单可以关闭窗体界面，退出程序的执行；在窗体的任一位置右击，都可以激活弹出菜单，弹出菜单有"红色"、"蓝色"、"绿色"3 个菜单命令，单击它们可以改变窗体的背景颜色。

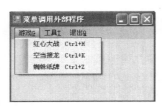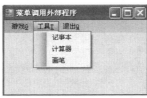

图 11-19　程序运行后的窗体界面

"游戏"可以用热键 Alt＋G 来激活；"红心大战"可以用快捷键 Ctrl＋H 来激活。

2. 目的

（1）学习创建下拉式菜单。

（2）学习创建弹出式菜单。

11.6.2 操作步骤

1. 添加控件并设置控件属性

新建一个名为 ch11_6 的 Windows 窗体应用程序，在窗体中添加 MenuStrip 控件，用于创建下拉菜单；添加 ContextMenuStrip 控件，用于创建弹出菜单。这两个控件和Timer一样，放在窗体下面的专用面板中。控件属性如表 11-6 所示。

表 11-6　控件及控件属性

控　　件	Name	Text	ContextMenuStrip
Form（窗体）	Form1	菜单调用外部程序	ContextMenuStrip1
MenuStrip	MenuStrip1		
ContextMenuStrip	ContextMenuStrip1		

单击窗体下方的 MenuStrip1 控件，界面如图 11-20（a）所示，在"请在此处键入"菜单录入文本框中，依次添加菜单和菜单命令，如图 11-20（b）所示。MenuStrip1 控件的菜单

和菜单命令的属性如表 11-7 所示。

 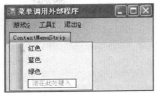

(a) 添加菜单前   (b) 添加菜单后

图 11-20 创建下拉式菜单和弹出式菜单

表 11-7 MenuStrip1 控件的菜单和菜单命令属性

主菜单和子菜单	Name	Text	ShortcutKeys	ShowShortcutKeys
游戏	gMenu	游戏 &G		
红心大战	gMenuItem1	红心大战	Ctrl+H	True
空当接龙	gMenuItem2	空当接龙	Ctrl+K	True
蜘蛛纸牌	gMenuItem3	蜘蛛纸牌	Ctrl+Z	True
工具	tMenu	工具 &T		
记事本	tMenuItem1	记事本		
计算器	tMenuItem2	计算器		
画笔	tMenuItem3	画笔		
退出	qMenu	退出 &Q		

单击窗体下方的 ContextMenuStrip1 控件,在如图 11-20(b)所示的"请在此处键入"菜单录入文本框中,添加弹出菜单的菜单命令。ContextMenuStrip1 控件的菜单命令的属性如表 11-8 所示。

表 11-8 ContextMenuStrip1 控件的菜单命令属性

子 菜 单	Name	Text	子 菜 单	Name	Text
红色	rMenuItem	红色	绿色	gMenuItem	绿色
蓝色	bMenuItem	蓝色			

2. 编写事件处理代码

"红心大战"菜单命令的 Click 事件处理程序如程序段 11-20 所示。

程序段 11-20

```
Private Sub gMenuItem3_Click(ByVal sender As System.Object, ByVal e As _
System.EventArgs) Handles gMenuItem3.Click
        '利用 Shell 命令调用外部程序
        Shell("C:\WINDOWS\system32\spider.exe",AppWinStyle.NormalFocus)
End Sub
```

"空当接龙"菜单命令的 Click 事件处理程序如程序段 11-21 所示。

程序段 11-21

```
Private Sub gMenuItem2_Click(ByVal sender As System.Object,ByVal e As _
System.EventArgs) Handles gMenuItem2.Click
        Shell("C:\WINDOWS\system32\freecell.exe",AppWinStyle.NormalFocus)
End Sub
```

"蜘蛛纸牌"菜单命令的 Click 事件处理程序如程序段 11-22 所示。

程序段 11-22

```
Private Sub gMenuItem3_Click(ByVal sender As System.Object,ByVal e As _
System.EventArgs) Handles gMenuItem3.Click
        Shell("C:\WINDOWS\system32\spider.exe",AppWinStyle.NormalFocus)
End Sub
```

"记事本"菜单命令的 Click 事件处理程序如程序段 11-23 所示。

程序段 11-23

```
Private Sub tMenuItem1_Click(ByVal sender As System.Object,ByVal e As _
System.EventArgs) Handles tMenuItem1.Click
        Shell("C:\WINDOWS\system32\notepad.exe",AppWinStyle.NormalFocus)
End Sub
```

"计算器"菜单命令的 Click 事件处理程序如程序段 11-24 所示。

程序段 11-24

```
Private Sub tMenuItem2_Click(ByVal sender As System.Object,ByVal e As _
System.EventArgs) Handles tMenuItem2.Click
        Shell("C:\WINDOWS\system32\calc.exe",AppWinStyle.NormalFocus)
End Sub
```

"画笔"菜单命令的 Click 事件处理程序如程序段 11-25 所示。

程序段 11-25

```
Private Sub tMenuItem3_Click(ByVal sender As System.Object,ByVal e As _
System.EventArgs) Handles tMenuItem3.Click
        Shell("C:\WINDOWS\system32\mspaint.exe",AppWinStyle.NormalFocus)
End Sub
```

"退出"菜单命令的 Click 事件处理程序如程序段 11-26 所示。

程序段 11-26

```
Private Sub qMenu_Click(ByVal sender As System.Object, ByVal e As _
System.Event Args) Handles qMenu.Click
        Me.Close()
End Sub
```

弹出菜单的菜单命令"红色"的 Click 事件处理程序如程序段 11-27 所示。

程序段 11-27

```
Private Sub rMenuItem_Click(ByVal sender As System.Object, ByVal e As _
System.EventArgs) Handles rMenuItem.Click
        Me.BackColor=Color.Red
End Sub
```

3. 运行程序

按 F5 键运行该项目,单击各个菜单和菜单命令,看看运行结果。

11.6.3 相关知识

菜单分为两种类型,即下拉式菜单和弹出式菜单。下拉式菜单也称为主菜单,弹出式菜单也称为上下文菜单。

弹出式菜单可以在窗体上弹出,也可以在控件上弹出。为了确定弹出菜单的位置,必须把弹出式菜单的名称与窗体或者控件相关联,即通过窗体或控件的 ContextMenuStrip 属性来设置。例如,在本任务中,将窗体的 ContextMenuStrip 属性设置为 Context-MenuStrip1,即在窗体上弹出菜单。

下面介绍菜单和菜单命令常用的属性和事件。

1. 菜单常用属性

(1) Checked:该属性用来为菜单项增加复选标记。如果属性值为 True,则在菜单项的左侧加上"√"标记;如果属性值设为 False,则不显示。该属性可以在属性窗口中设置,也可以在代码中设置,例如,gMenuItem1.Checked=True。

(2) Enabled:该属性用来确定菜单项是否可用。如果属性值为 True,则菜单项可用;如果属性值设为 False,则菜单项禁用,呈灰色显示。该属性可以在属性窗口中设置,也可以在代码中设置,例如,gMenuItem1.Enabled=True。

(3) ShortCut:该属性用来设置菜单项的快捷键。

(4) ShowShortCut:该属性用来确定是否显示菜单项的快捷键。如果属性值为 True,快捷键显示在菜单项的旁边;如果属性值设为 False,则不显示快捷键。

(5) Visible:该属性用来确定菜单项是否可见。如果属性值为 True,则菜单项可见;如果属性值设为 False,则隐藏菜单项。

2. 菜单常用事件

菜单项的常用事件是 Click 事件。

11.7 任务 7:多重窗体

11.7.1 要求和目的

1. 要求

在任务 6 的基础上再添加一个 Windows 窗体,窗体的 Name 为 LoginForm1,窗体界面如图 11-21 所示。输入用户名和密码,单击"确定"按钮,如果用户名和密码正确,则打开任务 6 中的窗体;单击"取消"按钮则退出。

2. 目的

学习多重窗体的用法。

11.7.2 操作步骤

1. 添加一个 Windows 窗体、控件并设置属性

图 11-21　登录窗体

打开任务 6 项目,选择"项目"→"添加 Windows 窗体"命令,在打开的对话框中选择"登录窗体",名称为 LoginForm1。VS2008 已经定制了相应的登录验证界面窗体,这里直接使用了微软设计好的窗体界面。

LoginForm1 窗体上两个文本框和两个命令按钮的属性如表 11-9 所示。

表 11-9　控件及控件属性

控　件	Name	Text	PasswordChar
TextBox(文本框)	UsernameTextBox		
TextBox(文本框)	PasswordTextBox		*
Button(命令按钮)	OK	确定(&O)	
Button(命令按钮)	Cancel	取消(&C)	

2. 编写事件处理代码

LoginForm1 窗体的"确定"命令按钮的 Click 事件处理程序如程序段 11-28 所示。

程序段 11-28

```
Private Sub OK_Click(ByVal sender As System.Object,ByVal e As _
System.EventArgs) Handles OK.Click
      If UsernameTextBox.Text="123" And PasswordTextBox.Text="123" Then
          Me.Hide()
          Form1.Show()
      Else
          MsgBox("密码或用户名错误")
      End If
End Sub
```

"取消"按钮的 Click 事件处理程序如程序段 11-29 所示。

程序段 11-29

```
Private Sub Cancel_Click(ByVal sender As System.Object,ByVal e As _
System.EventArgs) Handles Cancel.Click
      Me.Close()
End Sub
```

除此之外,还需要修改窗体 Form1 的"退出"菜单的 Click 事件,如程序段 11-30 所示。

程序段 11-30

```
Private Sub qMenu_Click(ByVal sender As System.Object,ByVal e As _
System.EventArgs) Handles qMenu.Click
        Me.Close()
        Form2.Close()
End Sub
```

3. 运行程序

选择"项目"→"属性"命令,在打开的对话框中,将"启动窗体"设置为 LoginForm1。

按 F5 键运行该项目,输入用户名 123 和密码 123,单击"确定"按钮,隐藏"登录窗体"并打开"菜单调用外部程序"窗体。运行结果如图 11-22 所示。

图 11-22　运行结果

11.7.3　相关知识

Visual Basic.NET 应用程序只包含一个窗体,称为单窗体程序。对于复杂的应用程序,往往需要多重窗体来实现,即一个应用程序中有多个并列的普通窗体,每个窗体有自己的界面和代码,从而完成不同的功能。

1. 添加窗体

选择"项目"→"添加 Windows 窗体"命令,添加窗体。

2. 设置启动窗体

选择"项目"→"属性"命令指定启动窗体,第一个创建的窗体默认为启动窗体。

3. 与多重窗体有关的方法

(1) Show 方法:把窗体加载到内存中,然后显示窗体。

(2) Hide 方法:隐藏窗体,但窗体仍在内存中。

(3) Close 方法:关闭指定的窗体,释放窗体所占的内存资源。

(4) ShowDialog 方法:同 Show 方法功能相同,但是将该窗体显示为模态对话框,即鼠标只在此窗体中起作用,不能在其他窗体内操作,只有关闭该窗体,才能对其他窗体进行操作。而 Show 方法是将窗体显示为非模态对话框,不用关闭该窗体就可以对其他窗体进行操作。

4. Me 关键字

在多重窗体应用程序中,经常用到 Me 关键字,它表示程序代码所在的窗体。

11.8 小 结

本章的重点是介绍 Visual Basic. NET 的用户界面设计。

在本章涉及的主要内容有:

- 常用控件的用法。
- 对话框的用法。
- 菜单的用法。
- 多重窗体的用法。

11.9 作 业

(1) 创建如图 11-23 所示的窗体界面,两个列表框,4 个命令按钮,列表框 ListBox1 的值可以在设计阶段添加,也可以在程序中添加。单击"添加"按钮可以将列表框 ListBox1 选中的项目添加到列表框 ListBox2 中,单击"全添加"按钮可以将 ListBox1 的所有项目添加到列表框 ListBox2 中。

图 11-23 作业 1 界面

(2) 创建如图 11-24 所示的窗体界面,单击"添加 1000 项"按钮,在组合框中添加 1000 项,结果如图 11-25 所示。

(3) 创建如图 11-26 所示的窗体界面,用 Timer 控件建立一个数字计时器,结果如图 11-27 所示。

图 11-24 作业 2 界面

图 11-25 作业 2 运行结果

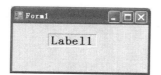

图 11-26 作业 3 界面

图 11-27 作业 3 运行结果

（4）任务 3 是一个简单的示例，"打字游戏"还有很多地方可以改进或扩充，用户可以在这个基础上进一步完善。

（5）利用 MouseEnter 和 MouseLeave 两个事件来实现：当鼠标移入、移出命令按钮时，按钮的外观发生变化。

（6）参照作业 5，利用菜单实现简易文本编辑器的功能，窗体界面如图 11-28 所示。

（7）多重窗体应用：输入学生 5 门课程的成绩，计算总分及平均分并在不同窗体内显示。

（8）创建如图 11-29 所示的窗体界面，显示鼠标器指针所指的位置。

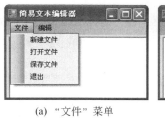

(a) "文件" 菜单

(b) "编辑" 菜单

图 11-28 作业 6 界面

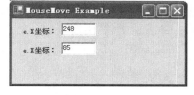

图 11-29 作业 8 界面

（9）设计一个最简单的画图程序。程序运行时，按住鼠标右键移动画圆，按住鼠标左键移动画线。

（10）编写一个程序，按 Alt＋F5 组合键可终止程序的运行。

（11）通过打开文件对话框，选择一个 BMP 位图文件，在图形框中显示该图片。

第 12 章 异 常 处 理

学习提示

Visual Basic. NET 中的异常处理分为结构化和非结构化两种,非结构化异常处理是从 Visual Basic 早期版本延续过来的,在本章中不作介绍。

本章仅简单介绍 Visual Basic. NET 中结构化异常处理,主要包括两个语句和 3 种经常使用的异常处理方法。

12.1 任务 1：异常处理示例（1）

12.1.1 要求和目的

1. 要求

编写一个 Visual Basic. NET 程序,计算并输出 a、b 两个数的商,如图 12-1 所示。当分母不为 0 时可以正确计算出结果,当分母为 0 时,弹出一个消息框并显示"零不能做分母"。

图 12-1 异常处理示例(1)

2. 目的

（1）学习 Visual Basic. NET 异常处理的方法。

（2）学习 Try 语句。

12.1.2 操作步骤

1. 创建界面

创建一个如图 12-1 所示的窗体,该窗体包含 3 个文本框,分别 TextBox1、

TextBox2 和 TextBox3 和一个名为 Button1 的命令按钮,命令按钮的 Text 属性设置为"计算"。

2. 编写 Visual Basic. NET

编写 Visual Basic. NET 程序,其内容如程序段 12-1 所示。功能是分别接收 TextBox1 和TextBox2 文本框中的值,做除法并将结果显示到 TextBox3 中。

程序段 12-1

```
Public Class Form1
    Private Sub Button1_Click(ByVal sender As System.Object,ByVal e As _
    System.EventArgs) Handles Button1.Click
        Try
            Dim a,b As Integer
            a=Val(TextBox1.Text)
            b=Val(TextBox2.Text)
            a=a/b
            TextBox3.Text=a.ToString()
        Catch
            MsgBox("零不能做分母")
        End Try
    End Sub
End Class
```

12.1.3 相关知识

1. 错误和异常

错误是指在执行代码过程中发生的事件,错误会中断或干扰代码的正常执行流程并创建异常对象。当错误中断流程时,程序将尝试寻找异常处理程序。错误是个事件,而异常是该事件创建的对象。

"产生异常"是指程序执行过程中遇到的错误或意外行为,并创建异常的对象。一个正确的程序在运行时也可能遇到错误,产生错误的原因很多,如用户输入的数据错误、系统资源不足、程序调用的代码错误、要打开的文件不存在等。

一个健壮的程序应有很好的机制处理运行过程中出现的异常情况。在 Visual Basic. NET 中提供了强大的异常处理手段。除系统提供的非常丰富的异常类外,还允许用户自己定义异常类,限于篇幅,自定义异常类在本章中不作介绍。

2. Try-Catch 语句

Try-Catch 是 Visual Basic. NET 提供的捕获、处理异常的语句,Try-Catch 语句由 1 个Try-Catch 块后跟 1 个或多个 Catch 子句和 1 个 Finally 子句构成,Catch 子句指定不同的异常处理程序,而 Finally 子句中的语句块无论是否出现异常都要被执行。

Try 语句的执行的流程如图 12-2 所示。

Try-Catch 语句的 Catch 和 Finally 子句都可以省略,但两个子句不可以同时省略。Try-Catch 其语句格式如下:

```
Try
    语句块
Catch
    异常处理语句块
Finally
    语句块
End Try
```

Try-Catch 各子句的作用如下:

(1) Try 子句的语句块中要包含可能引发一个异常的代码。

(2) Catch 子句用于捕获并处理异常,在使用时可以不带任何参数,这种情况下它捕获任何类型的异常,被称为一般 Catch 子句。它还可以接受从

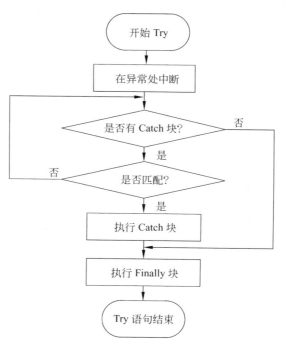

图 12-2　Try 语句的执行过程

System. Exception 类及其子类派生的对象参数,这种情况下它处理特定的异常,Catch 子句还可以带条件,用来处理特定条件的异常。

(3) Finally 子句是可选子句,如图 12-2 所示是在任何情况下必须执行的子句,该子句中的语句块通常用于实现清理工作,如关闭数据库连接、关闭文件等。

在同一个 Try-Catch 语句中存在 1 个以上的特定 Catch 子句时,会按顺序检查 Catch 子句,恰当设置 Catch 子句的顺序,能首先捕获特定程度较高的异常。

12.2　任务 2:异常处理示例(2)

12.2.1　要求和目的

1. 要求

如图 12-3 所示,创建界面并编写代码,当单击"计算"按钮时,程序能进行取模运算,能处理该程序运行时可能出现的各种异常,并能简要说明异常产生的原因,程序执行结果如图 12-4 和图 12-5 所示。

2. 目的

(1) 进一步学习 Visual Basic. NET 异常处理方法。

(2) 进一步学习 Try-Catch 语句的用法。

图 12-3 异常处理示例(1)

图 12-4 异常处理示例(2)

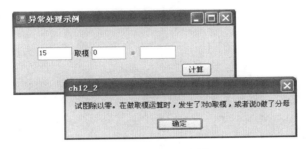

图 12-5 异常处理示例(3)

(3) 了解 Exception 类。

(4) 了解常用的异常类型。

12.2.2 操作步骤

1. 创建界面

创建如图 12-3 所示的窗体,该窗体包含 3 个文本框,分别为 TextBox1、TextBox2 和 TextBox3,两个标签和一个名为 Button1 的命令按钮,如图 12-3 所示。将命令按钮的 Text 属性设置为"计算"。

2. 编写代码

编写 Visual Basic.NET 代码,其内容如程序段 12-2 所示。功能是分别接收 TextBox1 和 TextBox2 文本框中的值,做取模运算,并将结果显示到 TextBox3 中。

程序段 12-2

```
Private Sub Button1_Click(ByVal sender As System.Object,ByVal e As _
System.EventArgs) HandlesButton1.Click
```

```
Dim a,b As Short
Try
    a=Val(TextBox1.Text)
    b=Val(TextBox2.Text)
    a=a Mod b
    TextBox3.Text=a.ToString()
Catch ex As OverflowException
    MsgBox(ex.Message+"Short 类型可表示的数的范围是-32768 到 32767, _
        超过该范围就会发生溢出")
Catch ex As DivideByZeroException
    MsgBox(ex.Message+"在做取模运算时,发生了对零取模,或者说零做了分母")
Catch ex As Exception
    MsgBox(ex.Message)
End Try
End Sub
```

3. 执行结果分析

除如图 12-3 所示正常执行情况外,本程序还会出现异常执行的情况,如图 12-4 和图 12-5 所示。

如程序段 12-2 所示,程序段中共有 3 个 Catch,前两个分别处理了溢出和被零除异常,并针对错误类型给出了详细的解释,而第 3 个 Catch 处理了一般的异常,所有未被前两个 Catch 捕获的异常都会在这里被捕获和处理。

在本例中将对具体异常的处理写在前面,而对一般的异常处理写在后面,目的是首先捕获具体的异常,以便为用户提供更多、更为具体的信息。

12.2.3 相关知识

1. Exception 类

Exception 类表示在应用程序执行期间发生的错误。Exception 类是所有异常类的基类型,该类的主要方法和属性如表 12-1 所示。

表 12-1 Exception 类主要方法和属性

类　型	名　称	描　述
构造函数	Exception	初始化 Exception 类的新对象
属性	Data	获取一个提供用户定义的其他异常信息的键/值对的集合
	HelpLink	获取或设置指向此异常所关联帮助文件的链接
	InnerException	获取导致当前异常的 Exception 对象
	Message	获取描述当前异常的消息
	Source	获取或设置导致错误的应用程序或对象的名称
	TargetSite	获取引发当前异常的方法

除可以使用 Exception 及其子类来处理程序的异常外，在 Visual Basic.NET 中还可以根据需要自己定义异常处理类来处理特定的异常。

2. 常用异常类

.NET 的异常处理能力非常强大，Exception 类是所有异常的基类，其派生出大量的子类用于描述各种异常情况。在表 12-2 中列出了一些常用的用以描述异常的类。

表 12-2　常用异常类

名　　称	描　　述
System. ApplicationExcption	发生应用程序专用的异常
System. ArgumentException	非法常数导致的异常
System. ArgumentNullException	参数为空导致的异常
System. ArgumentOutofRangeException	参数不在有效范围内导致的异常
System. DivideByZeroException	被 0 除导致的异常
System. DllNotFoundException	未找到 Dll 导致的异常
System. NotSupportedException	不支持方法导致的异常
System. OutOfMemoryException	内存不足导致的异常
System. OverflowException	溢出导致的异常

3. 各异常类之间的继承关系

Exception 类派生出大量的子类，其子类又派生出大量的子类，形成了一个树形结构。以本例中使用的 System.OverflowException 类为例，可以看出.NET 中用于描述异常的各类之间的继承关系，具体如图 12-6 所示。

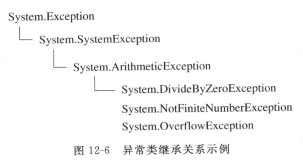

```
System.Exception
    └── System.SystemException
            └── System.ArithmeticException
                    └── System.DivideByZeroException
                        System.NotFiniteNumberException
                        System.OverflowException
```

图 12-6　异常类继承关系示例

12.3　任务 3：主动抛出异常示例

12.3.1　要求和目的

1. 要求

编写一个 Visual Basic.NET 程序，界面如图 12-7 所示。要求输入年月日提交后，使用主动抛出异常的方法校验输入的月、日范围是否正确。若不正确则输出一个对话框。

图 12-7　主动抛出异常示例

2. 目的

（1）学习通过主动抛出异常来解决某些问题的方法。

（2）学习 Throw 语句的用法。

12.3.2　操作步骤

1. 创建界面

创建如图 12-7 所示的窗体，该窗体包含 3 个文本框，分别 TextBox1、TextBox2 和 TextBox3 3 个标签，一个名为 Button1 的命令按钮，将标签和命令按钮的 Text 属性分别设置为"年"、"月"、"日"和"计算"。

2. 编写 Visual Basic.NET

编写 Visual Basic.NET 程序，功能是分别接收 TextBox1、TextBox2 和 TextBox3 文本框中的值，判断若 TextBox2 中的值不在 1～12 之间，则抛出一个 Exception 类型的异常；若 TextBox3 不在 1～31 之间，则抛出一个 Exception 类型的异常。具体代码如程序段 12-3 所示。

程序段 12-3

```
Private Sub Button1_Click(ByVal sender As System.Object,ByVal e As _
System.EventArgs) Handles Button1.Click
    Try
        If Val(TextBox2.Text)>12 Or Val(TextBox2.Text)<=0 Then
            Throw New Exception("月份错误")
        End If
        If Val(TextBox3.Text)>31 Or Val(TextBox3.Text)<=0 Then
            Throw New Exception("日期错误")
        End If
    Catch ex As Exception
        MsgBox(ex.Message)
    End Try
End Sub
```

12.3.3　相关知识

本节主要介绍 Throw 语句。

Throw 语句用于主动引发一个异常,使用 Throw 语句可以在特定的情形下自行抛出异常。Throw 语句的基本格式如下:

```
Throw 表达式
```

其中:表达式是所要抛出的异常对象,该对象属于 System. Exception 或其派生类。

Throw 后面的表达式也可以省略,此时 Throw 语句只能在 Catch 块中使用,此时该语句重新抛出当前正由该 Catch 块处理的那个异常。

12.4　小　　结

本章简要介绍了 Visual Basic. NET 错误、异常的概念,重点是抛出、捕获异常的方法、Try-Catch 语句,同时介绍了异常的基类及其派生类。

12.5　作　　业

(1) 编写 Visual Basic. NET 程序,将磁盘上一个文件中的内容读出后,写入到另一个文件中,即完成文件复制功能,在程序中使用 Visual Basic. NET 异常处理机制,实现若文件不存在则提示:"要打开的文件不存在"。

(2) 创建窗体,使用 Throw 语句实现从窗体上输入 1 个人的年龄,若大于 18 岁输出"成年人",否者输出"未成年人",要求输入人的年龄为 1～120 之间,若不在此范围则抛出异常,提示"年龄错误"。

(3) 编写 Visual Basic. NET 程序,建立如图 12-3 所示界面。当有一个操作数不为整时,抛出异常,提示小数不能作模运算。

参 考 文 献

［1］ 孙践知.计算机网络应用技术教程.北京:清华大学出版社,2006.

［2］ 龚佩增,陆慰民,杨志强. Visual Basic 程序设计简明教程. 北京:高等教育出版社,2001.

［3］ 严蔚敏,吴伟民. 数据结构(C 语言版). 北京:清华大学出版社,1997.

［4］ Robin Dewson. SQL Server 2005 基础教程. 董明,等译. 北京:人民邮电出版社,2006.

［5］ 孙践知等著. ASP. NET 程序设计实践教程. 北京:铁道出版社,2009.

［6］ Billy Hollis,Rockford Lhotka. VB. NET Programming. Wrox Press,2001.

［7］ Evjen B,Hollis B. VB. NET 高级编程(第三版).杨浩,译. 北京:清华大学出版社,2005.

［8］ 陈语林. Visual Basic. NET 程序设计教程. 北京:中国水利水电出版社,2005.

［9］ Michael Ekedahl. Visual Basic. NET 程序设计高级教程. 马海军,杨继萍,等译. 北京:清华大学出版社,2005.

［10］ Richard Blair Jonathan Crossland. Visual Basic. NET 入门经典. 刘乐亭,译. 北京:清华大学出版社,2003.

［11］ 唐耀,何明国,等编著. Visual Basic. NET 程序设计教程. 北京:中国水利水电出版社,2004.

［12］ 于建海,主编. 中文 Visual Basic 6.0 案例教程. 北京:人民邮电出版社,2006.

［13］ 石志国. Visual Basic. NET 实用案例教程. 北京:清华大学出版社,2003.

［14］ 德力,田文武,主编. Visual Basic. NET 程序设计. 大连:大连理工大学出版社,2008.

［15］ 徐振明,主编. Visual Basic. NET 程序设计与应用. 北京:中国水利水电出版社,2007.

读者意见反馈

亲爱的读者:

感谢您一直以来对清华版计算机教材的支持和爱护。为了今后为您提供更优秀的教材,请您抽出宝贵的时间来填写下面的意见反馈表,以便我们更好地对本教材做进一步改进。同时如果您在使用本教材的过程中遇到了什么问题,或者有什么好的建议,也请您来信告诉我们。

地址: 北京市海淀区双清路学研大厦 A 座 602 室　　计算机与信息分社营销室　收

邮编: 100084　　　　　　　　　电子邮件: jsjjc@tup.tsinghua.edu.cn

电话: 010-62770175-4608/4409　　邮购电话: 010-62786544

教材名称: Visual Basic 程序设计

ISBN: 978-7-302-

个人资料

姓名: _____　年龄: _____　所在院校/专业: _____

文化程度: _____　通信地址: _____

联系电话: _____　电子信箱: _____

您使用本书是作为: □指定教材 □选用教材 □辅导教材 □自学教材

您对本书封面设计的满意度:

□很满意 □满意 □一般 □不满意　改进建议_____

您对本书印刷质量的满意度:

□很满意 □满意 □一般 □不满意　改进建议_____

您对本书的总体满意度:

从语言质量角度看 □很满意 □满意 □一般 □不满意

从科技含量角度看 □很满意 □满意 □一般 □不满意

本书最令您满意的是:

□指导明确 □内容充实 □讲解详尽 □实例丰富

您认为本书在哪些地方应进行修改? (可附页)

_____

_____

您希望本书在哪些方面进行改进? (可附页)

_____

_____

_____

电子教案支持

敬爱的教师:

为了配合本课程的教学需要,本教材配有配套的电子教案(素材),有需求的教师可以与我们联系,我们将向使用本教材进行教学的教师免费赠送电子教案(素材),希望有助于教学活动的开展。相关信息请拨打电话 010-62776969 或发送电子邮件至 jsjjc@tup.tsinghua.edu.cn 咨询,也可以到清华大学出版社主页(http://www.tup.com.cn 或 http://www.tup.tsinghua.edu.cn)上查询。